Ben Moore · Sternenstaub

BEN MOORE

STERNEN STAUB

DIE GESCHICHTE DES UNIVERSUMS IN 42 NIE VERLIEHENEN NOBELPREISEN

Aus dem Englischen von
Katharina Blansjaar

KEIN & ABER

Ebenfalls von Ben Moore:
Elefanten im All
Da draußen
Mond

Deutsche Erstausgabe

Coverdesign: Maurice Ettlin
Satz: Dörlemann Satz, Lemförde
Druck und Bindung: GGP Media GmbH, Pößneck
ISBN 978-3-0369-5887-3
Auch als eBook erhältlich
www.keinundaber.ch

INHALT

VORWORT

Viele Wissenschaftler:innen, die große Entdeckungen in der Astronomie, Astrophysik und Kosmologie machten, wurden für ihre Arbeit nicht gewürdigt. Entdeckungen wurden oft den falschen Wissenschaftler:innen zugeschrieben oder wichtige Preise an die falsche Person vergeben. In den meisten Fällen wurden die grundlegenden Beiträge anderer vernachlässigt oder vergessen.

Wenn man zum Beispiel einen Wissenschaftler fragt, wer herausfand, dass sich das Universum ausdehnt – dass es einen Anfang hatte –, wird die Antwort höchstwahrscheinlich »Edwin Hubble« lauten. Tatsächlich entdeckte aber nicht Hubble den Urknall. Hubble glaubte nicht einmal an die Idee, dass sich das Universum ausdehnt. Dies wurde von einem belgischen Priester erkannt. Sogar noch weniger bekannt ist wohl die Tatsache, dass die Entdeckung unseres Platzes im Universum Henrietta Leavitt zu verdanken ist, die als menschlicher »Computer« eingesetzt wurde, um die Helligkeit von Sternen zu katalogisieren.

Eine der größten Ehren für Wissenschaftler:innen ist es, wenn ihre Entdeckung mit ihrem Namen versehen und ihr Name auf diese Weise in Erinnerung behalten wird. Eine weitere große Ehre ist die Auszeichnung mit berühmten Preisen, und keiner ist so berühmt wie der Nobelpreis, der »Oscar der Wissenschaft«.

Alfred Nobel war ein schwedischer Chemiker, Erfinder und Geschäftsmann. 1888 starb sein Bruder, und eine französische Zeitung veröffentlichte fälschlicherweise einen Nachruf auf Alfred. Der Autor verurteilte ihn darin für seine Erfindung von militärischen Sprengstoffen und erklärte: »Le marchand de la mort est mort« (Der Händler des Todes ist tot). Weiter hieß es: »Dr. Alfred Nobel, der reich wurde, indem er Wege fand, mehr Menschen schneller als je zuvor zu töten, ist gestern gestorben.« Dies veranlasste Alfred Nobel, der ja noch am Leben war und sich bester Gesundheit erfreute, darüber nachzudenken, wie er nach seinem Tod in Erinnerung bleiben wollte. 1895 unterzeichnete er sein letztes Testament und hinterließ fast sein gesamtes Vermögen, um die fünf Nobelpreise für Physik, Chemie, Medizin, Literatur und Frieden zu stiften. Nach heutigem Wert lag der Betrag bei etwa einer halben Milliarde Euro.

Heute teilen sich die Nobelpreisträger jedes Jahr etwa eine Million Euro pro Kategorie. Aber der Preis ist mehr als das. Er ist die größte Ehre für jeden Wissenschaftler, der ihn erhält. Es gibt Preise, die höher dotiert sind, aber sie sind nicht gleichermaßen bekannt oder prestigeträchtig.

Wir hören viel über jene Wissenschaftler, die einen Nobelpreis erhalten, aber was ist mit jenen, die keinen bekommen? Zwischen 1901 und 2021 gab es 218 Nobelpreisträger:innen in Physik. Astrophysiker:innen und Kosmolog:innen wurden dabei lange nicht berücksichtigt. Darüber hinaus wurden einige dieser Preise an die Falschen verliehen, und Frauen wurden notorisch übergangen – nur vier dieser 218 Nobelpreise gingen an Frauen. Während des größten Teils unserer Wissenschaftsgeschichte war es Frauen gar nicht erlaubt, Wissenschaft zu betreiben. Und im letzten Jahrhundert gab es viele Frauen, deren Arbeit gegenüber der ihrer männlichen Kollegen missachtet wurde. Obwohl bei der Gleichstellung inzwischen große Fortschritte erzielt wurden, bleibt noch viel zu tun.

Dies ist eine Geschichte der Entdeckung unseres Universums – verbunden mit meiner persönlichen Meinung darüber, wer die Anerkennung durch einen Nobelpreis verdient hätte. Ich forsche seit über dreißig Jahren in Astrophysik und Kosmologie, aber die Auswahl war keine leichte Aufgabe. Und sicherlich könnten einige Namen auf meiner Liste infrage gestellt werden. Liebe Kolleginnen und Kollegen, bitte entschuldigen Sie, dass ich Ihre Wissenschaftsheldin, Ihren Lieblingswissenschaftler oder gar Sie selbst nicht erwähnt habe.

Wie können wir überhaupt entscheiden, wer eine solche Auszeichnung verdient? Geht sie an denjenigen, der die Idee hatte? Oder an diejenigen, die diese Idee durch Experimente oder Beobachtungen in ein Ergebnis verwandeln? Was ich in meiner Karriere als Forscher gelernt habe, ist, dass Ideen das Kostbarste sind.

Meine Geschichte der Entdeckung unseres Universums beginnt vor langer Zeit. Alfred Nobel hat in seinem Testament nicht festgelegt, dass seine Preise nur an lebende Personen verliehen werden sollen. Dies wurde erst 1974 in die Statuten der Nobel-Stiftung aufgenommen.

Es gibt einige brillante Wissenschaftler, die lange vor Herrn Nobel starben, und ohne ihre Einsichten in den Kosmos wären wir nicht da, wo wir sind. Schließlich bewegt sich die Wissenschaft Schritt für Schritt voran, mit Irrwegen und Sackgassen, gepaart mit zufälligen Glücksgriffen und bemerkenswerten Erkenntnissen.

Nobels Testament sah ursprünglich vor, dass der Preis nur an eine Person verliehen werden sollte. Die Nobel-Stiftung änderte ihre Satzung, um den Preis an bis zu drei Personen für zwei verschiedene Entdeckungen vergeben zu können. Auch das scheint eine ziemlich willkürliche Modifikation zu sein und hat zu vielen Konflikten geführt. Gerade im heutigen Forschungsumfeld mit seinen großen Kooperationen ist eine solche Satzung problematisch.

Alfred Nobel legte in seinem Testament auch fest, wie sein Vermögen als jährliche Preisserie ausgezahlt werden sollte. Dort heißt es: »Die Zinsen sind in fünf gleiche Teile zu teilen und wie folgt zu verteilen: ein Teil an die Person, die die wichtigste Entdeckung oder Erfindung auf dem Gebiet der Physik gemacht hat; …«[1] Dies wird vom Nobelkomitee in vielen Fällen so interpretiert, dass eine Entdeckung bestätigt sein muss. Ich finde das eine ziemlich alberne Sache. Eine Theorie ist niemals Tatsache, aber eine Theorie kann Beweise für ihre Gültigkeit erhalten und zu einer besseren Theorie werden als andere. Entdeckungen in der Wissenschaft stützen Theorien, aber Theorien werden immer Theorien bleiben und niemals Tatsachen. Dass sich das Leben entwickelt, ist eine Theorie, dass sich das Universum ausdehnt, ist eine Theorie. Irgendwann kann jede Theorie durch eine bessere ersetzt werden, allerdings muss sie auch alle Erfolge der Theorie, die sie ersetzt, mit einbeziehen. Deshalb glaube ich, dass auch bahnbrechende Theorien und Ideen einen Nobelpreis verdient haben. Es sind tiefgreifende Einsichten, die zum Verständnis und der Interpretation unseres Universums beitragen, und die Anerkennung verdient haben.

Warum 42 – abgesehen natürlich von der offensichtlichen Verbindung zu meinem Lieblings-Science-Fiction-Buch *Per Anhalter durch die Galaxis*? Als ich mir zum ersten Mal eine Liste der wichtigsten Entdeckungen machte, die keinen Nobelpreis erhalten hatten, waren es genau 42. Man könnte argumentieren, dass es weniger oder sogar mehr sein sollten. Natürlich wird die Antwort auf das Leben, das Universum und alles andere die Arbeit vieler zukünftiger brillanter Wissenschaftler erfordern, aber die in dieser Geschichte beschriebenen haben uns auf dem Weg in Richtung dieses Ziels schon ziemlich weit gebracht.

1 Alfred Nobel's will. Abrufbar unter nobelprize.org

Ich werde diese Geschichte als eine erzählen, die zwischen Menschen und durch die Zeit fließt. Schließlich ist die Entdeckung unseres Universums die größte Geschichte überhaupt.

TEIL I

DIE ERSTEN WISSENSCHAFTLER

Wie ist es uns gelungen herauszufinden, dass die Welt verstanden werden kann? An welchem Punkt legten die ersten Menschen ihren Mystizismus, ihre Götter und ihre Geister zur Seite und begannen damit, natürliche Phänomene als eine Konsequenz von Ursache und Wirkung zu erklären? Erlauben Sie mir, die Arbeit von zehn Philosophen und frühen Wissenschaftlern auszuzeichnen, die uns den Weg aufzeigten, auf welchem wir zu einem Verständnis unseres Platzes in Raum und Zeit gelangen würden. Sie alle lebten, bevor 1901 der erste Nobelpreis verliehen wurde. Diese Liste könnte natürlich um einiges länger sein, doch meiner Ansicht nach waren die Erkenntnisse dieser zehn Wissenschaftler bahnbrechend auf dem Weg zur Entdeckung unseres Universums im 20. Jahrhundert.

Die griechischen Inseln und die Küsten der Ägäis boten in der Antike die perfekten Voraussetzungen für ausreichend Nahrung, Wohlstand und technischen Fortschritt. Vielleicht waren es diese Umstände, die den Bürgern dieser Gegenden die Zeit und Muße für intellektuelle und kreative Gedanken erlaubten. Ich frage mich oft, warum keine der großen Kulturen vor ihnen – von der Indus-Kultur bis zu den Babyloniern – sich je an naturalistischen Interpretationen dessen, was sie sahen, versuchte. Während Tausenden von Jahren waren die Planeten und Sterne die Heimat von Göttern, die verantwortlich für alle Naturphänomene gemacht wurden, von Erdbeben bis hin zum Wetter, genauso wie für die meisten Aspekte des menschlichen Schicksals. Dann – und das ziemlich plötzlich – begannen ein paar Individuen, die Funktionsweise der natürlichen Welt zu hinterfragen. Sie versuchten, Dinge mit Ursache und Wirkung zu erklären, mit Beobachtungen und Experimenten, mit Überlegungen und Logik.

Es gibt eine lange Liste griechischer Denker, die zu unserem Streben nach Wissen und dem Versuch, unsere Welt und den Kosmos zu verstehen, beitrugen. Demokrit und sein Mentor Leukipp waren die Ersten, die glaubten, dass alle Dinge aus Teilchen bestehen, die so klein sind, dass man sie nicht sehen kann. Sie nannten sie Atome. Demokrit ging davon aus, dass das Universum zu Beginn aus nichts als winzigen Atomen bestand, die chaotisch umherwirbelten, bis sie kollidierten und zu größeren Gebilden verschmolzen – unter ihnen die Erde. Er glaubte, dass neben unserem Planeten eine Vielzahl anderer Welten existierte und dass diese Welten durchs All wanderten. Er stellte sich vor, dass solche Welten sich ständig neu bildeten und starben, manche mit Leben besiedelt, andere leer und öd. Er glaubte, dass der Nachthimmel voller Sterne wie unsere Sonne sei. Ich werde später erzählen, wie einige dieser frühen Ideen verifiziert wurden. Beginnen möchte ich aber mit der Entdeckung, dass unsere Erde rund ist und sich dreht.

1. Erathosthenes (ca. 276–194 v. Chr.)
»für den Nachweis, dass die Erde rund ist, und für die Bestimmung ihrer Größe«

Erathosthenes wurde in Kyrene geboren, einer Stadt, die im 7. Jahrhundert v. Chr. von den Griechen gegründet wurde und heute in Libyen liegt. Er studierte in Athen bei den stoischen Philosophen Zenon von Kition und Ariston von Chios. Bekannt wurde er vor allem für seine chronologische Aufarbeitung bestehenden Wissens und seine lyrischen Werke. Im Jahr 245 v. Chr. wurde er als Bibliothekar in Alexandria angestellt und übernahm innerhalb von fünf Jahren die Leitung der Bibliothek. Der große Astronom Hipparchos von Nicäa schrieb ihm die Erfindung der Armillarsphäre zu. Diese ist ein sphärenförmiges Gerät aus Ringen, die Himmelskoordinaten repräsentieren, und wird verwendet, um die Sternbilder und scheinbaren Bewegungen der Sterne zu vermessen. Sie wurde etwa um die gleiche Zeit und unabhängig von den Griechen auch in China erfunden. Aber bevor diese Erfindung überhaupt möglich war, musste erst ein grundlegender Schritt erfolgen: zu verstehen, dass die Erde nicht flach ist, sondern eine Kugel, die sich im All dreht.

Wir wissen nicht, wer zuerst auf die Idee kam, dass die Erde keine Scheibe ist, oder welche Beweise dafür herangezogen wurden. Auf jeden Fall war dieser erste Schritt von einer flachen zu einer runden Erde mutig und brillant. Die Hinweise auf eine runde Erde waren vorhanden und verfügbar – allen voran der gebogene Erdschatten zu Beginn und

Ende einer Mondfinsternis. Es gab auch Geschichten von Reisenden über einen hellen Stern, Canopus, der vom griechischen Festland aus nicht sichtbar war, aber ins Blickfeld rückte, wenn man nach Rhodos reiste, und immer höher im Nachthimmel aufstieg, je weiter man nach Süden segelte. Jene, die weit nach Norden gereist waren, erzählten davon, dass sich die Länge des Tages änderte, und es gab Gerüchte über einen Ort, an dem die Menschen während sechs Monaten eines Jahres schliefen. Eine phönizische Expedition umsegelte etwa im 6. Jahrhundert v. Chr. Afrika. Auf ihrer dreijährigen Reise gelangten die Seefahrer in die südliche Hemisphäre und bemerkten, dass die Sonne sich rechts befand, während sie westwärts segelten.

Hiketas von Sirakus, einer der letzten Pythagoreer, der im 4. Jahrhundert v. Chr. lebte, war vielleicht der Erste, der davon ausging, dass die Erde sich um ihre eigene Achse dreht und für eine Umdrehung 24 Stunden braucht. Wenig ist bekannt über Hiketas, und es gibt nur ein paar Erwähnungen. Die wichtigste von ihnen ist wohl jene Ciceros aus dem 1. Jahrhundert v. Chr, in welcher er sich wiederum auf Theophrastus beruft und schreibt, Hiketas behaupte, dass alle Himmelskörper – Sonne, Mond und Sterne – still im Himmel verharrten und sich im Universum nichts außer der Erde bewege. Weil sich aber die Erde so schnell um ihre eigene Achse drehe, sähe es so aus, als bewege sich statt der Erde der Himmel.

Über die gesamte Menschheitsgeschichte hinweg gab es immer wieder kreative Individuen, die Lösungen für Probleme fanden, welche zu Beginn kaum lösbar erschienen. Wie kann man beweisen, dass die Erde rund ist? Wie lässt sich ihre Größe bestimmen? Es gibt eine viel einfachere Methode, als sie vom All aus zu fotografieren und einmal um sie herumzureisen, bis man wieder am Startpunkt angelangt ist. Erathosthenes gelang es um 240 v. Chr., die Größe der Erde ziemlich genau zu bestimmen. Seine Ergebnisse veröffentlichte er in einer Schrift mit dem Titel *Über die Vermessung der Erde.* Obwohl die Schrift selbst verloren ging, wurde seine Methode von anderen griechischen und römischen Autoren überliefert.

Der griechische Astronom Kleomedes fasste später die Techniken von Erathosthenes zusammen und überlieferte auch dessen Resultate, beschrieb aber nicht im Detail, wie die Messungen gemacht wurden. Eines ist sicher: Mit nichts als einem Stock, einem Kalender und ein bisschen Geometrie hätte Erathosthenes seine Messungen machen können, ohne Alexandria zu verlassen. Vielleicht erinnerte er sich, dass sich die Sonne am Tag der Sommersonnenwende in seiner Geburtsstadt Kyrene in einem tiefen Brunnen spiegelte. Oder er wusste, dass ein Stock, der vertikal im Boden steckte, an diesem Tag in Kyrene keinen Schatten warf, weil die Sonne genau über ihm stand. Am gleichen Tag warf aber in Alexandria ein Stock, der vertikal im Boden steckte, einen Schatten mit einem Winkel von knapp über sieben Grad. Dieser Winkel repräsentiert die Differenz im Längengrad zwischen den beiden Orten auf der Oberfläche einer runden Erde. Zu Erathosthenes' Zeit wurden Distanzen in Stadien gemessen, und er wusste, dass die beiden Orte 5000 Stadien voneinander entfernt waren. Mit ein wenig Dreiecksgeometrie wäre er so auf einen Erdumfang von 250000 Stadien gekommen. Eine Stadie war bei Erathostenes 157,5 Meter lang, also betrug sein Erdumfang 39690 Kilometer – was um weniger als ein Prozent vom heute bekannten Erdumfang abweicht!

Schon diese erste Entdeckung, für die ich einen Nobelpreis verleihen würde, hätte früher gemacht werden können. Aristoteles verfasste seine berühmte Schrift *Über den Himmel* um 350 v. Chr. Er beschreibt darin, wie die Mondphasen darauf hinweisen, dass der Mond rund ist. Dann schreibt er, dass sich die Positionen der Sterne verändern, wenn man nord-

oder südwärts reist. Er schreibt auch über Mathematiker, welche die Größe der Erde berechnet hätten, und erwähnt einen Erdumfang, der etwa zweimal so viel beträgt wie jener von Erathosthenes. Ich frage mich, wer die Mathematiker waren, die zu jener Zeit die Größe der Erde zu bestimmen versuchten. War es vielleicht Eudoxos von Knidos, der die Sterne sowohl von Ägypten als auch von Griechenland aus beobachtet hatte? Erathosthenes wurde von seinen Zeitgenossen oft als »Beta« bezeichnet, und es gibt Spekulationen, dass dieser Spitzname daher rührte, dass er in allem immer nur der Zweite war. Aber so funktioniert die Wissenschaft – wir bauen Schritt für Schritt auf den Ideen und Entdeckungen anderer auf.

Erathosthenes' Methode, die Größe der Erde zu bestimmen, war einfach und akkurat. Sie geht vom Längengrad aus und war während der nächsten zwei Jahrtausende die grundlegende Technik für die Erdvermessung – bis wir Satelliten in die Erdumlaufbahn schickten. Seine verlorene Schrift *Geographika*, in der er die gesamte damals bekannte Erde beschrieb und vermaß, machte Erathosthenes zu einer Berühmtheit seiner Zeit. Er teilte die Erde in fünf Klimazonen auf und verwendete Parallelen und Meridiane, um alle bekannten Städte miteinander zu vernetzen. Es war im Grunde die Erfindung der Geografie. Doch er war auch Mathematiker und erfand eine Technik, um Primzahlen zu bestimmen. Im Alter litt Erathosthenes an Ophthalmie und erblindete um das Jahr 194 v. Chr. Es ist überliefert, dass er sich zu Tode hungerte, weil er es nicht ertragen konnte, die Natur nicht mehr beobachten und nicht mehr lesen zu können.

2. Aristarchos von Samos (ca. 310–230 v. Chr.)

»für die Entdeckung unseres Platzes im Sonnensystem«

Die Menschheit glaubte für die meiste Zeit ihrer Geschichte, dass die Erde im Zentrum des Universums liegt. Würden Sie etwas anderes annehmen ohne das Wissen, das Ihnen zur Verfügung steht? Immerhin scheint es so, als würden sich die Planeten und Sterne um die Erde drehen, und wenn sich die Erde bewegen würde, dann würden wir das doch spüren, oder? Und wie würden Sie die Distanzen zu Mond und Sonne und deren Größen messen, ohne Ihr Haus zu verlassen? Genau das tat Aristarchos von Samos. Er war außerdem der Erste, welcher der Sonne ihren korrekten Platz zuwies – in der Mitte unseres Sonnensystems, umrundet von der Erde und den Planeten.

Um zu verstehen, wie bemerkenswert Aristarchos' Messungen und Thesen waren, müssen wir sie den zu seiner Zeit vorherrschenden Ideen über den Kosmos gegenüberstellen. Im 6. Jahrhundert v. Chr. glaubten Anaximander und sein Schüler Anaximenes, dass die Sonne, der Mond und die Planeten alle aus Feuer bestünden und aufgrund ihrer Ausdehnung durch die Luft schwebten wie ein Blatt im Wind. Sie hielten die Fixsterne für Bestandteile einer kristallinen Sphäre, die sich um die Erde dreht – die Anfänge einer Idee, mit der sich die westliche Kosmologie während der nächsten zwei Jahrtausende herumplagen sollte. Bereits Plato wusste, dass die sichtbaren Planetenbewegungen kompliziert waren –

manchmal schien es von der Erde aus, als würden sie sich rückwärts (retrograd) bewegen. Er wollte diese Bewegungen verstehen und war der Ansicht, dass dem Kosmos simple geometrische Formen wie Kreise und Kugeln zugrunde liegen. Im 4. Jahrhundert v. Chr. lieferte sein Schüler Eudoxos von Knidos die mathematische Grundlage für das erste geometrische Modell des Kosmos – mit 26 perfekt kugelförmigen Himmelssphären, welche die Bewegungen der Sonne, des Mondes und der Planeten bestimmten. Obwohl der Versuch von Plato und Eudoxos, die Bewegungen der Planeten zu verstehen, wohl nur mathematischer Natur war, zimmerte Aristoteles später eine Kosmologie daraus zusammen.

Aristoteles war ebenfalls ein Schüler Platos und entwickelte ein Modell mit 55 untereinander verbundenen und sich bewegenden Himmelssphären, in deren Zentrum die Erde lag. Jede dieser Sphären wurde durch einen eigenen Gott angetrieben. Er glaubte, das Universum sei räumlich begrenzt und ewig. Die Sphären bestanden aus einem transparenten fünften Element, welches er Äther oder Quintessenz nannte. Eine äußerste, unbewegliche Sphäre enthielt die Sterne, weil bei diesen keine Bewegung beobachtet werden konnte.

Dieses Modell der perfekt verschachtelten Sphären hielt sich nicht lange. Man bemerkte, dass sich die Helligkeit von Venus und Mars über einen bestimmten Zeitraum veränderte. Heute wissen wir, dass dies an ihrer sich aufgrund ihrer Umlaufbahnen um die Sonne ändernden Distanz zur Erde liegt – wenn sie tatsächlich in einer festen Distanz die Erde umrunden würden, dürfte sich ihre Helligkeit nicht ändern. Also wurde das Himmelssphärenmodell ein wenig angepasst, und die Mitte der Planetensphären lag nun ein wenig abseits der Erde. Hipparchos, ein griechischer Astronom, war der Erste, der zu diesen Ideen eine Mathematik entwickelte und sie mit seinen Beobachtungen verglich. Die Ideen von Aristoteles und deren mathematische Beschreibung gelangten schließlich zu großer Berühmtheit, als Ptolemäus sie aufgriff, noch mehr Himmelssphären hinzufügte und dazu auch noch den Grundstein für die heutige Astrologie legte – was die Wissenschaft um etwa 1000 Jahre zurückwarf.

Für die immer komplexer werdenden Himmelssphären gibt es verschiedene Gründe. Einerseits ist da die von uns auf der Erde wahrgenommene »Rückwärtsbewegung« der Planeten. Heute wissen wir, dass dies an unserem Blickwinkel liegt, der sich ändert, während die Erde die Sonne umläuft. Besonders die Bewegung des Mars war für die frühen Astronomen schwer zu verstehen. Der Mars hat eine ziemlich exzentrische Umlaufbahn – aber das wusste man damals noch nicht. Nicht einmal Kopernikus, der die Planeten korrekterweise in Umlaufbahnen um die Sonne ordnete, konnte die Bewegung des Mars verstehen, weil er ebenfalls von kreisförmigen Umlaufbahnen ausging.

Eine unbewegte Erde, um welche sich die Sonne und die Planeten drehten, war das offensichtlichste Modell; eines, das in allen frühen Kosmologien existierte. Wenn man draußen steht und sich den Sonnenuntergang oder den Nachthimmel anschaut, erscheint es logisch, dass die Erde unbewegt ist und sich alles um uns herumdreht. Es erscheint auch logisch, dass die Erde im Zentrum von allem ist, denn alles wird vom Zentrum der Erde angezogen.

Aus der Sicht eines Beobachters im All bewegt sich die Erde allerdings mit einer Rotationsgeschwindigkeit von 1675 Stundenkilometern und legt auf ihrer Umlaufbahn um die Sonne stündlich 108000 Kilometer zurück. Das klingt so, als müsste uns dabei schwindlig werden, aber wir können diese Bewegung aus verschiedenen Gründen nicht spüren. Die Umlaufbahn der Erde ist so groß und ihre Biegung so sanft, dass es sich wie eine gerade Linie anfühlt. Und die Bewegung in einer geraden Linie mit einer konstanten Geschwindigkeit ist ein natürlicher Bewegungszustand, der nicht wahrnehmbar ist – außer wir sehen, wie etwas an uns vorbeirast. Und die g-Kraft (oder zentrifugale Beschleunigung) der Erdrotation liegt bei gerade einmal 0,003g – oder, in anderen Worten, bei 0,3 Prozent der Erdanziehung. Die Beschleunigung durch die Erdbewegung um die Sonne ist sogar noch kleiner.

Aristarchos war der Erste, der unseren Platz im Kosmos komplett neu bestimmte. Über sein Leben ist wenig bekannt, außer, dass er zumindest ein paar Jahre in den Museen und Bibliotheken von Alexandria verbrachte. Aristarchos war ein Schüler von Straton von Lampsakos, dem Leiter von Aristoteles' Lyzeum. Gemäß Archimedes leistete Aristarchos einige der wichtigsten Beiträge zur Astronomie gegen Ende des 3. Jahrhunderts v. Chr. Seine einzige erhaltene Schrift ist *Über die Größen und Abstände von Sonne und Mond*.

In diesem Text begann Aristarchos damit, die relativen Distanzen und Größen von Sonne und Mond zu berechnen. Er nahm korrekterweise an, dass der Mond das Licht der Sonne reflektiert und dass, wenn der Mond genau zur Hälfte beleuchtet ist, er mit der Erde und der Sonne ein rechtwinkliges Dreieck bildet, wobei der Mond an dessen Scheitelpunkt steht. Er bediente sich dann der euklidischen Dreiecksgeometrie, um die relativen Längen zweier Seiten des Dreiecks zu bestimmen, das Verhältnis der Mond-Sonnen-Distanz.

Mit einer zweiten Methode bestimmte Aristarchos die absoluten Größen von Sonne und Mond und unsere Distanz zu ihnen. Er wendete die Geometrie einer Mondfinsternis an, um die Radien von Sonne und Mond in Erdradien zu bestimmen. Für diese zweite Berechnung brauchte es einiges mehr an Dreiecken und Geometrie, aber die zugrunde liegende Idee war, die Größe des Erdschattens in der Distanz des Mondes zu schätzen, und die Größe des Mondes im Vergleich zum Erdschatten. Er tat dies, indem er maß, wie lange der Mond brauchte, um den Erdschatten einmal zu durchqueren (die Dauer der Totalität während einer Mondfinsternis), und diese Zeitspanne dann mit der ihm bekannten Umlaufzeit des Mondes um die Erde verglich. Er argumentierte, dass sich aufgrund der identischen scheinbaren Größe von Sonne und Mond (die Tatsache, dass bei einer Sonnenfinsternis der Mond die Sonne fast perfekt bedeckt) der Durchmesser der Sonne mittels einfacher Geometrie in Monddurchmessern bestimmen lässt.

Aristarchos' Messungen waren sehr ungenau, aber seine Methoden waren korrekt. Er folgerte, dass die Erde knapp dreimal den Durchmesser des Mondes habe, und dass die Sonne um ein Vielfaches größer sei als die Erde. Er schätzte, unsere Entfernung zur Sonne würde etwa das 19-Fache unserer Entfernung zum Mond betragen – tatsächlich ist es das 400-Fache. Hipparchos bediente sich der Methoden von Aristarchos und kam damit auf eine Mondgröße und -distanz, die um weniger als zehn Prozent von den heute bekannten Werten abweichen. Bereits vor über 2000 Jahren war also bekannt, dass die Erde etwa dreieinhalb Mal so groß ist wie der Mond, der sich etwa 60 Erdradien von uns entfernt befindet![2]

Diese unglaubliche Leistung legte den Grundstein für die kosmische Entfernungsleiter (besser bekannt als »distance ladder«), die es uns Kosmologen ermöglicht, die Lücken in unseren Messmethoden für weit entfernte Objekte im Universum zu überbrücken. Aristarchos erkannte auch, dass die Sterne am Nachthimmel viel weiter entfernt sein müssten

2 Dass die Größe der Sonne und ihre Distanz nicht zuverlässig bestimmt werden konnten, lag daran, dass es schwierig war, die Winkel akkurat zu messen. Gemäß Hipparchos lag die Sonne 2490 Erdradien von uns entfernt, aber heute wissen wir, dass die tatsächliche Distanz fast das Zehnfache beträgt. In Kapitel 7 über Edmund Halley werde ich davon erzählen, wie die Distanz zur Sonne und ihre Größe schließlich korrekt gemessen werden konnten.

als unsere Sonne, weil sie keine erkennbare Parallaxe aufwiesen. Die Parallaxe wird in den nächsten Kapiteln noch oft auftauchen. Es handelt sich dabei um eine Technik, bei der ein sichtbarer Unterschied in der Position eines Objekts aus zwei verschiedenen Perspektiven dazu verwendet wird, seine Distanz zu bestimmen. Um zu verstehen, wie das funktioniert, halten Sie Ihren Finger in die Höhe und betrachten Sie ihn abwechselnd mit dem linken und dem rechten Auge. Bringen Sie Ihren Finger doppelt so nah ans Gesicht, und er bewegt sich scheinbar doppelt so weit von Seite zu Seite, wenn Sie das Auge wechseln. Diese scheinbare Positionsänderung kann als Winkel dargestellt werden. Nun müssten Sie nur noch die Distanz zwischen Ihren Pupillen bestimmen, und Sie könnten den Abstand zum Finger mittels Geometrie berechnen.

Eine andere visionäre Idee von Aristarchos ist im Text *Psammites* (Die Sandrechnung) des jungen Archimedes nacherzählt. Nachdem Archimedes darin das vorherrschende geozentrische Modell vorgestellt hat, erwähnt er, dass Aristarchos von Samos die Hypothese aufgestellt habe, dass die Sonne und die Fixsterne unbeweglich seien und die Erde und die Planeten sich stattdessen um die Sonne bewegten. Aristarchos hatte damit unseren Platz im Sonnensystem korrekt bestimmt und ein heliozentrisches Modell vorgeschlagen – über 1500 Jahre vor Kopernikus im 16. Jahrhundert. Er war seiner Zeit weit voraus, was aber noch viel länger nicht anerkannt wurde als die Arbeit von Kopernikus.

Bestimmt hat Aristarchos den jungen Archimedes inspiriert. Dessen kurzer Text war eine der ersten »populärwissenschaftlichen« Arbeiten, und er bediente sich darin der Resultate von Aristarchos, um zu berechnen, wie viele Sandkörner nötig wären, um mit ihnen das gesamte Universum zu füllen. Aber abgesehen von ein paar weiteren Erwähnungen bei anderen griechischen Philosophen fanden Aristarchos'

Ideen offenbar wenig Anklang. Eine der wenigen Ausnahmen ist der Astronom Seleukos von Seleukia, der sowohl das heliozentrische Modell als auch die 24-Stunden-Rotation der Erde lehrte. Seleukos ist uns aus den Schriften von Plutarch, Aetius, Strabo und Muhammad ibn Zakariya al-Razi (Rhazes) bekannt. Der griechische Geograf Strabo führt Seleukos als einen der vier einflussreichsten Astronomen der hellenistischen Epoche auf. Und Plutarch scheibt gar, Seleukos habe das heliozentrische Modell allein durch Argumentation beweisen können, wobei leider nicht bekannt ist, welche Argumente er vorbrachte.

Die großen Beiträge der alten Griechen zur Entdeckung unseres Universums endeten mit Hipparchos. Er wurde oft als der größte Astronom vor der Erfindung des Teleskops bezeichnet, fertigte den ersten akkuraten und umfassenden Katalog der sichtbaren Sterne an, entdeckte die Präzession der Erde und stellte mathematische Modelle für die Bewegungen von Sonne, Mond und Planeten auf. Es ist sehr wahrscheinlich, dass er den Antikythera-Mechanismus entwarf oder baute – ein bemerkenswertes mathematisches Gerät mit Zahnrädern und Getrieben, das seiner Zeit um 1000 Jahre voraus war und die zukünftigen Positionen von Mond und Planeten berechnen konnte.

Nun aber weiter zu meinem nächsten Preisträger, Nikolaus Kopernikus …[3]

3 Moment mal, Herr Professor, Sie haben gerade 1500 Jahre westliche Wissenschaftsgeschichte übersprungen! Absolut richtig, nur gibt es in all dieser Zeit leider nicht eine einzige Entdeckung, die zum Wissen über unser Universum beigetragen hat. Sie wundern sich vielleicht, warum, und je nachdem, wen Sie fragen, werden Sie unterschiedliche Antworten bekommen. Aberglaube, Astrologie und das dogmatische Christentum spielten meiner Meinung nach eine entscheidende Rolle – aber Sie sehen das vielleicht anders.

3. Nikolaus Kopernikus (1473–1543)
»für das heliozentrische Modell des Sonnensystems«

Die von Aristarchos formulierten Ideen wurden schließlich 1543 vom polnischen Mathematiker und Astronomen Nikolaus Kopernikus in seinem Hauptwerk *Dē revolutionibus orbium coelestium* (Über die Umlaufbahnen der Himmelssphären) anerkannt und auf eine solide mathematische Grundlage gestellt. Durch ihn fand die Sonne wieder an ihren rechtmäßigen Platz im Zentrum unseres Sonnensystems, und die Menschen begannen erneut, über Astronomie und Wissenschaft zu diskutieren.

Das 15. Jahrhundert markiert den Beginn der Renaissance in Europa, verkörpert durch das frei denkende kreative Genie Leonardo da Vincis. Johannes Gutenberg erfand den Buchdruck, der die Verbreitung von Nachrichten und Wissen ermöglichte. Das Byzantinische Reich war an die osmanischen Türken gefallen, viele Gelehrte flohen in den Westen und brachten eine Fülle an antiken griechischen Texten mit. Die zweite wissenschaftliche Revolution stand kurz bevor – und für viele begann sie mit der Veröffentlichung der Arbeiten von Kopernikus.

Kopernikus wurde 1473 in Königlich Preußen geboren, einer Region, die seit 1466 zum Königreich Polen gehörte. Während seines Studiums an der Universität Krakau lernte er Astronomie und Mathematik aus den Schriften alter Griechen wie Aristoteles und Euklid. Damals waren Astrologie und Astronomie Unterabteilungen eines Fachs namens Sternenkunde. Ihr Hauptziel bestand darin, eine Beschreibung der Anordnung des Himmels zu liefern, insbesondere für die Navigation und das Führen eines Kalenders, sowie die Bereitstellung theoretischer Werkzeuge und Bewegungstabellen für die Erstellung von Horoskopen.

Später zog Kopernikus nach Bologna, um Kirchenrecht zu studieren. Dort teilte er sich ein Haus mit Domenico Maria de Novara, dem Hauptastronomen der Universität. Er wurde zu Novaras Assistent und half ihm dabei, jährliche astrologische Vorhersagen für die Stadt und insbesondere für das Schicksal der italienischen Fürsten und ihrer Feinde herauszugeben. Kopernikus machte sich mit den Werken von Ptolemäus sowie den wichtigsten Kritiken vertraut. Dazu gehörte auch *Disputationes adversus astrologiam divinatricem* (Disputationen gegen divinatorische Astrologie) von Giovanni Pico della Mirandola, der in seiner Schrift darauf hinwies, dass Astronomen sich nicht nur über die Einteilung des Tierkreises uneinig seien, sondern auch über die Reihenfolge, in welcher die Planeten von der Erde entfernt waren. Es sei daher gar nicht möglich, so Mirandola, dass Astrologen sich sicher sein könnten, wie stark die Auswirkungen der einzelnen Planeten auf die Erde seien.

1503 promovierte Kopernikus in Kirchenrecht und arbeitete für die Kirche, betrieb aber in seiner Freizeit weiterhin Astronomie und erarbeitete sich mit den Jahren darin eine große Bekanntheit. 1514 schrieb er eine kurze Zusammenfassung seiner Ideen, in der er postulierte, dass, wenn die Sonne stationär wäre und von der Erde und den Planeten umkreist würde, deren Umlaufzeiten mit ihrer Entfernung von der Sonne zunehmen würden. Die Schrift ist als *Kleiner Kommentar* bekannt und enthält sieben Postulate, in denen er festhält, dass sich die Planeten um die Sonne und der Mond um die Erde drehen. Im siebten Postulat legt er dar, dass die scheinbare rückläufige Bewegung der Planeten eine Illusion ist, die sich daraus ergibt, dass man ihre Positionen von einer sich bewegenden Erde aus beobachtet.

Es dauerte weitere 20 Jahre, bis Kopernikus die Details seines Modells ausgearbeitet und sein berühmtes Manuskript *Dē revolutionibus orbium coelestium* fertiggestellt hatte. Es erklärt in mathematischen Details, wie die beobachteten Bewegungen der Planeten verstanden werden können, wenn sie eine stationäre Sonne umkreisen. Kopernikus zögerte die Veröffentlichung seines Werkes hinaus, um sich dem Zorn der Kirche zu entziehen. Gerüchte über seinen Inhalt verbreiteten sich jedoch in ganz Europa, und er ließ sich schließlich doch zur Veröffentlichung überreden. Kopernikus starb 1543 im Alter von 70 Jahren. Der Legende nach wurde ihm am Tag seines Todes die endgültige, gedruckte Version seines Werkes überreicht.

Ein grundlegendes Prinzip der heutigen Kosmologie ist das sogenannte »Kopernikanische Prinzip«, das besagt, dass sich unsere Erde nicht an einem zentralen, besonderen Ort im Universum befindet. Vielleicht sollte man es korrekterweise in das »Aristarchos-kopernikanische Prinzip« umbenennen. Kopernikus wusste von den alten Griechen, die annahmen, die Erde bewege sich, und bezog sich in einem frühen Entwurf seines Werkes auf Aristarchos, aber die Referenz wurde aus der endgültigen Version entfernt.[4]

4 Sie werden in diesem Buch noch einige Male auf »Stiglers Gesetz der Namensgebung« stoßen. Der Statistikprofessor Stephen Stigler erklärte 1980, dass keine wissenschaftliche Entdeckung nach ihrem ursprünglichen Entdecker benannt ist. Er führte Beispiele wie den Satz des Pythagoras an, der bereits den babylonischen Mathematikern bekannt war. Sogar sein eigenes Gesetz, merkt er an, sei zuerst von anderen beschrieben worden. Allerdings war Kopernikus möglicherweise nur Plutarchs Hinweis auf Aristarchos bekannt, in dem nichts weiter erwähnt wird, als dass Aristarchos dachte, die Erde bewege sich.

Die von Kopernikus vertretene Sicht auf unser Sonnensystem fand bei anderen Astronomen nicht sofort Anklang. Einige merkten an, dass auf einer sich drehenden Erde der Luftzug Gebäude zum Einsturz bringen müsste, oder dass Steine, die von einem hohen Turm fallen, weit von seiner Basis entfernt landen müssten. Andere stießen sich daran, dass alle Himmelskörper die Sonne umkreisten – außer dem Mond, der die Erde umkreist. Dies natürlich, bevor die Satellitenmonde von Jupiter und Saturn entdeckt wurden.

Aristoteles' Schriften über eine stationäre Erde hatten ihr Vermächtnis hinterlassen, zusammen mit einem einzigen Satz in der Bibel, der dahin gehend interpretiert wurde, dass sich die Sonne um die Erde dreht. Martin Luther wird nachgesagt, er habe während einer Tischrede angemerkt, dass dieser »aufstrebende Astrologe« Kopernikus ein Narr sei und das heliozentrische Weltbild der Bibel widerspreche, da es im Alten Testament [Josua 10:13] heiße, Josua habe der Sonne befohlen stillzustehen, nicht der Erde.[5]

5 Der Physiker und Wissenschaftshistoriker Andreas Kleinert wies nach, dass diese Aussage erst Jahrhunderte später in genau diesem Wortlaut Luther zugeschrieben wurde. Seinen Recherchen zufolge wurde Luther erst im 19. Jahrhundert während des Kulturkampfes zweier katholischer Historiker zum Gegner des kopernikanischen Weltbilds gemacht. Dennoch hat er sich gemäß der Mitschrift von Anton Lauterbach zumindest einmal negativ über Kopernikus geäußert.
Mehr dazu hier: Andreas Kleinert: »Eine handgreifliche Geschichtslüge – Wie Martin Luther zum Gegner des copernicanischen Weltsystems gemacht wurde«. *Berichte zur Wissenschaftsgeschichte.* Wiley-VCH 26/2003: 101–111

4. Johannes Kepler (1571–1630)

»für die Gesetze der Planetenbewegungen«

Die Arbeit von Kopernikus fand nach seinem Tod wenig Unterstützung. Das änderte sich erst dank Johannes Kepler, der 28 Jahre nach Kopernikus' Tod in der damals freien Reichsstadt Weil der Stadt geboren wurde. Kepler war der erste Wissenschaftler, der universale Naturgesetze entdeckte.

Kepler verlebte eine unglückliche Kindheit und schrieb später, sein Vater sei ein unmoralischer und streitsüchtiger Soldat gewesen, und seine Mutter ganz allgemein ein unangenehmer Mensch. Er erinnerte sich aber auch an sein frühes Interesse für die Astronomie, als er im Alter von sechs Jahren den großen Kometen von 1577 sah. Es war derselbe Komet, den auch der dänische Astronom Tycho Brahe beobachtete und dabei herausfand, dass dieser sich jenseits der »kristallinen Sphäre« des Mondes bewegen müsse. Die Leben und Arbeiten von Brahe und Kepler waren später eng miteinander verwoben, und es waren die sorgfältigen astronomischen Beobachtungen von Brahe, die zu Keplers größter Entdeckung führten.

Da er ein exzellenter Schüler war, konnte Kepler, der die Absicht hatte, Geistlicher zu werden, die Evangelische Universität Tübingen besuchen. Dort wurde er von Michael Mästlin unterrichtet, der Professor für Mathematik und Astronomie war. Mästlin musste an der Universität die geozentrische Astronomie von Aristoteles und Ptolemäus unterrichten.

Privat lehrte er jedoch auch die einfacheren und intuitiveren Ideen von Kopernikus, die Kepler faszinierten. Kepler wurde Landschaftsmathematiker in Graz, und damit begann seine Suche nach dem Verständnis der Planetenbewegungen, die ihn bis an sein Lebensende begleitete.

Keplers Anfänge waren ziemlich mystisch – er versuchte, die angenommenen kreisförmigen Umlaufbahnen der Planeten innerhalb der fünf »perfekten dreidimensionalen Formen« abzugleichen, die ursprünglich von Plato mit Erde, Luft, Wasser und Feuer in Verbindung gebracht wurden. Diese Formen, zu denen das vierseitige Tetraeder und der sechsseitige Würfel gehören, sind die einzigen fünf Formen, deren Flächen in Form und Größe identisch sind, und die sich mit denselben Winkeln und derselben Anzahl von Flächen an jedem Scheitelpunkt treffen.

Er veröffentlichte seine Theorien 1596 in dem Buch *Mysterium Cosmographicum*, der ersten Arbeit, welche die Ideen von Kopernikus verteidigte. Trotz der mystischen Herangehensweise hatte der Text auch brillante Stellen. Kepler argumentierte, dass Brahes Beobachtung eines Kometen jenseits des Mondes die Möglichkeit ausschloss, dass die Planeten von kristallinen Hüllen getragen würden. Er schlug als Erster vor, dass ein physikalisches Phänomen – eine von der Sonne ausgestrahlte Kraft – für die Planetenbewegungen verantwortlich sein müsse. Kepler erklärte, dass diese von der Sonne ausgehende Kraft, die mit zunehmender Entfernung geringer werde, für die Abnahme in den Umlaufgeschwindigkeiten der weiter von der Sonne entfernten Planeten verantwortlich sein könnte.

Keplers Ideen zur perfekten Harmonie von Formen und Planetenbahnen gingen nicht ganz auf. Er dachte, es läge daran, dass seine Beobachtungsdaten nicht besonders genau waren, aber er wusste auch, dass Tycho Brahe über die genauen Daten verfügte, die er brauchte, um seine Theorien zu prüfen.

Im Jahr 1600 erreichte der Konflikt zwischen Protestanten und Katholiken seinen Höhepunkt, und es war unwahrscheinlich, dass Kepler in Graz würde bleiben können. Er reiste nach Prag, um sich eine Anstellung bei Brahe zu sichern. Es war die erste bekannte Zusammenarbeit zwischen einem beobachtenden Astronomen und einem Theoretiker. Brahe hoffte darauf, dass Kepler sein eigenes geozentrisches Modell bestätigen würde, und Kepler brauchte Brahes Daten, um seine harmonischen Planetenbahnen um die Sonne zu verifizieren.

Tycho Brahe lehnte die Idee von Kopernikus, dass die Erde sich bewegt, ab und hatte sein eigenes Modell der Planetenbewegungen entwickelt. In seinem Modell wurde die Erde wieder ins Zentrum des Universums gestellt, umkreist von Mond und Sonne, während die fünf Planeten die Sonne umkreisten. Ohne dass Brahe sich dessen bewusst war, war ein ähnliches Modell übrigens bereits früher vom indischen Astronomen Nilakantha Somayaji entwickelt worden.[6]

Obwohl er Kopernikus' Ansichten ablehnte, waren es Tycho Brahes Beobachtungen, die zum finalen Untergang der kristallinen Hüllen und des geozentrischen Weltbildes führten. Brahe war, wie viele der ersten Wissenschaftler, ein wohlhabender Adliger. Männer wie er hatten Zeit und Geld zum Nachdenken und Experimentieren. Brahe ließ sich ein astronomisches Observatorium bauen, von dem aus er systematisch den Nachthimmel studierte und die Positionen der Planeten sorgfältig notierte. 1572 beobachtete er das Auftauchen eines neuen Sterns – einer Supernova. Er versuchte, seine Entfernung mittels Parallaxe zu messen, konnte aber

6 Er beschrieb sein Modell in der *Aryabhatiya-bhasya*, einem Kommentar zu den Texten des bekannten indischen Astronomen Aryabhata (476–550). Außerdem war er der Ansicht, dass die beobachteten Bewegungen der Sterne durch eine rotierende Erde erklärt werden könnten.

keine Parallaxe nachweisen – was bedeutet, dass der neue Stern weiter entfernt sein musste als der Mond und die Planeten. Er beobachtete auch den großen Kometen von 1577, der die Himmelssphäre durchquerte – und damit auch die eigentlich undurchdringlichen Kristallhüllen. Dass dieses heilige Reich Gottes veränderlich sein könnte, war eine Vorstellung, die von der Kirche strikt abgelehnt wurde; sie bestand darauf, dass die äußere Himmelssphäre, die die Sterne und den Himmel beherbergte, unbeweglich und unveränderlich sei.

Brahe war genauso exzentrisch, wie es auch heute noch viele Wissenschaftler sind. Er verlor einen Teil seiner Nase im Duell mit einem anderen Studenten, nachdem sie sich darüber in die Haare geraten waren, wer der bessere Mathematiker sei. Er veranstaltete extravagante Partys, bei denen seine Gäste von seinem Elch unterhalten wurden, der eines Nachts starb, weil er zu viel Bier getrunken hatte und danach die Treppe herunterfiel. Nichtsdestotrotz hielt er seine astronomischen Daten gut unter Verschluss und erlaubte nicht einmal seinem neuen Assistenten Johannes Kepler vollen Zugriff auf seine Notizen.

1601 starb Brahe, und auf seinem Sterbebett bat er Kepler, die Reform der Astronomie fortzusetzen – natürlich auf der Grundlage seiner eigenen Modelle und nicht jener von Kopernikus. Kepler hielt jedoch das Modell von Kopernikus für viel einleuchtender. Sorgfältig studierte er Brahes Daten zur Bewegung des Mars und ergänzte sie mit neuen, eigenen Beobachtungen. Dabei stellte er fest, dass die Bewegung des Mars nicht mit seiner angenommenen Kreisbewegung übereinstimmte, und musste seine und alle früheren Vorstellungen von dessen Umlaufbahn begraben.

Kepler vermutete, dass die Lösung des Problems in Kopernikus' Annahme liegen könnte, dass sich die Erde in konstanter Geschwindigkeit um die Sonne bewegt. Was, wenn die Bewegung der Erde nicht gleichförmig wäre? Um dies zu überprüfen, hatte Kepler eine Idee, die später von Einstein als wahrhaftiger Geniestreich bezeichnet wurde. Mit einem Triangulationsverfahren berechnete Kepler die Erdumlaufbahn, wie sie ein Beobachter auf dem Mars sehen würde. Er entdeckte, dass sich die Erde nicht mit konstanter Geschwindigkeit bewegt, und dass die Sonne nicht im Zentrum der Erdumlaufbahn steht. Dies führte ihn zu der Beobachtung, dass die Planeten in gleichen Zeiten gleiche Flächen überstreichen, eines seiner drei Gesetze der Planetenbewegung. Danach betrachtete er die Bewegung des Mars und stellte sein berühmtestes Gesetz auf – dass die Umlaufbahnen der Planeten elliptisch sind, mit der Sonne in einem Brennpunkt der Ellipse.

1608 veröffentlichte Kepler sein bekanntestes Werk, *Astronomia Nova*, in dem er aufzeigte, dass der Mars sich auf einer sich genau wiederholenden, nicht kreisförmigen, sondern elliptischen Umlaufbahn um die Sonne bewegt. Die seit Plato von allen Astronomen angenommenen kristallinen Sphären und Kreisbewegungen bekamen Risse. Er argumentierte weiter, dass es eine Kraft der Erde sei, die den Mond in Bewegung halte, und dass eine ähnliche Kraft des Mondes für die Meeresgezeiten auf der Erde verantwortlich sei. Später formulierte er sein drittes Gesetz der Planetenbewegung, welches die Umlaufzeit eines Planeten mit seiner Entfernung von der Sonne in Beziehung setzt. Isaac Newton wurde später berühmt dafür, dass er diese Gesetze unter einem universellen Gravitationsgesetz vereinte.

Keplers Gesetze der Planetenbewegung waren die ersten wissenschaftlichen Naturgesetze. Diese sind Regeln, die dazu verwendet werden können, das Verhalten eines physikalischen Systems in Zeit und Raum vorherzusagen. Seine Theorien wurden nicht sofort akzeptiert, trotzdem verwendete er seine neuen Gesetze der Planetenbewegung, um vorherzusagen, dass der Merkur im Jahr 1631 über das Antlitz der Sonne wandern würde. Genau am von Kepler vorhergesagten Tag konnte das Phänomen beobachtet werden – nur war dieser leider bereits im Jahr zuvor verstorben und konnte die Verifizierung seines Lebenswerks nicht mit ansehen.

5. Galileo Galilei (1564–1642)

»für den Nachweis, dass die Planeten die Sonne umlaufen, und die Entdeckung unserer Galaxie«

Den letzten Nagel im Sarg der Himmelssphären lieferte der italienische Astronom Galileo Galilei, einer der ersten Wissenschaftler im modernen Sinn des Wortes.

Von seinen Musikereltern dazu ermutigt, begann Galilei ein Medizinstudium an der Universität von Pisa, besuchte daneben aber auch Vorlesungen in Mathematik und Naturphilosophie, die seine eigentliche Leidenschaft waren. Als Student bemerkte er einen schwingenden Kronleuchter und benutzte seinen Puls, um zu messen, wie lange dieser brauchte, um hin und her zu schwingen: immer gleich lang, egal wie weit er schwang. Er begann, mit Pendeln zu experimentieren, um seine Beobachtung zu verifizieren, und zeigte, dass die Schwingungszeit eines Pendels nur von der Länge der Schnur abhängt. Hundert Jahre später nutzte Christiaan Huygens dieses Prinzip, um die erste Pendeluhr herzustellen. Galilei verließ die Universität ohne Abschluss und unterrichtete als Privatdozent, während er daneben weiter seine Experimente durchführte. 1589 wurde er mit einem befristeten Lehrvertrag Mathematikprofessor an der Universität Pisa.

Galilei versuchte, Phänomene mittels Mathematik zu erklären, und verwandelte die Naturphilosophie dadurch von einem qualitativen zu einem quantitativen Studiengebiet, das durch Experimente getestet werden konnte. Ein oft zitiertes, aber in Galileis eigenen Aufzeichnungen nicht belegtes

Beispiel, von dem Sie vielleicht gehört haben, waren die Experimente, bei denen Objekte mit unterschiedlichem Gewicht vom Schiefen Turm von Pisa fallen gelassen wurden. Galileis mechanische Experimente zeigten, dass Aristoteles' Ansichten über die Bewegung falsch waren, und dass alle Objekte unabhängig von ihrer Masse mit der gleichen Geschwindigkeit fallen. Er argumentierte, dass Bewegung relativ ist – dass, obwohl sich die Erde bewegt, wir diese Bewegung nicht messen oder ihre Auswirkungen spüren können. Dies wird heute als »Galileis Relativitätsprinzip« bezeichnet und formuliert, mehrere Jahrhunderte vor Einstein, eine der Schlüsselideen der speziellen Relativitätstheorie. Galilei war vielleicht der erste Wissenschaftler, der den Wissenschaftlern von heute ähnelt. Er ging Dinge im heutigen Sinne »wissenschaftlich« an, noch bevor der englische Philosoph Francis Bacon 1620 seine berühmte Beschreibung der wissenschaftlichen Methode veröffentlichte.

Galileis Angriffe auf Aristoteles kamen bei seinen Kollegen allerdings nicht besonders gut an, und so wurde sein Vertrag in Pisa nicht verlängert. Er wechselte an die Universität von Padua, wo er von 1592 bis 1610 den Lehrstuhl für Mathematik innehatte. Nach dem Tod seines Vaters war Galilei, das älteste von sechs Kindern, für die Familie verantwortlich, aber sein Universitätsgehalt war nicht besonders hoch, und die Familie war nicht wohlhabend. Er stellte deshalb in seiner Freizeit Erfindungen her, um sie für zusätzliches Geld zu verkaufen. Eine davon war das Thermoskop – ein Gerät zur Temperaturmessung durch Überwachung von Änderungen in der Luftdichte, woraus sich später das moderne Thermometer entwickelte.

1609 zeigte Galilei, dass die Fallstrecke eines Körpers proportional zum Quadrat der Zeit ist (das heißt, ein Objekt fällt in zwei Sekunden viermal weiter als in einer Sekunde) und dass Geschosse parabelförmigen Bahnen folgen – beide

Ergebnisse widersprachen erneut Aristoteles' Physik. Aber erst 1610 – im Alter von 46 Jahren – machte er seine berühmtesten Entdeckungen. Diese waren nur dank einer der größten Erfindungen der Menschheitsgeschichte möglich: des Teleskops.

Schon die alten Griechen wussten, wie man Glaslinsen herstellt, die das Licht der Sonne fokussieren, um Feuer zu entzünden. Brillen wurden in Europa zudem bereits im 13. Jahrhundert verwendet. Aber aus irgendeinem für mich ziemlich rätselhaften Grund wurde erst Anfang des 17. Jahrhunderts erkannt, dass zwei Linsen, die voreinander gehalten werden, entfernte Objekte viel besser sichtbar machen. Dies ist die grundlegende Funktionsweise eines Fernrohrs, das vermutlich 1608 vom deutsch-niederländischen Brillenmacher Hans Lipperhey erfunden wurde.

Die weiter entfernte konvexe Linse sammelt Licht von einem größeren Bereich, als es mit dem menschlichen Auge möglich ist, und bündelt dieses Licht auf eine zweite Linse, die das Licht neu fokussiert. Daraus ergibt sich ein vergrößertes, klareres Bild. Zwei auf diese Weise verwendete konvexe Linsen lassen ein weit entferntes Objekt auf dem Kopf stehen, aber wenn man eine konkave Linse als zweite Linse verwendet, wird das Bild richtig herum angezeigt. Wie simpel das doch ist!

Mit dieser einfachen Erfindung begann der Weg zum Verständnis unseres Kosmos. Sie ermöglicht uns, das Ferne ebenso wie das Kleine zu beobachten – ein Mikroskop funktioniert genau wie ein Teleskop, der einzige Unterschied besteht darin, wie weit auseinander man die beiden Linsen platziert. Ohne Teleskop und Mikroskop würden wir uns heute wohl immer noch im Mittelalter befinden!

Die erste Person, die zwei Linsen nahm und sie auseinander hielt, war wahrscheinlich der oben erwähnte Hans Lipperhey. Lipperhey wurde um 1570 in Wesel geboren. Später wanderte er nach Middelburg in der heutigen niederländischen Provinz Zeeland aus, wo er Linsen schliff und Brillen herstellte. 1608 meldete er seine Erfindung zum Patent an, die Dinge in der Ferne so aussehen ließ, als wären sie in der Nähe. Einige Wochen später reichte jedoch ein anderer niederländischer Linsenhersteller, Jacobus Metius, ein ähnliches Patent ein. Metius hatte bereits von Lipperheys Bewerbung gehört und behauptete, er habe diese Entdeckung bereits ein Jahr zuvor gemacht. Der Staat vergab an keinen der beiden ein Patent, da die Erfindung als zu leicht kopierbar angesehen wurde, würdigte aber Lipperhey und bezahlte ihn gut für die Herstellung mehrerer Teleskopvorrichtungen.

Die Nachricht von dieser Erfindung erreichte schon kurz darauf Galilei, der, basierend auf seinem begrenzten Wissen, sein eigenes Design ausarbeitete. Bis zum Ende des Sommers 1609 hatte er gelernt, seine eigenen Linsen zu schleifen, und Teleskope mit einer neunfachen Vergrößerung hergestellt – um ein Vielfaches stärker als jene von Lipperhey. Als Galilei dem venezianischen Senat sein verbessertes Teleskop präsentierte, wurde er mit einer lebenslangen Anstellung und doppeltem Gehalt belohnt. Bis zum Ende desselben Jahres hatte er Teleskope mit einer über zwanzigfachen Vergrößerung gebaut. Er richtete sein Teleskop auf den Nachthimmel und begann, die Planeten und Sterne zu beobachten.

Als er mit seinem Teleskop zur Venus blickte, sah er, dass sie halb erleuchtet war – und erkannte, dass die Venus ähnliche Phasen durchläuft wie der Mond! Während sich die Venus in den nächsten Monaten der Sonne näherte, wurde der beleuchtete Teil größer, bis der Planet schließlich zu einer vollen Lichtscheibe wurde. Galilei hatte entdeckt, dass die Venus ebenfalls ein kugelförmiges Objekt ist, das vom Licht der Sonne erhellt wird. Wenn der Mond in Sonnennähe steht, liegt er zwischen Erde und Sonne, und wir sehen ihn nur teilweise, als Sichel. Da die Venus jedoch um die Sonne kreist, erreicht sie aus unserer Sicht ihre volle Beleuchtung, wenn sie am Himmel der Sonne am nächsten erscheint. Die einzige Erklärung für die Phasen der Venus relativ zur Sonne war, dass die Venus die Sonne und nicht die Erde umkreist. Galilei hatte die ersten Beweise für das heliozentrische Modell von Kopernikus gefunden.

Leider verärgerte die Nachricht von Galileis Entdeckungen die Kirche, die auf einer wörtlichen Auslegung der Bibel bestand – die Erde sollte sich nicht bewegen! 1615 erklärte die Inquisition der katholischen Kirche das kopernikanische Modell für ketzerisch und verbot dessen Lehre. 1616 sollten Kirchenbeamte entscheiden, ob sie die Vorstellung guthießen, dass die Erde sich bewegt. Galilei wurde nach Rom bestellt, um die Vor- und Nachteile der heliozentrischen Astronomie darzulegen. Die Kirche war bereit, das heliozentrische Modell als reines Recheninstrument zu akzeptieren, jedoch nicht als wörtliche Wahrheit. Papst Urban VIII. ermutigte Galilei zunächst, seine Argumente für und gegen die heliozentrische Astronomie zu veröffentlichen, bereute diese Entscheidung jedoch schnell, da der Wissenschaftler seine eigenen Erkenntnisse nicht widerlegen konnte. Wegen angeblicher Verspottung des Papstes wurde Galilei 1633 verhaftet. Aufgrund seiner Ansichten wurde er vor Gericht gestellt, für schuldig befunden und bis zu seinem Tod 1642 in seinem Haus in Arcetri bei Florenz unter Hausarrest gestellt. Erst 1992 widerrief die katholische Kirche die Verurteilung von Galilei und entschuldigte sich für seine Misshandlung.

Die Werke von Kopernikus, Kepler und Galilei landeten auf dem Index verbotener Bücher der katholischen Kirche, weil sie lehrten, dass sich die Erde bewegt – was der Heiligen Schrift widerspricht. Aber Wissenschaft hat nichts mit Glaube zu tun. Die Wissenschaft basiert auf Beobachtungen, Experimenten und dem Testen von Theorien mit reproduzierbaren Ergebnissen, und diese Ergebnisse können nicht auf Dauer ignoriert werden.

Die wissenschaftliche Revolution in Europa nahm ihren Anfang, als sich im 17. Jahrhundert die Macht über das Wissen von der Kirche und den Universitäten auf die wissenschaftlichen Gesellschaften verlagerte. Die Öffentlichkeit war fasziniert von den neuen Erkenntnissen, und Wissenschaftsdozenten reisten durch ganz Europa, um diese einem begeisterten Publikum vorzutragen. Der Einfluss der Kirche, die Europa seit dem Mittelalter unter ihrer Kontrolle gehalten hatte, begann zu schwinden. Dennoch wurde von westlichen Gelehrten und Universitäten weiterhin gefordert, die Natur als Folge von Gottes Handlungen zu interpretieren, und Wissenschaftler mussten ihre Erkenntnisse in einem biblischen Kontext auslegen. Unser nächster brillanter Gelehrter war da keine Ausnahme.

6. Isaac Newton (1642–1726)

»für die Demonstration, dass eine Kraft namens Gravitation die elliptischen Planetenbahnen hervorbringt«

Der englische Wissenschaftler Isaac Newton wird oft neben Albert Einstein als einer der einflussreichsten Wissenschaftler aller Zeiten genannt. Von der Erfindung des ersten Spiegelteleskops, das einen Spiegel anstelle einer Glaslinse verwendete, bis hin zur Entdeckung der Farben des Sonnenlichts mit einem Prisma machte er zahlreiche Entdeckungen, die dies rechtfertigen. Sein berühmtestes Werk war *Principia*, in dem er die Gesetze der Bewegung und der Gravitation aufstellte. Newton wurde an dem Tag geboren, an dem Galilei starb. Während Kepler und Galilei entdeckt hatten, wie sich die Dinge bewegen, fand Newton heraus, warum sie sich bewegen.

Newton hatte eine turbulente Kindheit, was vielleicht auch zu seinen gut dokumentierten psychotischen Tendenzen führte. Er wurde als Frühchen in eine bürgerliche englische Familie hineingeboren, aber sein Vater war einige Monate vor seiner Geburt gestorben. Seine Familie war der Meinung, er solle Bauer werden, aber sein Lehrer überredete die Mutter, ihn studieren zu lassen. An der Universität von Cambridge las er, wie damals alle Studenten, die Werke von Aristoteles. Daneben vertiefte er sich aber auch in die Veröffentlichungen von Wissenschaftlern wie Kepler, Galilei und Descartes. Während seines Studiums entwickelte er die Infinitesimalrechnung, doch 1665 wurde England von der Pest heimgesucht, und die Universitäten wurden geschlossen. In den zwei Jahren, die Newton deswegen zu Hause verbringen musste, arbeitete er an seinen Ideen zu Bewegung und Gravitation. Lockdowns können ihre Vorteile haben.

Newtons Bewegungsgesetze klingen einfach, aber sie hatten Philosophen über Tausende von Jahren vor Rätsel gestellt. Gemäß des frühen Christentums wurden die Planeten von Engeln und Geistern getragen, basierend auf Aristoteles' irrtümlicher Vorstellung, dass alles, was sich bewegt, bewegt werden muss, und dass konstante Bewegung eine konstante Kraft erfordert. In der aristotelischen Physik war das Gewicht eine inhärente Eigenschaft eines Objekts, und sein natürlicher Zustand war der Ruhezustand. Diese frühen falschen Vorstellungen von Materie und Bewegung basierten auf naiver Beobachtung – allerdings einer, welche die meisten von uns aufgrund unserer alltäglichen Erfahrung auch machen würden.

Das richtige Verständnis dafür, wie sich Objekte bewegen, begann mit Galilei, der Experimente zur Bewegung von Körpern durchführte und aus diesen folgerte, dass Objekte immer auf die Erde fielen und unabhängig von ihrer Masse in jeder Sekunde mit einer Geschwindigkeit von 9,8 Metern pro Sekunde beschleunigten. Galilei entdeckte auch das grundlegende Konzept der »Trägheit«; der Tendenz von Materie, ihren Zustand beizubehalten, sei es in Ruhe oder in Bewegung. Der französische Wissenschaftler René Descartes verallgemeinerte dieses Konzept und ging davon aus, dass der natürliche Bewegungszustand eines ungestörten Körpers im Universum nicht in Ruhe oder eine Kreisbewegung ist, sondern er sich in einer geraden Linie mit konstanter Geschwindigkeit bewegt – die Grundlage der Mechanik! Ohne diese Erkenntnisse hätten die berühmten Bewegungsgesetze von Isaac Newton nicht aufgestellt werden können.

Das Trägheitsprinzip – erstes Newtonsches Gesetz –

besagt, dass wenn sich etwas bewegt, ohne berührt oder gestört zu werden, es sich für immer mit der gleichen Geschwindigkeit in einer geraden Linie bewegen wird. Das zweite Newtonsche Gesetz beschreibt, dass man eine Kraft aufbringen muss, um die Geschwindigkeit oder Bewegungsrichtung eines Objekts zu ändern. Newtons drittes Gesetz ist das Aktions-Reaktions-Prinzip von Ursache und Wirkung. Warum die Natur durch solche Gesetze beschrieben werden kann, offenbarte erst die Arbeit von Emmy Noether[7] im frühen 20. Jahrhundert.

Newtons erstes Gesetz erscheint zunächst seltsam, denn wenn man etwas in Bewegung setzt, bewegt es sich nie in einer geraden Linie und kommt irgendwann zum Stillstand. Der Grund dafür ist, dass die Gravitationskraft das Objekt in Richtung des Erdmittelpunkts zieht, wodurch sich seine Flugbahn krümmt. Außerdem führt die Reibung an den Luftmolekülen, die ständig von der Oberfläche des Objekts abprallen, dazu, dass es langsamer wird und anhält. Die Gesamtenergie bleibt erhalten; die Energie in der Bewegung des Objekts wurde auf die Bewegungen der Luftmoleküle übertragen, die heißer werden. Das Prinzip der Trägheit und Newtons Bewegungsgesetze sind weder intuitiv noch offensichtlich. Wenn dem so wäre, hätten hartnäckige Denker wie Plato und Aristoteles sie vielleicht schon lange zuvor entdeckt.

Meiner Ansicht nach bestand Newtons größte Errungenschaft jedoch darin, mathematisch zu beweisen, dass eine Gravitationskraft auf natürliche Weise jene elliptischen Planetenbahnen hervorbringen würde, die Kepler entdeckt hatte.

Laut William Stukeley, der 1752 eine Biografie über Newton schrieb[8], kam Newton tatsächlich auf die Idee einer Gra-

7 Mehr dazu in Kapitel 33

8 William Stukeley: *Memoirs of Sir Isaac Newton's life*, 1752

vitationskraft, als er beobachtete, wie ein Apfel auf die Erde fiel: »Nach dem Abendessen gingen wir bei warmem Wetter in den Garten und tranken im Schatten einiger Apfelbäume Tee; … er erzählte mir, er sei gerade in der gleichen Situation wie damals, als ihm der Begriff der Gravitation in den Sinn gekommen sei. Warum sollte dieser Apfel immer senkrecht auf den Boden fallen, dachte er sich, als ein Apfel herabfiel, während er vor sich hin sinnierend dasaß.« Die Idee einer solchen Kraft war allerdings bereits von anderen, unter ihnen auch Kepler, in Betracht gezogen worden.

Newton ging davon aus, dass dieselbe mysteriöse, unsichtbare Kraft, die den Apfel zum Fallen brachte, zwischen Erde und Mond wirken müsse, um den Mond in seiner Laufbahn um die Erde zu halten. Andernfalls würde er sich in einer geraden Linie von ihr wegbewegen. Die Gravitationskraft der Erde müsse bewirken, dass der Mond auf die Erde zurückfällt, aber genau in der richtigen Menge, um die Distanz auszugleichen, um die er sich im selben Moment von der Erde entfernt. Und genauso ist es auch. Wie kann der Mond ständig fallen, ohne uns näher zu kommen? Das ist einfacher zu verstehen, wenn Sie sich vorstellen, einen Ball fallen zu lassen und die Dauer zu messen, bis er auf dem Boden auftrifft. Werfen Sie nun den Ball waagerecht über den Boden. Er wird immer noch in der gleichen Zeit zu Boden fallen, egal wie schnell Sie ihn werfen, da die Gravitationskraft der Erde nur in vertikaler Richtung auf den Ball wirkt. Wenn Sie den Ball jedoch mit etwa acht Kilometern pro Sekunde werfen könnten, würde sich die Erdoberfläche mit der gleichen Geschwindigkeit vom Ball wegkrümmen, mit welcher der Ball auf die Erde fallen würde. Ohne die Luftreibung würde sich der Ball weiter um die Erde herum bewegen, ständig fallen, sich dabei aber schnell genug vorwärtsbewegen, um die gleiche Höhe über der Erdoberfläche zu behalten.

Newton bewies, dass diese Kraft mit dem Quadrat der

Entfernung abnimmt. Wenn zwei Objekte doppelt so weit auseinander bewegt werden, wird die Kraft zwischen ihnen viermal schwächer. Wenn sie dreimal weiter voneinander entfernt sind, wird die Kraft neunmal schwächer. Unter Verwendung des Quadratabstandsgesetzes der Gravitation können wir berechnen, wie weit der Mond in einer Sekunde fallen muss. Die Beschleunigung muss dabei um einen Faktor schwächer sein, der das Quadrat des Verhältnisses des Erdradius zum Abstand zwischen Erde und Mond beträgt. Wir stellen fest, dass der Mond jede Sekunde um etwa einen Millimeter auf die Erde zufällt, wobei er sich in derselben Zeit um einen Kilometer vorwärtsbewegt. Da der Mond die Erde in etwa 385 000 Kilometern Entfernung umkreist, ist dies genau die Strecke, um die er pro Sekunde auf uns zufallen muss, um die Entfernung zur Erde zu halten. Als Newton diese Rechnung zum ersten Mal durchführte, waren ihm die Ergebnisse aber nicht präzis genug. Enttäuscht verzögerte er die Veröffentlichung seiner *Principia* um mehrere Jahre, bis eine genauere Messung der Größe der Erde vorlag und sich seine Vorhersagen als richtig herausstellten.

Newton fragte sich: Was wäre, wenn sich alle Körper mit einer unsichtbaren Kraft anziehen würden? Was für eine Frage. Und was für eine Antwort er fand! Seine Arbeit gab uns einen ersten prädiktiven Rahmen, innerhalb dessen wir beginnen konnten, die seit Langem bestehenden Fragen zu unserem Ursprung zu beantworten. Sein Meisterwerk, *Principia*, bestand eigentlich aus drei Büchern, die 1687 in lateinischer Sprache veröffentlicht wurden. Sie enthielten viele andere neue Ergebnisse, von Schätzungen der relativen Massen der Planeten bis hin zur Verzerrung der Erdform aufgrund ihrer Rotation und dem Mechanismus, der die Gezeiten erzeugt. Der Erfolg von Newtons Theorien läutete den Beginn der modernen, prädiktiven Wissenschaft ein. Als er noch freundschaftlich mit dem englischen Wissenschaftler Robert

Hooke verkehrte, schrieb er in einem Brief: »Wenn ich ein bisschen weiter gesehen habe, dann, weil ich auf den Schultern von Riesen stand.« Ein seltener Moment für Newton, der später bemüht war, die Beiträge anderer herunterzuspielen, und oft alle Hinweise auf die Arbeit von Wissenschaftlern entfernte, mit denen er in Konflikt stand.

Isaac Newton vertrug keine Kritik und führte heftige Debatten mit anderen führenden Wissenschaftlern seiner Zeit. Am bekanntesten sind seine Streitereien mit dem deutschen Mathematiker Gottfried Leibniz darüber, wer die Infinitesimalrechnung erfunden habe, und mit Hooke über die richtige Interpretation des Lichts und darüber, wer zuerst das Gravitationsgesetz aufgestellt habe. Tatsächlich hatte Hooke Newton in einem Brief von 1679 ermuntert, es mit einer invers quadratischen Kraft zu versuchen. Und der französische Astronom Ismaël Bullialdus hatte bereits 1645 ein solches Gesetz vorgeschlagen. Es war jedoch Newton, der bewies, dass es das einzige Kraftgesetz war, das die Planetenbahnen hervorbringen konnte.

In den *Principia* ging Newton nicht darauf ein, wie die mysteriöse Gravitationskraft funktioniert. Aber im privaten Briefwechsel mit einem Kollegen, dem Theologen Richard Bentley, betrachtete er die Gravitationskraft als eine unmittelbare Aktion göttlichen Eingreifens durch einen immateriellen Äther, den Newton mit Gott identifizierte. Newton glaubte, dass die mechanistische Bewegung der Planeten wie eine Uhr sei, die vom Uhrmacher und nicht von ihren Komponenten angetrieben wird.

Newton sprach sich klar dagegen aus, dass die Gravitationskraft aufgrund einer der Materie innewohnenden Eigenschaft aus der Ferne wirkt. 1692 schrieb er: »Dass ein Körper aus der Ferne durch ein Vakuum hindurch auf einen anderen einwirken kann, ohne dass irgendetwas anderes vermittelt wird, durch das ihre Wirkung und Kraft aufeinander übertragen werden können, ist für mich eine so große Absurdität, dass ich glaube, dass niemand, der in philosophischen Dingen ein kompetentes Denkvermögen hat, jemals darauf hereinfallen kann.«[9]

Mit den faszinierenden Debatten, die im 17. und 18. Jahrhundert über Gott versus Fernwirkung und die Natur der Gravitationskraft stattfanden, ließe sich leicht ein ganzes Buch füllen. In einem unveröffentlichten Manuskript von 1666 schrieb Newton, dass eine göttliche Kraft mit dem Raum koexistiert, die sich unendlich in alle Richtungen ausdehnt und von ewiger Dauer ist. Newtons Universum war das Sternenmeer, das wir am Nachthimmel sehen, und er war sich bewusst darüber, dass dies unter einem attraktiven Gesetz der Gravitationskraft eine instabile Situation war. Schließlich wusste Newton, dass Äpfel, wenn sie sich von ihren Ästen lösen, auf die Erde fallen. Eine statische Verteilung von Sternen wäre unausgewogen und würde aufgrund ihrer gegenseitigen Anziehungskraft zusammenbrechen. Newton schrieb dazu in den *Principia*: »Und damit die Systeme der Fixsterne nicht durch ihre Gravitationskraft aufeinanderfallen, hat er [Gott] diese Systeme in ungeheuren Abständen voneinander platziert.«[10] Er argumentierte, dass der Sternenhimmel unendlich groß sein müsse – wenn er endlich wäre, würde die Gravitationskraft alles zu einer großen kugelförmigen Masse kollabieren lassen. Aber er erkannte auch, dass selbst ein unendliches Universum letztendlich zusammenbrechen würde, wenn die Gravitation zwischen den Sternen nicht perfekt

9 Brief von Isaac Newton an Richard Bentley, aufbewahrt in der Trinity College Library

10 Isaac Newton: *The mathematical principles of natural philosophy, translated to English by Andrew Motte.* Daniel Adee, New York 1846: S. 35 (Orig. *Philosophiæ Naturalis Principia Mathematica.* 1687 in Lateinisch veröffentlicht, die deutsche Übersetzung beruht auf der englischen Ausgabe)

ausgeglichen wäre. Er sah dies als Beweis für einen Gott, der dieses perfekte Gleichgewicht arrangiert hatte.

Ich frage mich, warum Newton nie berechnet hat, wie lange es dauern würde, bis sein instabiles Sternenuniversum zusammenbricht. Zu seiner Zeit gab es aufgrund des Fehlens einer nachweisbaren Parallaxe untere Grenzen für die Entfernungen zu den Sternen. Eine einfache Berechnung aufgrund der damals angenommenen Entfernungen zu den Sternen hätte ein Alter unseres Universums von mindestens mehreren Millionen Jahren ergeben. Damals wurde allgemein davon ausgegangen, dass die Erde etwa 6000 Jahre alt sei, eine Zahl, die sich aus einer wörtlichen Interpretation der Bibel berechnen ließ. Es wird häufig zitiert, Newton habe dieses Alter ebenfalls berechnet, aber ich konnte in seinen Schriften keine Aufzeichnungen darüber finden. Was er sehr wohl berechnete, war, dass es mindestens 50000 Jahre gedauert hätte, um die Erde von einem anfänglich geschmolzenen, heißen Zustand abzukühlen, eine Zahl, die er schätzte, indem er sie mit der Zeit verglich, die eine kleine Eisenkugel zum Abkühlen brauchte. Aber er brachte dies nicht mit dem Alter der Erde in Zusammenhang. Vielleicht wollte er den offensichtlichen Konflikt mit der Kirche vermeiden, der durch die Erörterung entstanden wäre.

In seinen späteren Jahren zog sich Newton oft für Jahre zurück, um der Alchemie, seiner geheimen Leidenschaft, nachzugehen. Er war überzeugt, Gold aus anderen Elementen herstellen zu können, und experimentierte mit Blei und Quecksilber, wobei er oft die Produkte seiner Experimente probierte. 1979 wurde ein Haar aus einem seiner Notizbücher analysiert, und es zeigte sich, dass es Blei und Quecksilber in gefährlich hohen Konzentrationen enthielt. Einige Historiker haben argumentiert, dass dies möglicherweise der Grund für seine Zusammenbrüche und für sein manchmal widerwärtiges Verhalten war.

7. Edmund Halley (1656–1742)

»für die Zerschlagung der Kristallsphären und die Techniken zur Messung der Distanz zur Sonne«

Bis zum 17. Jahrhundert basierte die Entfernung zur Sonne noch auf den von Aristarch entwickelten Techniken, die nicht sehr genau waren. Aber wie können wir sonst Entfernungen zur Sonne messen und zu Sternen, zu denen wir nicht gereist sind? Es war der englische Astronom Edmund[11] Halley, der eine einfache Methode entwickelte, um die Entfernung zur Sonne viel genauer zu messen.

Halleys Familie war durch die Herstellung von Seife reich geworden – ein Phänomen, das sich in Europa erst im 17. Jahrhundert verbreitete.[12] Obwohl die Familie durch das große Feuer von London viel von ihrem Vermögen verloren hatte, konnte sie sich immer noch eine gute Ausbildung für ihren Sohn leisten. Halley war schon von klein auf von der Astronomie fasziniert, und im Alter von 17 Jahren begann er sein Studium an der Universität von Oxford, wo er dem »Astronomer Royal« John Flamsteed assistierte. Halley avancierte schnell zu einem einflussreichen Wissenschaftler, wurde

11 Obwohl Biografen seinen Vornamen oft mit »Edmond« angeben, benutzte Halley selbst diese Schreibweise nur in drei seiner Publikationen, während er sich in ganzen 22 »Edmund« schrieb. Daher halte ich mich an seine persönliche Präferenz.

12 Harold Spencer Jones: »Edmond Halley and his Times«. *Popular Astronomy* Vol. 55, 1947: 2–17

zum zweiten »Astronomer Royal« ernannt und machte viele wichtige Entdeckungen in der Kartografie und Astronomie.

Er wird vor allem mit dem »Halleyschen Kometen« in Verbindung gebracht, den er 1682 als Erster beobachtete und dabei erkannte, dass es sich um denselben Kometen handelte, der bereits 1607 und 1531 gesichtet worden war. Außerdem berechnete er, dass seine Umlaufbahn eine Ellipse ist, die jedoch durch die Nähe zum Jupiter gestört wird. Es war eine großartige Bestätigung von Newtons Ideen. Leider starb Halley vor seiner vorhergesagten Rückkehr des Kometen im Jahr 1758. Auch die erste genaue Sonnenfinsterniskarte, die den Weg des Mondschattens über England während der totalen Sonnenfinsternis von 1715 zeigt, wird Halley zugeschrieben. Er wusste, dass sich Sonnenfinsternisse in Zyklen von 18 Jahren plus 10 oder 11 Tage (abhängig von der Anzahl der dazwischenliegenden Schaltjahre) wiederholen. Halley nannte dies den »Saros-Zyklus«. Dieser war bereits von babylonischen Astronomen entdeckt und für Vorhersagen von Mondfinsternissen verwendet worden. Unter Anwendung von Newtons Theorie der Mondbewegung und des Saros-Zyklus führte Halley eine Reihe von Berechnungen durch, die er mit alten Sonnenfinsternissen in der Literatur abglich. Aber er stieß schon bald auf ein Problem: Die von ihm berechneten Sonnenfinsternispfade waren in Bezug auf die historischen Aufzeichnungen verschoben. Dies musste, so folgerte Halley, entweder daran liegen, dass der Mond in seiner Umlaufbahn beschleunigt, oder dass die Rotationsgeschwindigkeit der Erde sich verlangsamt (was bedeutet, dass die Länge des Tages zunimmt). Obwohl beides zutrifft, erkannte Halley richtigerweise die zunehmende Tageslänge als Hauptursache.

Im Jahr 1717 beobachtete Halley als Erster, dass sich die Sterne bewegen und nicht in Kristallsphären fixiert sind. Er maß die Positionen der Sterne Arcturus, Sirius, Beteigeuze und Aldebaran und verglich die Werte mit denen von Hipparchos und Ptolemäus. Dabei stellte er fest, dass sich alle Sterne bewegt hatten. Einer von ihnen hatte seine Position im Laufe von 1800 Jahren um einen halben Grad verändert; etwa um den Durchmesser des Vollmonds. Dies war eine bemerkenswerte Entdeckung, obwohl spätere Astronomen anmerkten, dass Halley die Genauigkeit von Ptolemäus' Daten überschätzt haben könnte, und seine Ergebnisse für mehrere der Sterne als falsch angesehen werden. Innerhalb weniger Jahrzehnte bestätigten andere Astronomen, dass einige der Sterne Bewegungen am Himmel zeigten, und die alten Vorstellungen von einer festen kristallinen Hülle, welche die Sterne hält, waren zerschlagen. Halleys vielleicht wichtigstes Vermächtnis ist jedoch, dass er den Anstoß für die Expeditionen von 1761 zur Messung der Entfernung zur Sonne lieferte.

1677 reiste Halley nach St. Helena, einer kleinen Insel im Südatlantik. Sein Ziel war, die Sterne auf der Südhalbkugel zu beobachten, um Flamsteeds Programm zur Vermessung der Sterne auf der Nordhalbkugel zu ergänzen. Auf der Reise dorthin passierte er den Äquator und bestätigte mittels Messung des Ausschlags eines Pendels die Idee von Isaac Newton, dass die Erde keine exakte Kugel ist. Die Schwingung eines Pendels hängt von der Gravitationskraft ab, die leicht variiert, je nachdem, wie weit es vom Erdmittelpunkt entfernt ist.

Am Äquator ist die Erde aufgrund ihrer Rotation etwas breiter – die Zentrifugalkraft verursacht diese Verzerrung, weil die Erde kein festes Objekt ist, sondern hauptsächlich geschmolzenes, »flüssiges« Gestein. Daher braucht das Pendel etwas länger, um zu schwingen, wenn man am Äquator steht, wo die Gravitationskraft der Erde schwächer ist. Übrigens würden Sie am Äquator auch ein halbes Prozent weniger wiegen als an den Polen!

Halleys Pendelexperimente am Äquator spielten eine Rolle bei der Entwicklung einer Standardeinheit für die

Längenmessung. Bis zum 18. Jahrhundert wurde die Länge einer Strecke eher willkürlich in Bezug auf Körperteile definiert, wie zum Beispiel die Länge eines Königsfußes. Der Architekt und Astronom Christopher Wren schlug vor, ein Standard-Entfernungsmaß – den Meter – als die Länge eines einfachen Pendels zu definieren, das in einer Sekunde einmal von links nach rechts schwingt. Der alternative Vorschlag bestand darin, den Meter als ein Zehnmillionstel der Entfernung vom Äquator zum Nordpol auf einer Linie, die durch Paris verläuft, zu definieren. Ich weiß, welche Methode ich gewählt hätte! Die französische Akademie der Wissenschaften entschied sich jedoch 1791 für die zweite Methode und argumentierte, dass die Schwerkraft leicht variiert, je nachdem, wo man sich auf der Erdoberfläche befindet.[13]

Halley verbrachte anderthalb Jahre auf St. Helena und erstellte den ersten Katalog der südlichen Sterne. Während er dort war, beobachtete er einen Transit des Planeten Merkur über die Sonne. Er notierte sorgfältig die Zeit, zu der Merkur in die Sonnenscheibe eintrat und sie verließ, und maß die Zeiten mit einer Genauigkeit von einer Sekunde. Halley erkannte, dass, wenn ein Transit gleichzeitig von verschiedenen Breitengraden auf der Erde beobachtet würde,

13 Um den Meter zu definieren, machten sich französische Wissenschaftler daran, die Entfernung zwischen Barcelona und Dünkirchen zu messen. Daraus konnten sie mittels Geometrie auf die Entfernung vom Nordpol zum Äquator schließen. Das Ganze dauerte über sechs Jahre. Durch Messen der genauen Entfernung entlang der geradesten Straßen in Europa mit einem 3,9-Meter-Platinstab wurden zehn Kilometer lange Basislinien festgelegt. Damit wurden die Erdkrümmung und die größeren Entfernungen, die mittels Triangulation gemessen wurden, kalibriert. Es wurde eine Standard-Meterlänge für den Prototypen festgelegt, obwohl sie aufgrund der Fehleinschätzung der Erdform um einen Fünftelmillimeter zu kurz war. Zum Glück haben wir jetzt viel genauere Techniken, mit denen wir die Länge messen können. Seit 1983 ist ein Meter definiert als die Entfernung, die ein Lichtphoton in einem Vakuum in 1/299792458 Sekunde zurücklegt.

die Transitzeiten unterschiedlich wären, da der Merkur die Sonne aus leicht unterschiedlichen Blickwinkeln überqueren würde. Mit einfacher Geometrie und Kenntnis der Erdgröße ließe sich aus der Differenz der Transitzeiten die Entfernung zum Merkur berechnen. Wenn man dann unter Verwendung der Kepler-Gesetze die relativen Entfernungen der Erde und des Merkur von der Sonne ermitteln würde, könnte man die Entfernung der Sonne von der Erde messen.

Halley berechnete, dass diese Parallaxenmessung aufgrund der Geometrie des Transits während eines Venustransits über die Sonne leichter durchzuführen wäre als beim Merkur. 1716 schlug Halley vor, die nächsten Transitereignisse der Venus an verschiedenen Orten auf der ganzen Welt zu beobachten und die genauen Zeiten des Transits aufzuzeichnen. Halley wusste offenbar nicht, dass dieses Vorgehen bereits 1668 vom schottischen Mathematiker James Gregory vorgeschlagen worden war, wenn auch wenig detailliert.

Venustransite finden etwa alle 100 Jahre paarweise im Abstand von rund 8 Jahren statt. Das liegt daran, dass wir darauf warten müssen, dass sich die Umlaufbahnen von Erde und Venus entsprechend ausrichten, genauso wie wir auf die Ausrichtung von Erde und Mond mit der Sonne warten müssen, um eine totale Sonnenfinsternis zu erleben. Die nächsten Venustransite werden 2117 und 2125 stattfinden. Zu Halleys Unglück war der nächste Transit zu seiner Zeit erst 1761. Zudem war die Organisation eines solchen Vorhabens damals eine komplexe Operation, insbesondere wegen zahlreicher anhaltender Konflikte wie dem Siebenjährigen Krieg zwischen Frankreich und Großbritannien.

In einem der ersten internationalen Gemeinschaftsexperimente, motiviert von Halley, begaben sich Astronomen aus der ganzen Welt auf lange Reisen, um den Transit der Venus von weit entfernten Orten auf dem ganzen Planeten zu beobachten. Als das Ereignis stattfand, waren über 100 Astronomen an über 60 Orten auf der ganzen Welt bereit, das Ereignis aufzuzeichnen. Es war das Äquivalent des 18. Jahrhunderts zu heutigen großen wissenschaftlichen Unternehmungen wie dem Large Hadron Collider am CERN – die erste globale Zusammenarbeit von Wissenschaftlern.

Viele reisten wochen- oder monatelang, um ihr Ziel zu erreichen. Einige kamen nie an. Zwei britische Astronomen machten sich auf den Weg nach Ostindien, aber ihr Schiff wurde von einem französischen Kriegsschiff angegriffen, noch bevor es den Ärmelkanal verlassen hatte, wobei elf Menschen starben. Doch nach Reparaturarbeiten und getreu der britischen Redewendung, eine »steife Oberlippe« zu bewahren, setzten die verängstigten Astronomen erneut die Segel.

Besonders traurig ist die Geschichte des französischen Astronomen Guillaume Le Gentil. 1760 segelte er nach Indien, um von dort aus den Transit zu beobachten. Unterwegs erfuhr er jedoch, dass zwischen Frankreich und Großbritannien ein Krieg ausgebrochen war und es daher zu gefährlich war, in ein britisches Kolonialgebiet zu reisen. Er war ein zielstrebiger Kerl, also machte er sich auf den Weg in einen anderen Teil Indiens, nur um festzustellen, dass dieser ebenfalls von den Briten besetzt war. Seinem Schiff wurde befohlen, umzukehren. Obwohl der Himmel klar war, war es auf See wegen der Bewegung des Schiffes unmöglich, den Transit zu beobachten. Enttäuscht entschloss er sich, das nächste Transitereignis acht Jahre später abzuwarten, da er bereits so weit gereist war. Er segelte auf die Philippinen, um von dort aus den Transit von 1769 zu beobachten, wurde jedoch von den spanischen Behörden zurückgewiesen. Unbeirrt kehrte er zu seinem ursprünglichen Ziel in Indien zurück, das nun wieder unter französischer Kontrolle stand. Er baute sein Observatorium und wartete geduldig. Obwohl der Himmel in den Wochen zuvor jeden Tag klar gewesen war, war er am Tag des Ereignisses bewölkt, und Le Gentil konnte nichts sehen. Er entging nur knapp dem Wahnsinn und trat die lange und abenteuerliche Heimreise nach Frankreich an. Elf Jahre nach seiner Abreise kehrte er nach Paris zurück, um festzustellen, dass er für tot erklärt worden war, seine Frau wieder geheiratet hatte und seine Verwandten seinen Nachlass unter sich aufgeteilt hatten. Was manche Leute für eine wissenschaftliche Entdeckung alles auf sich nehmen!

Zum Glück waren andere Expeditionen erfolgreicher. Zusätzliche Reisen wurden organisiert, um den Transit von 1769 zu beobachten, einschließlich der berühmten dreijährigen Reise von Kapitän James Cook nach Tahiti. Die kombinierten Ergebnisse machten es möglich, eine Entfernung zur Sonne zu ermitteln, die nur um wenige Prozent von den modernen Radarmessungen von 150 Millionen Kilometern abwich.

Leider starb Halley, 20 Jahre bevor die berühmten Venustransite stattfanden. Sein Vermächtnis wird jedoch noch lange weiterleben. Jahrtausendelang wurde angenommen, Kometen würden zufällig auftauchen und wären eine Art Unheilsbotschaft von den Göttern der jeweiligen Epoche. Halley zeigte, dass Kometen genau wie die Planeten in unserem Sonnensystem sind: Objekte, die unsere Sonne umlaufen und vorhersagbaren Bahnen folgen. Er prognostizierte, dass der Halleysche Komet weiterhin etwa alle 76 Jahre auftauchen wird. Sein Name wird uns somit jedes Mal in Erinnerung gerufen werden, wenn der Komet das innere Sonnensystem besucht, auch lange nachdem die Namen der meisten anderen Wissenschaftler vergessen sind.

8. Immanuel Kant (1724–1804)

»für seine visionären Theorien über den Ursprung des Sonnensystems und ein riesiges, sich entwickelndes Universum«

Mitte des 18. Jahrhunderts war die Kosmologie nicht viel weiter als bei den alten Babyloniern, mit kugelförmigen Sternenhüllen, die ein göttliches Zentrum umkreisten. Dies änderte sich dank der Brillanz des deutschen Philosophen Immanuel Kant.

Kant wurde in Königsberg an der Ostsee geboren. Damals deutschsprachig und Teil Preußens, heißt es heute Kaliningrad und gehört zu Russland. An der dortigen Universität begann Kant ein Studium der Philosophie und Mathematik. Seine erste Arbeit, in der er versuchte, den philosophischen Streit zwischen den Anhängern von Newton und Leibniz über die Natur der Materie zu schlichten, schrieb er im Alter von 23 Jahren. Er unterrichtete 15 Jahre lang ohne Gehalt von der Universität, finanziert von den Studenten, die seine Kurse besuchten. Erst 1770, im Alter von 46 Jahren, erhielt er eine besoldete Professur. Er war ein gebrechlicher Mann und nur anderthalb Meter groß, aber es ist belegt, dass er sehr gesellig war und häufig beschwingte Abendgesellschaften veranstaltete, bei denen seine Gäste angehalten wurden, über alles zu sprechen – außer über Philosophie.

Kant war einer der einflussreichsten Philosophen in der Geschichte der westlichen Philosophie, insbesondere in der Ethik und Metaphysik. Seine gefeierten Veröffentlichungen entstanden erst nach seinem 50. Lebensjahr, als er ordentlicher Professor für Logik und Metaphysik an der Universität von Königsberg war. Was ich jedoch noch bemerkenswerter finde, sind Kants Ideen zur Astronomie und Kosmologie, die er in seinen frühen Dreißigern entwickelte.

1754 schrieb die Berliner Akademie einen Preis für denjenigen aus, der beantworten konnte, warum sich die Erdrotation verlangsamt – wie im letzten Kapitel beschrieben, eine Entdeckung von Edmund Halley. Kant reichte dazu einen Aufsatz ein, den er auch in der Wochenzeitung seiner Stadt veröffentlichte. Er argumentierte richtig, dass die Verlangsamung der Erdrotation auf die gravitative Gezeitenkraft unseres Mondes zurückzuführen sei. Infolgedessen nehme die Länge des Tages langsam zu. Kant spekulierte weiter, dass die Rotationsgeschwindigkeit der Erde abnehmen wird, bis sie dem Mond immer dieselbe Seite zuwendet – das heißt, die Länge des Tages nimmt zu, bis sie sich der Zeitskala der Umlaufbahn des Mondes angepasst hat. Kant hatte recht mit seinen Spekulationen. Der Preis der Akademie ging allerdings an einen anderen Wissenschaftler – für eine falsche Theorie!

Es war Immanuel Kant, der in *Allgemeine Naturgeschichte und Theorie des Himmels* von 1755 das erste kosmologische Modell auf der Grundlage naturalistischer Ansichten lieferte. Kants Ideen waren einzigartig in der westlichen Kosmologie, da er ein sich entwickelndes Universum in Betracht zog. Beginnend mit einem urzeitlichen Chaos von Partikeln, die über eine unendliche Leere verteilt waren, würden die dichteren Partikel anfangen, die leichteren anzuziehen und Verdichtungen zu bilden. Aufgrund der Naturgesetze müssten sich aus diesem anfänglichen Chaos regelmäßige und geordnete Strukturen entwickeln. 1796 baute der brillante französische Wissenschaftler Pierre-Simon Laplace die Ideen von Kant weiter aus, um die moderne Theorie der Planeten- und

Sternenbildung zu entwickeln, die heute als »Kant-Laplace-Theorie« bekannt ist.[14]

Kant argumentierte für ein sich ständig veränderndes und entwickelndes Universum, in dem die Zeit über Milliarden von Jahren vergeht, während denen sich neue Sterne und Welten bilden. Er war auch der Erste, der die Hand Gottes entfernte. Kant sah Gottes Rolle als Schöpfer, der danach zum Zuschauer wird – die Planeten bewegen sich nicht durch Gottes Hand, sondern durch eine inhärente Eigenschaft der Materie.

Kant erweiterte einige Schriften des englischen Astronomen Thomas Wright und spekulierte, dass sich die Sterne in unserer Milchstraße innerhalb einer rotierenden, scheibenartigen Struktur bildeten, die ihre Stabilität gegen einen Kollaps bewahren würde. Er nahm an, dass die verschwommenen Nebel, welche die Teleskope der damaligen Zeit nicht auflösen konnten, sehr weit entfernte Ansammlungen von Sternen wie unsere Milchstraße seien, und dass ihre elliptischen Formen entstünden, wenn man Scheiben in einem Winkel betrachtet. Seine Idee wurde damals von fast allen abgelehnt, aber über anderthalb Jahrhunderte später von Edwin Hubble bestätigt. Seine sogenannten »Inseluniversen« waren selbst Teil noch größerer Strukturen, eine Idee, die durch dreidimensionale Galaxiendurchmusterungen in den 1980er-Jahren bestätigt wurde. In Kants Universum starben Strukturen »von dem Abgrunde der Ewigkeit verschlungen«[15], nur um neue kosmische Strukturen entstehen zu lassen. Er spekulierte, dass die ganze Welt in einen chaotischen Zustand zurückkehren

14 Ich hätte gerne in einem anderen Kapitel die Fortschritte in diesem Gebiet beschrieben, die in den vergangenen Jahrzehnten gemacht wurden. Doch diese Fortschritte sind das Resultat der Zusammenarbeit von Hunderten meiner Kollegen, und es wäre nicht fair, eine einzelne Person in den Vordergrund zu stellen.

15 Paul Menzer (Hg.): *Kants populäre Schriften.* Georg Reimer 1911: 17

und sich dann neu bilden könnte, möglicherweise unzählige Male.

Kant war bei Weitem nicht der Erste, der über ein zyklisches Universum nachdachte. Bereits die *Rigveda* spricht über das Brahmanda, ein oszillierendes Universum, das sich von einem einzigen Punkt aus ausdehnt, um wieder zusammenzubrechen. Das Konzept eines zyklischen Universums wird auch heute noch von Kosmologen diskutiert, allerdings im Rahmen des Multiversums – der Idee, dass Teile des Universums ständig neue Universen erschaffen, sodass eine nahezu unendliche Anzahl von Universen existiert, die alle in das alte eingebettet sind.[16]

Es ist interessant, dass mehrere frühe Kulturen dachten, das Universum sei zyklisch – dass aus der Asche eines sterbenden Universums ein neues Universum entsteht. Die frühe vedische Kosmologie, zum Beispiel im *Manusmṛti* des 2. Jahrhunderts v. Chr., setzte sogar Zyklen des Universums (des Lebens von Brahma) mit Zeitskalen gleich, die mit modernen Werten seines Alters vergleichbar sind. Die späteren hinduistischen Konzepte von unzähligen Universen mit unzähligen Welten, die im *Bhagavatapurana* detailliert beschrieben werden, sind über tausend Jahre älter als unsere modernen Vorstellungen vom Multiversum.

Kant war mit seinen Ideen, die sich über ein Jahrhundert später als richtig herausstellten, seiner Zeit voraus. Und unter jenen, die seine Ideen verifizierten, sind auch einige, die ihr eigenes Kapitel in diesem Buch bekommen haben. Manche Wissenschaftler sind der Ansicht, dass nur der Wissenschaftler, der den Beweis liefert, Anerkennung verdient, und nicht jener, der eine Theorie vorgeschlagen hat. Selbst dann wird manchmal dem zu seiner Zeit berühmteren Wissenschaftler die Entdeckung zugeschrieben, obwohl sie eigentlich

16 Mehr dazu erfahren Sie in Kapitel 42

ein anderer gemacht hat. Kant legte mit seinen Ideen den Grundstein für die moderne Kosmologie, und er verdient dafür ebenso viel Anerkennung wie jene, die bewiesen, dass er recht hatte.

Sein ganzes Leben lang dachte Kant über die Natur von Raum und Zeit nach. In seiner *Kritik der reinen Vernunft* von 1781 argumentiert er, dass die Zeit selbst keine Eigenschaft des Kosmos ist, sondern eine Schöpfung des menschlichen Geistes. Er verwendet folgende Antinomie: Die Welt muss einen Anfang in der Zeit haben, sonst wäre in dieser Welt bereits eine unendliche Zeit – eine »Ewigkeit«, wie Kant es nannte – vergangen – aber unendliche Reihen können nicht abgeschlossen werden. Andererseits kann die Welt keinen Anfang in der Zeit gehabt haben, denn dies würde eine Periode leerer Zeit bedeuten, bevor die Welt entstand, und nichts kann in leerer Zeit entstehen, da es keine Möglichkeit gibt, einen Moment in der leeren Zeit von einem anderen zu unterscheiden. Später werden wir mehr über jene Wissenschaftler erfahren, die Licht in die Natur von Raum und Zeit und in die Entstehung unseres Universums brachten.

Auf Kants Grabstein in Kaliningrad findet sich ein Satz aus der *Kritik der praktischen Vernunft*: »Zwei Dinge erfüllen das Gemüt mit immer neuer und zunehmender Bewunderung und Ehrfurcht, je öfter und anhaltender sich das Nachdenken damit beschäftigt: Der bestirnte Himmel über mir und das moralische Gesetz in mir.« Im 1788 veröffentlichten Text heißt es weiter: »Beide darf ich nicht als in Dunkelheiten verhüllt, oder im Überschwänglichen, außer meinem Gesichtskreise, suchen und bloß vermuten. Ich sehe sie beide vor mir und verknüpfe sie unmittelbar mit dem Bewusstsein meiner Existenz.«[17]

17 Immanuel Kant: *Kritik der praktischen Vernunft*. Berliner Ausgabe 2013: 140

9. Henry Cavendish (1731–1810)

»für die Bestimmung der Erddichte und der absoluten Kraft der Gravitation«

Im 17. Jahrhundert waren Dichte und Masse der Sonne und anderer Planeten nur relativ zur Erddichte bekannt, nicht in absoluten Werten. Um die Absolutwerte zu bestimmen, musste man die Stärke der Gravitation – die Anziehungskraft einer bestimmten Menge von Materie – ermitteln. Dies wurde dank eines der ersten Präzisionsexperimente überhaupt erreicht; durchgeführt vom englischen Wissenschaftler Henry Cavendish im Jahr 1798.

Cavendish wurde in eine der wohlhabendsten Familien Englands hineingeboren und konnte sich für seine Experimente ein eigenes, gut ausgestattetes Labor leisten. Er war notorisch schüchtern, hatte Angst vor Frauen, brach die Universität ab, weil er nicht vor anderen sprechen konnte, und kommunizierte mit seinen Dienern nur schriftlich. Er entdeckte viele neue Gesetze der Physik, doch wurden diese erst lange nach seinem Tod in seinen Notizbüchern entdeckt. In einer Biografie aus dem Jahr 1996 wird er beschrieben als »einer der größten Wissenschaftler seines Jahrhunderts, einer der reichsten Männer des Königreichs, ein Spross einer der mächtigsten Adelsfamilien, ein wissenschaftlicher Fanatiker und ein Neurotiker erster Güte«.[18]

18 Christa Jungnickel & Russell McCormmach: *Cavendish: The Experimental Life*. Bucknell University Press, 1996: 1

Zu seinen zahlreichen Entdeckungen gehörte die Existenz verschiedener Arten von Gasen, und er wies nach, dass Luft ein Gasgemisch ist. Er entdeckte auch den Wasserstoff, der sich später als das am häufigsten vorkommende Element im Universum herausstellte. Dazu sammelte Cavendish die Gasblasen, die entstanden, wenn er Eisenfeilspäne in Schwefelsäure legte. Er zeigte, dass sich das Gas von anderen unterscheidet und bei der Verbrennung Wasser erzeugt (seine aus dem Lateinischen abgeleitete englische Bezeichnung *hydrogen* bedeutet »wassererzeugend«). Gleichzeitig enthüllte er mit dieser Entdeckung die zusammengesetzte Natur von Wasser und setzte dem damals weitverbreiteten Glauben ein Ende, dass Wasser ein grundlegendes Element sei.

Cavendishs bekanntestes Experiment ist aber jenes zur Messung der Erddichte. Das erste dazu von ihm vorgeschlagene Experiment war im Prinzip einfach, aber schwierig in der Durchführung. Wird ein Gewicht an einem Seil neben einem großen Berg aufgehängt, sollte die Gravitation des Berges an dem Gewicht ziehen und den Winkel ändern, den es relativ zu den Fixsternen bildet. Der Ablenkwinkel ist proportional zur Dichte des Berges und der Dichte der Erde. Durch die Schätzung der Dichte des Berges und die Kenntnis der Größe der Erde könnte die Masse der Erde und damit ihre Dichte bestimmt werden.

Das Experiment musste von anderen Wissenschaftlern durchgeführt werden, da Cavendish ungern sein Zuhause verließ, und es wurde ein Ablenkwinkel von etwa einem Tausendstel Grad ermittelt. Dies war jedoch ein schwieriges Experiment und die Fehlermarge groß. Außerdem konnte die Dichte des Berges nur geschätzt werden. Cavendish war mit den Ergebnissen unzufrieden und entschied sich, im Keller seines Hauses ein neues Experiment durchzuführen – das erste Präzisionsexperiment mit einer systematischen Fehlerkontrolle.

Die Grundidee war, die Anziehungskraft zwischen einer großen und einer kleinen Bleikugel zu messen. Das Experiment verwendete zwei kleine 2-Zoll-Kugeln, die durch einen Querbalken miteinander verbunden waren. Der Querbalken war mittig an einem Draht aufgehängt, sodass die Vorrichtung sich drehen konnte – eine Drehwaage. Neben jeder kleinen Kugel wurde eine 8-Zoll-Bleikugel aufgehängt, sodass deren Anziehungskraft dazu führen würde, dass sich die Drehwaage leicht dreht. Cavendish wusste, dass jegliche Schwankungen der Temperatur, des Magnetfelds oder der Luft im Raum die Genauigkeit seiner Messungen stören konnten. Deshalb richtete er den Raum so ein, dass er das Experiment von außen mit einem Teleskop beobachten konnte.

Die Genauigkeit, die er erreichte, war bemerkenswert. Cavendish stellte fest, dass die Anziehungskraft der großen Kugeln winzig war. Die schwebenden kleineren Kugeln bewegten sich nur um ein Zehntel eines Zolls, woraus er die Dichte unseres Planeten auf das 5,48-Fache der Dichte von Wasser bestimmte – ein Wert, der innerhalb eines Prozents der heutigen Messungen liegt! Im Wesentlichen hatte Cavendish die Stärke der Gravitation oder die sogenannte Gravitationskonstante gemessen.

Newton schrieb sein Gravitationsgesetz nie explizit nieder. Er formulierte es nur in Worten. Zu Newtons Zeit gab es noch keine standardisierten Einheiten für Länge, Masse und Kraft – diese wurden erst Ende des 18. Jahrhunderts definiert. Das Newtonsche Gravitationsgesetz hat eine Konstante, die wir heute Gravitationskonstante nennen. Diese beschreibt die absolute Stärke der Gravitationskraft, die einer gegebenen Masse zugeschrieben wird. Newton dachte, dass diese Kraft zu klein wäre, um sie messen zu können, selbst zwischen einem Berg und einem Testgewicht. In seinen Gleichungen hatte er zwar die Massen von Sonne und Planeten berechnet, aber seine Ergebnisse waren in Einheiten der Erdmasse (oder genauer gesagt, in Einheiten der Erddichte).

Um die Geschichte und die Zukunft des Universums zu verstehen, müssen wir die Masse (und die Energie) seines Inhalts kennen. Einer der Hauptbestandteile unseres Universums sind die Sterne. War die Gravitationskonstante einmal bekannt, konnte man die Masse der Sonne genau bestimmen, indem man Newtons Gleichungen der Planetenbewegung verwendete, die ihre Masse mit der Entfernung von der Erde zur Sonne und der Umlaufzeit der Erde in Beziehung setzen.

Zur Zeit von Cavendish gab es noch keine Einheit für die Kraft – diese wurde erst 1873 eingeführt. Die Gravitationskonstante ließ sich aus den Ergebnissen von Cavendish leicht bestimmen, indem man die Größe und Masse der Erde in die Berechnung einsetzte. Dann hat man alles, was man braucht, um die Masse unserer Sonne zu ermitteln. Man stellt fest, dass die jährliche Bewegung der Erde um die Sonne in einer Entfernung von 150 Millionen Kilometern eine Sonnenmasse von $2{,}0 \times 10^{30}$ Kilogramm erfordert. Das ist etwas mehr als tausendmal die Masse des Jupiters und die 330000-fache Masse der Erde.

Heute ist unsere Standard-Masseneinheit das Kilogramm – ein Kilogramm wurde ursprünglich im Jahr 1795 als die Masse eines Liters Wasser festgelegt. Kurz danach und bis 2018 wurde es allerdings durch ein tatsächliches physisches Objekt definiert – einen Zylinder aus Platin, der in einem Tresor in Paris aufbewahrt wurde, und für dessen Öffnen drei separate Schlüssel erforderlich waren. Offizielle Kopien wurden an andere Länder verteilt, um als deren nationale Standards zu dienen. Dann entdeckte man allerdings, dass das Standardkilogramm langsam massereicher wurde, da es Moleküle aus der Luft adsorbierte. Und so wurde das Kilogramm nach vielen Diskussionen über Alternativen im Jahr 2019 in Bezug auf die Planck-Konstante neu definiert (die Konstante, welche die Energie eines Photons mit seiner Frequenz in Beziehung setzt).

Lange nachdem Cavendish 1810 gestorben war, erwarb der schottische Physiker James Maxwell seine unveröffentlichten Werke. Viele der Manuskripte beschreiben Cavendishs Forschungen zur Elektrizität – es gab sogar einen unveröffentlichten Entwurf eines Buches dazu. Seine Experimente hatten das Quadratabstandsgesetz der elektrostatischen Anziehung offenbart, bevor der französische Physiker Charles-Augustin de Coulomb, nach dem das Gesetz heute benannt ist, es entdeckte. Cavendish hatte auch entdeckt, dass die elektrische Spannung eines Leiters proportional zum elektrischen Strom ist. Zur Zeit von Cavendish gab es keine Geräte, um einen solchen Strom zu messen, also benutzte er seinen eigenen Körper, ergriff die Enden der Elektroden mit seinen Händen und notierte, ob der Schock seine Finger, Handgelenke oder Ellbogen erreichte oder nicht. Sein Experiment fand 45 Jahre vor jenen des deutschen Physikers Georg Ohm statt, nach dem das Gesetz heute benannt ist. Diese und viele andere Experimente führte Cavendish lange vor seinem Tod durch. Ich frage mich, ob er zu schüchtern war, sie zu veröffentlichen, oder ob er vielleicht dachte, er habe die Experimente nicht exakt genug durchgeführt.

10. Friedrich Bessel (1784–1846)

»für die Messung der Distanzen zu den Sternen«

Wenn wir in der Kosmologie von Entfernungen sprechen, verwenden wir Lichtjahre – die Entfernung, die das Licht in einem Jahr zurücklegt. Dies ist praktisch, da die Entfernungen zwischen Sternen in unserer Galaxie typischerweise einige Lichtjahre betragen. Es handelt sich dabei um enorme Distanzen – es würde etwa 80000 Jahre dauern, um mit unseren schnellsten Raketen die nächstgelegenen Sterne zu erreichen. Wie aber wurden diese riesigen Entfernungen überhaupt gemessen? Der Erste, dem es gelang, die Entfernung zu einem anderen Stern als der Sonne zu messen und einen Blick auf die Größe unserer Galaxie zu erhaschen, war der deutsche Astronom Friedrich Bessel.

Kurz nach der Erfindung des Teleskops im frühen 17. Jahrhundert entbrannte unter Astronomen ein Wettlauf darum, als Erster die Entfernungen zu den Sternen am Nachthimmel zu messen. Das Rennen wurde aber erst im 19. Jahrhundert gewonnen, als sich die Qualität von Teleskopen und Messgeräten so weit verbessert hatte, dass die Parallaxe naher Sterne gemessen werden konnte. Die Idee war einfach: Man wählt einen Stern aus und misst seine Position relativ zu nahen Sternen im Laufe eines Jahres genau. Aufgrund der Bewegung der Erde um die Sonne sollte sich, falls der gewählte Stern näher als seine Nachbarn liegt, seine Position am Himmel aufgrund unterschiedlicher Betrachtungswinkel ändern.

Dann kann man mittels einfacher Trigonometrie seine Entfernung bestimmen. Wegen der großen Entfernungen zu den Sternen beträgt dieser Winkel allerdings nur einen winzigen Bruchteil eines Grads.

Friedrich Bessel wurde im westfälischen Preußen geboren. Mit 14 Jahren begann er eine siebenjährige unbezahlte Lehre bei einer Reederei in Bremen. Er brachte sich selbst das Navigieren mit den Sternen bei und wurde bald ein so wertvolles Mitglied des Unternehmens, dass er ein Gehalt erhielt. Dies inspirierte ihn dazu, seine ganze Freizeit mit Mathematik und Astronomie zu verbringen. Nachdem er sich mit Lehrbüchern der Astronomie autodidaktisch weitergebildet hatte, verwendete er Messungen der Position des Halleyschen Kometen aus dem Jahr 1607, um dessen genaue Umlaufbahn zu berechnen. Seine Ergebnisse präsentierte er dem Astronomen Heinrich Olbers, der seine Begabung sofort erkannte und ihm eine Anstellung als Astronom empfahl. Bessel gab seine Karriere in der Schifffahrt auf, um Assistent an einer privaten Sternwarte in der Nähe von Bremen zu werden. Obwohl er keine Universitätsausbildung hatte, wurden seine Fähigkeiten als Astronom weithin bekannt, und 1810, im Alter von 25 Jahren, wurde er von König Friedrich Wilhelm III. von Preußen zum Direktor der Königsberger Sternwarte ernannt. Im folgenden Jahr erhielt Bessel auf Empfehlung des berühmten deutschen Physikers Friedrich Gauß die Promotion. Dies ermöglichte ihm in der Folge eine Stelle als Professor für Astronomie in Königsberg.

Bessel begann 1818 mit seiner Suche nach Parallaxen von Sternen, scheiterte jedoch und versuchte es danach fast zwei Jahrzehnte lang nicht wieder. Große Entdeckungen in der Astronomie wurden oft entweder durch neue Instrumente und Geräte oder durch große systematische Untersuchungen des Nachthimmels ermöglicht. Nachdem er von möglichen Resultaten anderer Astronomen gehört hatte, ging Bessel das

Problem erneut an, diesmal bewaffnet mit einem besonders präzisen »Heliometer«, das vom deutschen Astronomen Joseph Fraunhofer hergestellt wurde. Es handelt sich dabei um ein optisches Gerät, das am Okular eines Teleskops platziert wird und zur genauen Messung von Positionen verwendet werden kann.

Bessel beobachtete den Stern 61-Cygni über einen Zeitraum von 18 Monaten und maß seine Position im Vergleich zu benachbarten, schwächeren Sternen. Er wählte diesen Stern mit Bedacht, da er um dessen hohe Eigenbewegung wusste – seine Position driftet aufgrund seiner Bewegung im Raum langsam über den Himmel. Er nahm daher zu Recht an, dass sich 61-Cygni in der Nähe der Sonne befinden müsse. Im Laufe von sechs Monaten bewegt sich die Erde halb um die Sonne – der weiteste Abstand, den Bessel mit seinen Teleskop-»Augen« erreichen konnte. Im Laufe eines Jahres scheint sich, durch die Bewegung der Erde um die Sonne, die Position eines nahen Sterns relativ zu den entfernten Sternen hin und her zu bewegen.

Bessel entdeckte eine winzige Änderung des Winkels von 61 Cygni relativ zu den schwächeren Sternen: 0,314 Bogensekunden (etwa ein zehntausendstel Grad) mit einer Abweichung von 0,02 Bogensekunden. Da er die Größe der Erdumlaufbahn kannte, konnte er daraus schließen, dass die Distanz von der Erde zu 61-Cygni das 658000-Fache der Distanz zwischen Erde und Sonne oder etwa 10 Lichtjahre betrug. Bessels Ergebnis weicht um weniger als zehn Prozent von dem Wert ab, den wir heute messen. Diese Beobachtung zeigte nicht nur, wie groß unsere Galaxie sein könnte, sondern war auch ein direkter Beobachtungsbeweis dafür, dass die Erde die Sonne umkreist.

1829 verlieh die Royal Astronomical Society Bessel ihre Goldmedaille. Die Worte von John Herschel bei der Zeremonie vermitteln die Bedeutung von Bessels Beobachtungen: »Ich gratuliere Ihnen und mir, dass wir erleben, wie wir die große und bisher unüberwindbare Barriere für unsere Ausflüge in das siderische Universum, an der wir uns so lange und so vergeblich gerieben haben – fast gleichzeitig an drei verschiedenen Stellen übersprungen haben. Es ist der größte und glorreichste Triumph, den die praktische Astronomie je miterlebt hat ...«[19]

Die Worte verraten auch, dass zwei andere Astronomen ebenfalls die Sternparallaxe gemessen hatten, doch Bessel war der Erste, der Ergebnisse veröffentlichte, die als richtig erachtet und später von weiteren Astronomen bestätigt wurden.

Bevor die Entfernungen zu den Sternen gemessen wurden, waren Astronomen davon ausgegangen, dass sie alle gleich hell seien und daher in unterschiedlichen Entfernungen liegen müssten. Astronomen, die versuchten, die Parallaxe zu messen, wählten für ihre Beobachtungen oft jene Sterne aus, die für unsere Augen am hellsten waren, weil sie dachten, diese müssten am nächsten sein. Aber sobald die Distanzen zu den Sternen gemessen waren, konnte mittels Quadratabstandsgesetz – nach dem die Intensität des Lichts mit der Entfernung abnimmt – ihre wahre Leuchtkraft bestimmt werden. Man erkannte, dass Sterne in einem breiten Spektrum von Leuchtstärken vorkommen. Die für unsere Augen hellsten Sterne sind uns oft am nächsten, aber es könnte sich auch um einen sehr weit entfernten Stern handeln, der tausendmal so hell ist wie unsere Sonne. Später wurden Korrelationen zwischen der Helligkeit und den Farben von Sternen entdeckt – schwächere Sterne sind rot und hellere Sterne blau. Dies wiederum führte zur Theorie hinter der Evolution von Sternen, die über einen großen Teil des 20. Jahrhunderts entwickelt wurde.

Bessel ist heute unter Universitätsstudenten vor allem für seine mathematischen »Bessel-Funktionen« bekannt, hat aber noch viele andere Entdeckungen gemacht. Dreißig Jahre lang

19 *Monthly Notices of the Astronomical Society of London*. Priestley and Weale, London 1831: 97

verließ er sein Observatorium nur selten und beobachtete aufmerksam den Nachthimmel. Er erstellte einen Katalog von 75 000 Sternen, die auf der Nordhalbkugel sichtbar sind, und maß ihre Positionen mit einer Genauigkeit von einer Zehntelbogensekunde. Seine sorgfältigen Beobachtungen der Positionen von Sternen offenbarten eine periodische Bewegung des Sterns Sirius, woraus Bessel folgerte, dass dieser einen dunklen Begleitstern haben müsse, der diese Bewegung verursachte. Später wurde bestätigt, dass es diesen Begleiter tatsächlich gibt – einen Weißen Zwergstern, der den Endzustand von Sternen wie unserer Sonne darstellt. 1841 nutzte er, wie zuvor Halley, die variierende Schwingung eines Pendels, um zu berechnen, dass die Erde am Äquator um ein Zweihundertneunundneunzigstel breiter war – eine Genauigkeit, die bis zu den Satellitenbeobachtungen kaum übertroffen wurde.

Bessel starb 1846 an einer langen mysteriösen Krankheit, von der wir heute annehmen, dass es sich um Darmkrebs handelte. Zwei Jahre nach seinem Tod wurde sein Werk in dem berühmten Prosagedicht *Eureka* (dt. *Heureka*) von Edgar Allan Poe verewigt: »Indessen ist es durch wundervoll genaue und sorgfältige Beobachtungen, die Bessel mithilfe neuer Instrumente in langen Jahren der Arbeit anstellte, dem jüngst verstorbenen Astronomen endlich gelungen, die Entfernung von sechs oder sieben Sternen zu bestimmen, unter anderen die des Sterns Nr. 61 im Sternbild des Schwans. Die in diesem Fall festgestellte Entfernung ist 670000 Mal größer als die der Sonne, welche Letztere, wie man sich erinnern wird, 95 Millionen Meilen beträgt. Der Stern 61 des Schwans ist also etwa 64 Trillionen Meilen von uns entfernt.«[20]

20 Edgar Allan Poe: *Heureka.* adlibri 2015: 151
Anm. d. Übers.: Die hier zitierte Übersetzung ist fehlerhaft, da nicht berücksichtigt wurde, dass die englische Trillion einer deutschen Billion entspricht. Korrekt müsste es heißen: »… ist also etwa 64 Billionen Meilen von uns entfernt«.

TEIL II

DIE WISSENSCHAFTLER:INNEN, DIE UNSEREN PLATZ IN ZEIT UND RAUM BESTIMMTEN

Unser Verständnis des Universums wuchs enorm, als Fortschritte im Bau von Teleskopen und der Technologie einen immer präziseren Blick auf die Sterne ermöglichten. Zu Beginn des 19. Jahrhunderts wurde die Religion sukzessive aus den Universitäten verdrängt, und vor allem die deutschen Universitäten leisteten Pionierarbeit in der Wissenschaftsfreiheit. Selten findet sich in einer wissenschaftlichen Studie nach dieser Zeit noch ein Bezug zu Gott. Astronomen verfeinerten ihre Teleskope und führten detailliertere Beobachtungen durch; Physiker entwickelten ihre Theorien über Licht und Materie.

Zu den bemerkenswerten Entdeckungen des 19. Jahrhunderts, die ich nicht erwähnt habe, gehören die Emissions und Absorptionsspektren von Sternenlicht durch Joseph von Fraunhofer, die zum Verständnis der Zusammensetzung von Sternen führten. Auch die Entdeckung des Lichts jenseits des sichtbaren Spektrums durch Wilhelm Herschel, der als Erster Infrarotlicht beobachtete, indem er Licht durch ein Prisma lenkte und hinter dem roten Ende des sichtbaren Spektrums ein Thermometer anbrachte, war wegweisend. Untersuchungen zur Natur von Energie und Wärme führten zu den Gesetzen der Thermodynamik und dem Konzept der Entropie von Rudolph Clausius. Dass Licht wie eine Welle aussah, wurde durch das berühmte Doppelspalt-Experiment von

Thomas Young demonstriert. James Maxwell leistete theoretische Durchbrüche in unserem Verständnis von Licht und Elektromagnetismus.

Bis zum Ende des 19. Jahrhunderts hatten Astronomen unseren Platz im Sonnensystem bestimmt und erkannt, dass unser Kosmos ein riesiges Sternenmeer ist, das sich über Tausende von Lichtjahren in alle Richtungen erstreckt. Aber was lag dahinter? Und wie ist das alles entstanden? Lassen Sie mich nun ins 20. Jahrhundert übergehen und den unbelohnten Wissenschaftlerinnen und Wissenschaftlern Anerkennung zollen, die für einen Nobelpreis infrage kamen. Leider sind viele von ihnen inzwischen gestorben, aber einige leben noch, und es ist möglich, ihnen Anerkennung zu verschaffen.

11. Henri Poincaré (1854–1912)

»für das Prinzip der Relativität, die Entdeckung der Chaostheorie und die Vorhersage der Existenz von Gravitationswellen«

Vielleicht haben Sie den Namen des französischen Mathematikers und theoretischen Physikers Henri Poincaré vor einigen Jahren in den Medien gelesen. Damals löste der russische Mathematiker Grigori Perelman die sogenannte »Poincaré-Vermutung« und lehnte dafür die prestigeträchtige Fields-Medaille[21] und den mit einer Million Dollar dotierten Millennium-Preis ab. Perelman scherte sich nicht um Ruhm oder Geld, und er ärgerte sich über das Verhalten der mathematischen Gemeinschaft, die nichts gegen die Versuche berühmter Kollegen, einen Teil des Ruhms für sich zu beanspruchen, unternahm. Die Poincaré-Vermutung war eine Aussage über die Topologie von geometrischen Objekten, die Poincaré im Jahr 1904 machte. Im Laufe des folgenden Jahrhunderts versuchten viele berühmte Mathematiker, sie zu beweisen, scheiterten jedoch, bis Perelman sieben Jahre in Isolation verbrachte, um das Problem zu lösen.

Der englische Philosoph und Mathematiker Bertrand Russell beschrieb Henri Poincaré nach dessen Tod als »den hervorragendsten Wissenschaftler seiner Generation – hervorragender, ist man versucht zu denken, als jeder heute

21 Die Fields-Medaille ist das mathematische Äquivalent zum Nobelpreis, da die Mathematik nicht in Alfred Nobels Liste der auszuzeichnenden Disziplinen aufgeführt war.

lebende Wissenschaftler«[22]. Poincaré wurde 51 Mal von Wissenschaftlern wie den Nobelpreisträgern Marie Curie und Hendrik Lorentz für den Nobelpreis für Physik nominiert, aber nie damit ausgezeichnet. Er starb 1912, im selben Jahr, in dem Nils Gustaf Dalén der Physikpreis »für seine Erfindung selbstwirkender Regulatoren, die in Kombination mit Gasakkumulatoren zur Beleuchtung von Leuchttürmen und Leuchtbojen verwendet werden« verliehen wurde. Dalén hatte nur eine einzige Nominierung von einem Mitglied der Schwedischen Akademie der Wissenschaften erhalten!

Viele von Poincarés Nominatoren würdigten seine Beiträge zur speziellen Relativitätstheorie, aber er erhielt auch Nominierungen für andere seiner tiefgreifenden Entdeckungen. Poincaré war ein wahrer Universalgelehrter, der zentrale wissenschaftliche Beiträge von der Mathematik und Astronomie bis hin zur grundlegenden Physik und Philosophie leistete.

Poincaré wurde in eine einflussreiche Familie hineingeboren. Sein Vater war ein angesehener Medizinprofessor an der Universität von Nancy und ein Pionier der Arbeitsmedizin. Sein Cousin war Präsident und Premierminister von Frankreich. Poincarés Lehrer am Lycée in Nancy sagte voraus, dass dieser eines Tages ein großer Mathematiker werden würde. Anschließend gewann er erste Preise beim Concours Général, einem Wettbewerb zwischen den besten Schülern aller Lycées in Frankreich, und studierte danach an der École Polytechnique in Paris, Frankreichs elitärster Universität. 1873 war er der beste Qualifikant bei den Aufnahmeprüfungen und machte nur zwei Jahre später seinen Abschluss.

Während Vorlesungen wirkte Poincaré oft abgelenkt, aber das lag daran, dass sein Sehvermögen so schlecht war, dass

22 Bertrand Russell: *Preface to Henri Poincaré's Science and Method.* Thomas Nelson & Sons, London 1914

er durch Zuhören lernen musste. Seine Studentenhefte sind gefüllt mit Hunderten von Kritzeleien und Transkriptionen der Worte von Dozenten. Schon als Student wurde er dafür bekannt, komplexe mathematische Probleme zu visualisieren, Lösungen im Kopf auszuarbeiten und sie erst dann aufzuschreiben. Später wurde er Professor für allgemeine Astronomie an der École Polytechnique, während er gleichzeitig eine Professur für mathematische Astronomie und Himmelsdynamik an der Universität von Paris innehatte.

1910 veröffentlichte der französische Psychiater Édouard Toulouse ein Buch über seine Gespräche mit Poincaré, in denen er dessen Denkprozesse analysierte. Er schrieb, dass Poincaré bei dem Versuch, ein Problem zu lösen, bei Null beginnen und seine Resultate aus ersten Prinzipien entwickeln würde, unabhängig von den Fortschritten, die andere vielleicht bereits bei der Lösung dieser Probleme gemacht hätten. Und dass Poincaré nur von 10 bis 12 Uhr und dann wieder von 17 bis 19 Uhr an mathematischen Problemen arbeitete. Abends las er dann, um im Schlaf nicht abgelenkt zu sein. Toulouse erklärt, dass Poincaré erwartete, die entscheidenden Ideen dann zu haben, wenn er aufhörte, sich auf das Problem zu konzentrieren.

Nicht alle Bemühungen Poincarés waren erfolgreich. Als er 1897 dem französischen Bureau de Longitudes in Paris beitrat, versuchte er, die Dezimalisierung von Winkeln und Zeit durchzusetzen. Seit den Sumerern und Babyloniern wird ein Kreis in 360 Grad geteilt. Poincaré schlug vor, Kreise in 400 Grad zu unterteilen, sodass ein rechter Winkel 100 Grad beträgt. Und er ging noch weiter: Eine Stunde sollte 100 Minuten enthalten und jede Minute 100 Sekunden lang sein. Seine Ideen wurden jedoch abgelehnt, da so alle vorhandenen Karten und Uhren wertlos würden.

Eines der großen Probleme der Physik seit Isaac Newton ist als »Dreikörperproblem« bekannt. Während Isaac Newton die Bewegung zweier Gravitationsmassen löste, beispielsweise eines Planeten, der einen Stern umkreist, fehlte ihm beim Versuch, die Bewegung dreier Körper – beispielsweise der Sonne, der Erde und des Mondes – zu verstehen, eine allgemeine Lösung. Das Problem ist klar definiert: Wie verlaufen angesichts der Anfangspositionen und -geschwindigkeiten von drei Objekten, die durch die Gravitation interagieren, ihre Bewegungen im Laufe der Zeit? In den nächsten drei Jahrhunderten versuchten viele berühmte Wissenschaftler, eine Lösung für dieses Problem zu finden – und scheiterten. Poincaré zeigte auf, warum sie scheiterten, und entdeckte dabei die Chaostheorie.

Das Dreikörperproblem wurde als so wichtig erachtet, dass der König von Schweden, Oscar II., 1887 zu Ehren seines 60. Geburtstags einen Preis für jeden ausschrieb, der bei der Lösung Fortschritte erzielen konnte. Poincarés erfolgreicher Beitrag, *Sur le problème des trois corps et les équations de la dynamique*, war 270 Seiten lang. Er zeigte, dass es nicht möglich ist, zu einer allgemeinen Lösung zu gelangen. Im Laufe seiner Karriere kam Poincaré immer wieder auf das Dreikörperproblem zurück und schrieb drei weitere Bände mit insgesamt 1300 Seiten zum Thema. Diese Arbeiten regten seither eine Vielzahl von Studien in ganz unterschiedlichen Forschungsgebieten an.

Was Poincaré im Wesentlichen aufzeigte, war, dass das zukünftige Verhalten der drei Körper sehr empfindlich auf kleine Änderungen in den Anfangsbedingungen reagiert. Es ist die Essenz der Chaostheorie. Die zukünftigen und vergangenen Bewegungen von drei Körpern können im Prinzip aus der Kenntnis ihrer Positionen und Geschwindigkeiten zu jedem Zeitpunkt bestimmt werden – dies wird als deterministisches Problem bezeichnet. Das Problem ist, dass nicht einmal ein Computer jemals exakt genug sein könnte, um dies genau zu berechnen.

Poincaré ging auch auf die Wettervorhersage ein, was weitgehend in Vergessenheit geriet, bis der Meteorologe Edward Lorenz in den 1960er-Jahren die Chaostheorie wiederentdeckte, als er versuchte, Wettervorhersagen mit einem Computer zu machen. Sie haben vielleicht schon vom »Schmetterlingseffekt« gehört – dass der Flügelschlag eines Schmetterlings einen weit entfernten Tornado auslösen kann. Unter diesem Titel hielt Lorenz 1972 einen Vortrag, in dem er seine Ergebnisse zur Unberechenbarkeit des Wetters vorstellte. Lorenz stellte zufällig fest, dass sich seine Wettervorhersagen bei der Wiederholung derselben Berechnung aufgrund einer anderen Rundungsmethode seines Computers völlig veränderten. In seinem Buch *Science et méthode* von 1908 erwähnt Poincaré das scheinbar zufällige Auftreten von Stürmen und Regen und schreibt: »Auch hier finden wir wieder denselben Gegensatz zwischen einer sehr kleinen Ursache, die für den Beobachter nicht wahrnehmbar ist, und sehr beträchtlichen Folgeerscheinungen, die manchmal furchtbares Unheil anrichten.«[23] Noch heute wird die Entdeckung der Chaostheorie eher Lorenz als Poincaré zugeschrieben.

Poincaré war auch fasziniert von der Geometrie des Raums und der Natur der Zeit. Er leistete wichtige Beiträge zur Entwicklung der speziellen Relativitätstheorie, einer Theorie, die eine Schlüsselrolle bei unserer Entdeckung des Universums und bei der Entwicklung der Physik im Allgemeinen spielte. Die spezielle Relativitätstheorie beschreibt den Zusammenhang zwischen Raum und Zeit. Es ist eine Reihe von Gleichungen, die in Beziehung setzen, wie Dinge in einem Bezugsrahmen erscheinen und wie sie in einem anderen aussehen. Sie wird »speziell« genannt, weil sie keine Gravitation enthält. Die Theorie führt zu seltsamen, aber bewiesenen Phänomenen, wie zum Beispiel der Verlangsamung

23 Henri Poincaré: *Wissenschaft und Methode*. B.G. Teubner, 1914: 57

der Zeit für Astronauten, und sie enthüllte das berühmteste Gesetz der Physik, $E=mc^2$.

Die Theorie der speziellen Relativität wird normalerweise Albert Einstein zugeschrieben, doch Wissenschaftshistoriker versuchen noch heute herauszufinden, wie Einstein seine berühmte Arbeit von 1905, die keine Hinweise auf andere Arbeiten enthält, einfach so aus dem Ärmel schüttelte. Es gibt viele Bücher und Forschungsartikel zur Geschichte der Relativitätstheorie, und ich kann dem Thema hier nicht gerecht werden. Aber lassen Sie mich zumindest von Poincarés Beiträgen berichten, da ich mit einigen Wissenschaftshistorikern einer Meinung bin, dass er mindestens die Hälfte der Anerkennung verdient.

Seit Newton und bis zum Beginn des 20. Jahrhunderts war es weitgehend akzeptiert, dass der Raum mit irgendeiner Form von Medium gefüllt sein muss, das Licht, Wärme, Elektrizität und Magnetismus durch den Raum verbreitet. Dieses Medium wurde Äther genannt, und für jedes dieser Phänomene gab es einen anderen Äther. Dann, im Jahr 1865, zeigte der schottische Wissenschaftler James Clerk Maxwell mathematisch, dass das Licht selbst eine elektromagnetische Welle ist, und dass sich solche Wellen immer mit einer konstanten Geschwindigkeit – der Lichtgeschwindigkeit – durch den Raum ausbreiten müssen. Wenn sich elektromagnetische Wellen allerdings durch ein Medium ausbreiten würden, dann müsste ihre Geschwindigkeit entsprechend der Bewegung dieses Mediums variieren. Wenn nicht, würden Beobachter, die sich mit unterschiedlichen Geschwindigkeiten bewegten, unterschiedliche physikalische Gesetze messen. Maxwell schlug Wege vor, um die Existenz des Äthers zu überprüfen, was in den berühmten Experimenten von Albert Michelson und Edward Morley gipfelte.

Um den Äther nachzuweisen, maßen Michelson und Morley die Lichtgeschwindigkeit in zwei Richtungen –

parallel zur Erdbewegung und senkrecht zur Erdbewegung. Es wurde angenommen, dass die Lichtgeschwindigkeit in Bewegungsrichtung der Erde schneller sein müsse, da man deren Bewegungsgeschwindigkeit zur Lichtgeschwindigkeit addieren müsse. In gewisser Weise ist das so, wie wenn unsere Stimme in Windrichtung weiter hörbar ist oder wenn wir etwas aus einem fahrenden Auto werfen. Aber das Universum widerspricht ständig unseren Erwartungen – die bemerkenswerte Erkenntnis war, dass die Lichtgeschwindigkeit in beide Richtungen gleich ist! Egal wie schnell Sie sich bewegen – wenn Sie einen Lichtstrahl abgeben, bewegt er sich immer mit der gleichen Geschwindigkeit. Dies ist das berühmteste Null-Experiment, das jemals durchgeführt wurde, da es nicht die erwartete Anwesenheit eines Äthers offenbarte.

Viele Wissenschaftler versuchten, alldem einen Sinn zu geben, darunter der niederländische Physiker Hendrik Lorentz, der 1892 begann, Transformationen zwischen Raum und Zeit von Beobachtern zu entwickeln, die sich relativ zueinander durch einen stationären, unbeweglichen Äther bewegen.[24] Ziel war es, Maxwells Gleichungen in eine Form umzuschreiben, die relativ zu einem sich bewegenden Beobachter unverändert blieb. Lorentz' Berechnungen waren jedoch falsch. Es war Poincaré, der sie korrigierte und auch die Gravitation in eine Theorie einbezog, die er die »neue Mechanik« nannte. Er schrieb die richtigen Transformationen nieder und nannte sie erstmals »Lorentz-Transformationen«. Er zeigte auch, dass Gravitationswellen – Störungen, die sich durchs All ausbreiten – eine natürliche Folge dieser Theorien sein würden; ein Phänomen, das erst viel später entdeckt wurde, und für dessen Nachweis 2017 Nobelpreise

24 Ohne dass Lorentz davon wusste, waren die gleichen Transformationen bereits 1887 vom deutschen Physiker Woldemar Voigt niedergeschrieben worden.

an Kip Thorne, Rainer Weiss und Barry Barish verliehen wurden.

Dass die Zeit eine absolute, messbare Größe ist, auf die sich alle einigen können, wurde bis zum Beginn des 20. Jahrhunderts ebenfalls allgemein akzeptiert. Dies ist eine natürliche Folge der Newtonschen Bewegungsgesetze. Poincaré stellte die Existenz der absoluten Zeit infrage und stellte noch vor Einstein sein »Postulat der Relativität« auf – dass die Gesetze der Physik für alle Beobachter gleich sein sollten und dass ein Beobachter nicht unterscheiden könne, ob er sich bewege oder nicht. Er beschrieb, wie die Uhren zweier Beobachter nur im Ruhezustand die gleiche Zeit messen würden. Er schrieb, dass die Lichtgeschwindigkeit die maximal mögliche Geschwindigkeit sei, und dass sich die Gravitation mit derselben Geschwindigkeit ausbreiten müsse, da sonst sein Relativitätspostulat verletzt würde. Dass sich die Gravitation mit Lichtgeschwindigkeit fortbewegt, wurde 2017 bestätigt. Im Juli 1905 reichte Poincaré eine Zusammenfassung seiner Ideen mit dem Titel *Memoir* bei einer Zeitschrift ein. Da aber diese Zeitschrift nur zweimal im Jahr erschien, wurde seine Arbeit erst 1906 abgedruckt. In der Zwischenzeit hatte Albert Einstein 1905 seine berühmten Abhandlungen über die Relativitätstheorie veröffentlicht.

Einstein begann wie Poincaré mit den Postulaten, dass die Gesetze der Physik für alle Beobachter gleich sein sollten, und dass die Lichtgeschwindigkeit eine Konstante und unabhängig von der Bewegung ihrer Quelle sei. Aus diesen Postulaten leitete er die Lorentz-Transformationen ab. Poincaré suchte nach einem physikalischen Grund, warum die Lichtgeschwindigkeit in allen Bezugsrahmen konstant erschien, aber Einstein hielt sie für eine Eigenschaft der Natur. In Poincarés Arbeit waren Raum und Zeit getrennte Einheiten, während Einstein aufzeigte, dass sie miteinander verwoben sind.

Poincaré kam der vollständigen Theorie der speziellen Relativität unheimlich nah, doch Einsteins Abhandlung war einfacher und stimmiger und erforderte nicht die Existenz eines Äthers. In seiner Arbeit von 1905 erwähnte Einstein Poincaré nicht einmal. Ein persönlicher Freund von Einstein, Maurice Solovine, gab jedoch zu, dass er und Einstein wochenlang über Poincarés Buch *Wissenschaft und Hypothese* von 1902 gebrütet hatten. Poincaré hatte das Buch für Nicht-Fachleute geschrieben. In ihm beschrieb er seine Einsichten in ungelöste Probleme, einschließlich des fotoelektrischen Effekts, der Brownschen Bewegung und der Relativität physikalischer Gesetze im Raum – Probleme, die Einstein in seinen vier berühmten Abhandlungen von 1905 lösen würde.

Als einziger Wissenschaftler wurde Poincaré gewähltes Mitglied aller fünf separaten Abteilungen der französischen Académie des Sciences; Geometrie, Mechanik, Physik, Geografie und Navigation. Für seine Forschung erhielt er viele Preise und Ehrungen, aber trotz zahlreicher Nominierungen nie den Nobelpreis. Er starb im Alter von nur 58 Jahren an den Folgen einer Operation. Prinzen und Präsidenten wohnten seiner Beerdigung bei, während der er als »Poet der Unendlichkeit« und »Barde der Wissenschaft« bezeichnet wurde.

12. Albert Einstein (1879–1955)
»für die Allgemeine Relativitätstheorie, die Raum, Zeit, Materie und Energie miteinander verbindet«

Albert Einstein ist zweifellos der berühmteste Wissenschaftler aller Zeiten. Und er hat sich diese Anerkennung mehr als verdient. Sein bekanntestes Werk ist ohne Frage die Allgemeine Relativitätstheorie. Ohne sie wären wir nicht in der Lage, die Geschichte und Zukunft unseres Universums und vieles mehr zu verstehen. Sie sind vielleicht überrascht, dass Einstein für diese Arbeit nie einen Nobelpreis erhalten hat.

Albert Einstein wurde 1879 in Ulm, damals Teil des Königreichs Württemberg im Deutschen Kaiserreich, geboren. Er erinnerte sich, dass er im Alter von fünf Jahren von den geheimnisvollen, unsichtbaren Kräften fasziniert war, welche die Nadel eines Kompasses bewegten. Mit 16 Jahren fragte er sich, wie wohl ein Lichtstrahl aussehen würde, wenn man ihn verfolgen könnte. Wenn Licht eine Welle ist und man sich an ihr entlangbewegt, dann müsste es stationär erscheinen, dachte er – aber stationäre Lichtwellen waren bis dahin noch nie beobachtet worden. Dieses Gedankenexperiment spielte bei vielen seiner späteren Entdeckungen eine Rolle.

1895 zog Albert Einstein in die Schweiz, um zu studieren, weil ihm die Ausbildung, die er in München erhielt, nicht gefiel, und er außerdem eine Abneigung gegenüber der Militärpflicht hatte. Entgegen der landläufigen Meinung war er gut in Mathematik und beherrschte schon im Alter von 15 Jahren Differenzial- und Integralrechnung. Er scheiterte jedoch an der Aufnahmeprüfung an die Eidgenössische Polytechnische Schule (heute ETH Zürich), die er zwei Jahre jünger als die meisten Studenten angetreten hatte. So ging er in Aarau aufs Gymnasium, um seine Kenntnisse zu verbessern und die Matura zu erlangen, die ihm das gewünschte Studium ermöglichen würde. Nachdem er 1900 sein Diplom an der Eidgenössischen Polytechnischen Schule gemacht hatte, erwarb er das Schweizer Bürgerrecht. Obwohl er die deutsche Staatsbürgerschaft zum Teil auch aufgegeben hatte, um dem Militärdienst zu entgehen, meldete er sich 1901 als Schweizer Staatsbürger zur Rekrutenschule. Laut ärztlicher Untersuchung litt er unter Krampfadern, Schweißfüßen und Plattfüßen – und freute sich über seinen Ausschluss vom Dienst!

Trotz seiner vielen Bewerbungen an Universitäten um einen Lehrauftrag wurde ihm kein Angebot unterbreitet. 1902 fand er eine Anstellung beim schweizerischen Patentamt und schrieb in seiner Freizeit an seiner Doktorarbeit über *Eine neue Bestimmung der Moleküldimensionen*. 1905 promovierte er an der Universität Zürich.

Im selben Jahr, während er noch beim Patentamt arbeitete, veröffentlichte Einstein vier Aufsätze in den *Annalen der Physik*. Weil jeder einzelne von ihnen große Fortschritte in der Physik darstellt, werden diese »Annus-Mirabilis-Aufsätze« (lateinisch für »Wunderjahr«) genannt. Der erste Aufsatz erklärt den fotoelektrischen Effekt; dass, wenn man Licht auf ein Material richtet, man die Emission von Elektronen beobachten kann. Dies konnte durch die klassische Physik nicht erklärt werden, da Licht als sich durch den Raum ausbreitende Welle behandelt wurde. Einstein zeigte jedoch, dass es erklärt werden kann, wenn Licht ein Strom von Teilchen ist, die Photonen genannt werden und nur bestimmte Energien haben können. Dies war ein entscheidender Schritt in der Entwicklung der Theorie der Quantenmechanik. Der zweite Aufsatz erklärt die Brownsche Bewegung; die zufälligen

Bewegungen von Partikeln, die in einer Flüssigkeit schweben. Dies wurde erstmals vom Botaniker Robert Brown bemerkt, der durch ein Mikroskop Pollen auf der Wasseroberfläche herumwackeln sah. Einstein zeigte auf, dass dies auf die zufälligen Bewegungen einzelner Wassermoleküle zurückzuführen ist, die mit den Pollen kollidieren. Es war der erste überzeugende Beweis dafür, dass Atome und Moleküle existieren.

Einsteins dritter Aufsatz enthält die Theorie der speziellen Relativität, die wir im letzten Kapitel kennengelernt haben. Und seine letzte Arbeit des Jahres 1905 befasst sich mit der Beziehung zwischen Masse und Energie – dass Masse als eine Form von Energie betrachtet werden kann (oder Energie als eine Form von Masse), und dass die beiden durch eine einfache Proportionalitätskonstante (das Quadrat der Lichtgeschwindigkeit) miteinander in Beziehung stehen; $E=mc^2$, die berühmteste Gleichung der Wissenschaft.

Einstein verbrachte sieben Jahre beim schweizerischen Patentamt, aber als seine Forschung 1909 mittlerweile allgemein anerkannt war, erhielt er eine Professur für Theoretische Physik an der Universität Zürich.[25] In Zürich begann Einstein, über eine allgemeinere Relativitätstheorie nachzudenken, welche die Schwerkraft und die neue mathematische Beschreibung der Raumzeit einbeziehen würde.

Bis 1907 wurden Raum und Zeit noch als getrennte Einheiten betrachtet. Es war der deutsche Wissenschaftler Hermann Minkowski, der zeigte, dass die Relativitätstheorie sehr gut verstanden werden kann, wenn sie in einem vierdimensionalen Raum namens Raumzeit beschrieben wird. Seine Ansprache vor der Gesellschaft der deutschen Naturforscher

25 Als ich 2002 als Professor für Theoretische Physik an dasselbe Institut berufen wurde, war mein erster Wunsch, das Original von Einsteins Dissertation sehen zu dürfen. Es ist die kürzeste Dissertation, die ich jemals in Händen hielt, nur 17 Seiten lang – aber es sind 17 bemerkenswerte Seiten!

und Ärzte 1908 begann Minkowski mit den dramatischen Worten: »Die Anschauungen über Raum und Zeit, die ich Ihnen entwickeln möchte, sind auf experimentell-physikalischem Boden erwachsen. Darin liegt ihre Stärke. Ihre Tendenz ist eine radikale. Von Stund an sollen Raum für sich und Zeit für sich völlig zu Schatten herabsinken, und nur noch eine Art Union der beiden soll Selbstständigkeit bewahren.«[26]

Es ist leicht gesagt, dass Zeit eine andere Dimension des Raums ist, die wir Raumzeit nennen, aber es hat nichts mit unserer alltäglichen Erfahrung zu tun. Wir kennen den unaufhaltsamen Lauf der Zeit. Wir sind vertraut mit der Bewegung im Raum. Aber wenn wir uns durch den Raum bewegen, dann bewegen wir uns auch im Vergleich zu jemandem, der uns beobachtet, mit einer anderen Geschwindigkeit durch die Zeit. Es ist ein winziger Unterschied, denn unsere schnellsten Transportmöglichkeiten sind viel langsamer als die Lichtgeschwindigkeit, aber es ist ein messbarer Effekt.[27]

Bis 1915 hatte Einstein sein Hauptwerk über die geometrische Theorie der Gravitation abgeschlossen, das Gravitation, Energie und Raumzeit verband. Es ist das Rahmenkonzept, durch welches wir das Universum und seine Inhalte verstehen können, von der Entwicklung des Urknalls bis zur Funktionsweise von Schwarzen Löchern.

Einsteins Weg zur Ableitung der Allgemeinen Relativitätstheorie ist in seinem berühmten Zürcher Notizbuch zu sehen, das seine handschriftlichen Notizen von 1915 enthält. Das Notizbuch beginnt gleichzeitig auf der Vorder- und Rückseite; die Berechnungen treffen sich in der Mitte. Die erste Seite von hinten enthält eine Skizze und Entwürfe für

26 Hermann Minkowski: »Raum und Zeit«. *Jahresberichte der Deutschen Mathematiker-Vereinigung.* B. G. Teubner, Leipzig 1909.

27 Eine ausführlichere Erklärung der Raumzeit findet sich im Appendix.

ein komplexes Kinderpuzzle. Dann vertieft Einstein sich in Elektrodynamik und Relativitätstheorie sowie in die Mathematik zur Beschreibung der Struktur der Raumzeit. Dies ist der Beginn weiterer Notizen und Gleichungen, in denen er die beeindruckende Theorie der Allgemeinen Relativität entwickelt – eine einheitliche Gravitationstheorie, welche die Geometrie der Raumzeit mit der darin enthaltenen Materie und Energie verbindet.

In Einsteins Gravitationstheorie bewegen sich Objekte nicht aufgrund einer augenblicklichen Kraft, die zwischen Materie wirkt, sondern auf Pfaden im Raum, die durch das Vorhandensein von Materie und Energie gekrümmt sind. Die Newtonschen Gesetze folgen nur dann aus der Allgemeinen Relativitätstheorie, wenn man davon ausgeht, dass die Gravitation augenblicklich wirkt. Aber genau wie Poincaré postulierte Einstein, dass sich die Gravitation wie das Licht in jedem Bezugsrahmen mit einer endlichen und konstanten Geschwindigkeit fortbewegt.

Einstein verwendete die Allgemeine Relativitätstheorie, um die Ablenkung von Licht durch massive Objekte (eine Folge der Gravitation, die den Raum krümmt), das Vorhandensein von Schwarzen Löchern (Orte, an denen Masse so konzentriert ist, dass sich die Raumzeit auf sich selbst zurückbiegt), die Rotverschiebung von Licht durch die Gravitation (eine Folge der Gravitation, die die Zeit beeinflusst), die Existenz von Gravitationswellen (eine Folge der Gravitation, die sich mit Lichtgeschwindigkeit ausbreitet) und vieles mehr vorherzusagen – und jede Vorhersage wurde inzwischen bestätigt. Am wichtigsten für unser Verständnis der Geschichte und Zukunft des Universums ist, dass Materie und Energie (beide sind identisch) Raum und Zeit beeinflussen. Wenn man den Materie- und Energiegehalt des Universums kennt, kann man genau berechnen, wie es sich im Laufe der Zeit entwickeln sollte.

1917 wendete Einstein seine Gleichungen auf das Universum als Ganzes an – ein statisches und unveränderliches Universum – und stieß auf das gleiche Problem wie Newton, nämlich dass es instabil war und zusammenbrechen würde. Einstein versuchte, ein stabiles Universum zu schaffen, indem er seinen Gleichungen eine neue Konstante hinzufügte, die der negativen Energie der Gravitation eine entgegengesetzte positive Energie lieferte, und nannte sie die »kosmologische Konstante«. Diese wirkte der Anziehungskraft der Gravitation entgegen und verhinderte den Zusammenbruch seines Modelluniversums. Später bedauerte er, dynamische Universen – Universen mit zeitlichem Ursprung – in seinen Berechnungen nicht berücksichtigt zu haben.

Einsteins Relativitätstheorien veränderten die gesamte Physik und Kosmologie. 1919 beobachtete der britische Astronom Arthur Eddington die Ablenkung von Sternenlicht um die Sonne und bestätigte damit eine von Einsteins Vorhersagen der Relativitätstheorie. Einstein wurde über Nacht zur wissenschaftlichen Berühmtheit. Anfang desselben Jahres hatte er sich von seiner ersten Frau, Mileva Maric, scheiden lassen, und sein wachsender Ruhm hatte sich bisher nicht in Reichtum niedergeschlagen. In der Scheidungsvereinbarung versprach er daher, dass Maric und ihre Kinder das Preisgeld erhalten würden, wenn er den Nobelpreis bekäme. Doch obwohl er für seine Theorien 62 Mal für den Nobelpreis nominiert wurde, war ihm diese Ehre bis 1921 noch immer nicht zuteilgeworden.

1921 erhielt das Nobelpreiskomitee 14 verschiedene Nominierungen von berühmten Wissenschaftlern, Einstein für seine Relativitätstheorie auszuzeichnen. Das Komitee beauftragte eines seiner Mitglieder, Allvar Gullstrand, Professor für Augenheilkunde an der Universität Uppsala, mit einer Darstellung der Relativitätstheorie. Gullstrand war eines von fünf Mitgliedern des Gremiums, das über die Verleihung des

Nobelpreises für Physik entschied. Sein Bericht war sehr kritisch gegenüber Einsteins Arbeit und hielt fest, dass die Auswirkungen der Relativitätstheorie so gering seien, dass sie mit der in jener Zeit zur Verfügung stehenden Ausrüstung nicht gemessen werden könnten. Dies war falsch, da die Relativitätstheorie bereits durch zwei separate Experimente bestätigt worden war. Er schrieb auch, dass Einsteins Theorie eine Angelegenheit unbewiesener Überzeugung und nicht von großem Nutzen für die Menschheit sei. Das Nobelkomitee beschloss daraufhin, in diesem Jahr gar keinen Preis in Physik zu vergeben.

1922 wurde es für das Komitee peinlich, als es 17 neue Nominierungen für Einstein erhielt. Eine dieser Nominierungen hatte der schwedische Physiker Carl Wilhelm Oseen (der Einstein bereits 1921 nominiert hatte) eingereicht – für seine Arbeit über den fotoelektrischen Effekt. Das Nobelkomitee beauftragte Gullstrand, einen aktualisierten Bericht über die Relativitätstheorie vorzulegen, während Oseen gebeten wurde, über die Arbeit zum fotoelektrischen Effekt zu berichten. Gullstrands Bericht war immer noch äußerst kritisch, während Oseens Bericht wenig überraschend sehr positiv war. Man beschloss, den nicht verliehenen Preis von 1921 im Nachhinein an Einstein zu vergeben – für »Verdienste um die theoretische Physik und insbesondere für seine Entdeckung des Gesetzes des fotoelektrischen Effekts«. Die offizielle Urkunde sowie die Einladung zur Preisverleihung, die an Einstein versandt wurde, enthielten allerdings noch einen ungewöhnlichen Vorbehalt, nämlich »ohne den Wert zu berücksichtigen, der Ihren Relativitäts- und Gravitationstheorien beigemessen wird, wenn diese in der Zukunft bestätigt werden«[28].

28 Walter Isaacson: *Einstein: His Life and Universe*. Simon & Schuster 2008: 314. Vgl. auch die digital einsehbare Nobelpreisurkunde

Für Einstein war dieser Zusatz ein Schlag ins Gesicht, zumal seine Relativitätstheorie bereits zweimal bestätigt worden war und er, wie viele andere Wissenschaftler auch, sie für sein größtes Werk hielt. Da Einstein gerade in Japan war, nahm er seinen Preis nicht persönlich entgegen. Bei der Preisverleihung war stattdessen der deutsche Botschafter in Schweden zugegen und erklärte, dies sei ein großer Tag für die deutsche Wissenschaft. Auch darüber war Einstein verärgert – er und seine Tochter betonten nach der Preisverleihung, dass er Schweizer Staatsbürger sei. Als Einstein später gefragt wurde, auf welchen seiner vielen Preise er am stolzesten sei, zählte er einige auf, erwähnte aber nicht einmal den Nobelpreis, obwohl dieser den größten Bekanntheitsgrad und den höchsten Geldwert hatte. Einen positiven Nebeneffekt hatte der Nobelpreis aber zumindest: Maric erhielt das Preisgeld, 121 572 schwedische Kronen, was damals zwölf Jahresgehältern von Einstein entsprach.

Einstein war bereits 1914, kurz vor Beginn des Ersten Weltkriegs, zurück nach Deutschland gezogen; aufgrund eines Angebots, ein renommiertes neues Institut für Physik in Berlin zu leiten – und weil er seiner Cousine Elsa Loewenthal nahe sein wollte, die er 1919, kurz nach der Scheidung von Maric, heiratete. Ebenfalls 1914 äußerte sich Einstein erstmals öffentlich zur Politik, indem er die deutsche Aggression im Ersten Weltkrieg verurteilte. Er war einer von nur vier deutschen Gelehrten, die den »Aufruf an die Europäer« unterzeichneten, um gegen Deutschlands Aggression zu protestieren. Zeitlebens nutzte er von da an seinen Ruhm für den Pazifismus.

Einstein und Elsa verließen Deutschland 1933 in Richtung Amerika, um dem plötzlichen Aufstieg Hitlers zu entkommen. 1939 hörte Einstein von Kollegen, dass Hitler Forschungen zum Bau einer Atombombe durchführte. Er schrieb einen Brief an Präsident Roosevelt, in dem er den

Vereinigten Staaten empfahl, auf der Hut zu sein und ihre eigene Atomwaffenforschung in Angriff zu nehmen. Viele sind der Ansicht, dass dies den Anstoß zum *Manhattan-Projekt* gab – einem Projekt in der Größenordnung von Apollo zur Herstellung der ersten Atomwaffen. 1954 sagte Einstein zu seinem Kollegen Linus Pauling, dass dies der einzige große Fehler seines Lebens gewesen sei. 1955, wenige Tage vor seinem Tod, unterzeichnete Einstein das »Russell-Einstein-Manifest«, welches auf die Schrecken eines dritten Weltkriegs aufmerksam machte und das Ende aller internationalen Konflikte und des Einsatzes von Atomwaffen forderte.

Man findet in Büchern und im Internet mehr »Zitate« von Albert Einstein als von jeder anderen Person. Viele davon werden ihm leider fälschlicherweise zugeschrieben. Eines, das definitiv von ihm selbst stammt und mich besonders zum Nachdenken anregt, lautet: »Ich weiß nicht, mit welchen Waffen der Dritte Weltkrieg ausgetragen wird, aber der Vierte Weltkrieg wird mit Stöcken und Steinen ausgetragen.«[29]

29 Im Original: »I know not with what weapons World War III will be fought, but World War IV will be fought with sticks and stones.« Quelle: Interview mit Alfred Werner, Liberal Judaism 16 (April–Mai 1949), Einstein Archive 30–1104, zitiert aus Alice Calaprice: *The New Quotable Einstein*. Princeton University 2005: 173

13. Henrietta Swan Leavitt (1868–1921)

»für die Entdeckung einer astronomischen Standardkerze, die dazu führte, dass unser Platz in der Milchstraße und im Universum bestimmt werden konnte«

Die Messung der Entfernung zur Sonne, die in Kapitel 7 zu Edmund Halley beschrieben wurde, war der erste Schritt auf der kosmischen Entfernungsleiter hin zur Entdeckung des Universums. Der zweite Schritt war die Messung der Entfernung zu den nahen Sternen unter Verwendung der Parallaxe, was in Kapitel 10 zu Friedrich Bessel beschrieben wurde. Wegen der beschränkten Vergrößerungskraft der damaligen Teleskope konnte die Parallaxe nur verwendet werden, um die Entfernungen zu den nächsten Sternen zu messen.

Die tatsächliche Größe unserer Galaxie offenbarte sich erst 1908, als die amerikanische Astronomin Henrietta Swan Leavitt eine Möglichkeit entdeckte, die Entfernungen zu viel weiter entfernten Sternen zu messen, was zeigte, dass unsere Galaxie einen Durchmesser von mindestens 50000 Lichtjahren hat. Leavitt entdeckte, was wir heute eine »astronomische Standardkerze« nennen. Diese Technik ist der dritte Schritt auf der Entfernungsleiter, die es Astronomen erlaubte, die Struktur unserer Galaxie zu bestimmen und zu entdecken, dass unsere Galaxie nur eine von unzähligen anderen im Universum ist. Sie ermöglichte auch die Entdeckung des Urknalls.

Stellen Sie sich eine Lichtquelle vor, die immer die gleiche Stärke hat. Astronomen bezeichnen solche Lichtquellen als »Standardkerzen« und verwenden sie, um Distanzen zu weit entfernten Objekten zu messen. Hätten alle Sterne die gleiche Helligkeit, würden weiter entfernte Sterne immer schwächer erscheinen. Dies liegt daran, dass die Anzahl der Photonen, die wir empfangen, mit dem Quadrat ihrer Entfernung abnimmt, genau wie die Gravitation. Ein Stern, der viermal schwächer leuchtet als ein anderer, wäre also doppelt so weit entfernt. In diesem Fall würde es uns die Kenntnis der Entfernung zu einem einzigen Stern ermöglichen, die Entfernung zu jedem anderen Stern abzuschätzen.

1698 schätzte der niederländische Astronom und Physiker Christiaan Huygens die Entfernung zum Stern Sirius, indem er seine Helligkeit mit jener der Sonne verglich. Es war schwierig, die Helligkeit der Sonne zu messen, aber mittels einer Lochblende, mit der sich die Menge des Sonnenlichts reduzieren ließ, bis sie so hell wie Sirius erschien, schätzte Huygens, dass Sirius 27000 Mal so weit von der Erde entfernt sein müsse, wie die Erde von der Sonne entfernt ist. Da Sirius der hellste Stern ist, wurde angenommen, er sei der Erde am nächsten.

Die Annahme, dass alle Sterne die gleiche Helligkeit haben (dass es sich also bei allen Sternen um Standardkerzen handelt), war jedoch falsch. Damals war noch nicht bekannt, dass es in der Luminosität (Helligkeit) von Sternen eine große Bandbreite gibt. Tatsächlich ist Sirius etwa 25-mal heller als unsere Sonne, die Schätzung von Huygens war also etwa um den Faktor fünf zu kurz.

Henrietta Leavitt entdeckte eine präzise stellare Standardkerze, deren Helligkeit und Entfernung aus einer einfachen Beobachtung abgeleitet werden konnten.

Leavitts Vater war Pfarrer, und ihre Familie war zwar nicht reich, aber wohlhabend genug, dass Henrietta die »Society for the Collegiate Instruction of Women« der Harvard University besuchen konnte. Damals waren Frauen in Harvard zwar nicht als Studentinnen zugelassen, durften aber an

Vorlesungen teilnehmen. In ihrem vierten Studienjahr besuchte sie einen Kurs in Astronomie, der sie sehr inspirierte. 1895 erhielt sie eine Stelle als freiwillige Assistentin am Harvard Observatory.

Gegen Ende des 19. Jahrhunderts wurde die Fotografie zu einem mächtigen Werkzeug in der Astronomie, und das Harvard Observatory fotografierte systematisch den Nachthimmel. Es wurden Hunderte von Fotoplatten mit jeweils zahlreichen Sternen angefertigt. In den frühen 1900er-Jahren durften Frauen keine Teleskope bedienen, aber Leavitt und ein paar Dutzend andere Frauen wurden von Edward Pickering, dem Direktor des Observatoriums, angeheuert, um die ziemlich langweilige Aufgabe zu erfüllen, die Helligkeit der Tausenden von Sternen auf den Fotoplatten zu messen und zu katalogisieren.

Diese Frauen waren als »Computer« bekannt. Zunächst wurde Leavitt für ihre Arbeit nicht einmal bezahlt, später erhielt sie 30 Cent pro Stunde. Dies wird oft als niedriges Gehalt bezeichnet, war aber damals ein ziemlich typischer Durchschnittslohn für einen amerikanischen Arbeiter. Sie erfüllte ihre Aufgaben gewissenhaft, obwohl sie nach einer Krankheit fast vollständig taub war. Ihre Aufgabe bestand darin, »variable« Sterne zu identifizieren, also Sterne, deren Helligkeit sich zu ändern schien. Leavitt identifizierte fast 2000 solcher Sterne und machte dabei 1912 ihre berühmte Entdeckung. Als sie die Helligkeit derselben Sterne auf Bildern verglich, die in verschiedenen Nächten aufgenommen wurden, bemerkte sie, dass diese sich auf wohldefinierte und periodische Weise veränderte – die Leuchtkraft der helleren Sterne variierte über einen längeren Zeitraum als jene der schwächeren Sterne.

Die Sterne, die Leavitt untersuchte, werden »Cepheiden« genannt; sie pulsieren innerhalb eines Zeitraums von einem Tag bis zu einigen Monaten, was zu einer regelmäßigen Änderung ihrer Helligkeit führt. Ihr regelmäßiges Pulsieren ist eine Folge der austretenden Strahlung, die eine Ausdehnung der äußeren Regionen des Sterns bewirkt. Wenn der Stern sich ausdehnt, kühlt er ab und zieht sich dann zusammen, und der Prozess beginnt von Neuem. Leavitt bemerkte, dass alle variablen Cepheidensterne, deren sichtbare Helligkeit sich mit der gleichen Periode ändert, die gleiche Gesamtleuchtkraft haben. Daher lässt sich durch Messen der Pulsationsperiode und der scheinbaren Helligkeit eines variablen Cepheidensterns seine Entfernung bestimmen. Diese Technik beruht auf der Kenntnis der Entfernung zu mindestens einem nahe gelegenen Cepheiden, die, wie Leavitt betonte, mit der Technik der Parallaxe gemessen werden könnte. Pickering veröffentlichte ihre Ergebnisse als seine eigenen, nur im ersten Satz der Veröffentlichung steht »prepared by Miss Leavitt« – vorbereitet von Miss Leavitt.

Die regelmäßige Veränderung lässt sich bei einigen Cepheiden gut von Auge beobachten. Ein Beispiel ist Delta Cephei, dessen Helligkeit sich alle fünf Tage um mehr als den Faktor zwei ändert. Er liegt im Sternbild Cepheus, neben zwei Sternen, die praktischerweise so hell und so schwach sind, wie Delta Cephei variiert, sodass sich gut vergleichen lässt, wie hell er in einer bestimmten Nacht ist. Nach diesem Stern wurden übrigens die variablen Sterne der Cepheiden benannt.

Cepheiden sind sehr hell und können in den fernen Regionen unserer Galaxie und sogar in nahen Galaxien leicht identifiziert werden. Der Astronom Harlow Shapley erfuhr von Leavitts Ergebnissen und hatte Zugang zum damals größten Teleskop der Welt – dem 60-Zoll-Reflektor am Mount Wilson in Pasadena. Er maß die Parallaxe mehrerer von Leavitts variablen Sternen, um ihre Entfernungen zu bestimmen und die Beziehung zwischen Periode und Leuchtkraft zu kalibrieren. Bis 1918 hatte er veränderliche Sterne in abgelegenen Regionen der Milchstraße beobachtet, die enorme Größe unserer Galaxie bestimmt und entdeckt, dass unsere Sonne sich nicht in ihrem Zentrum befindet. Leavitts grundlegender Beitrag zu dieser Arbeit wurde von Shapley nur am Rande erwähnt.

Zu dieser Zeit bestand das bekannte Universum nur aus den Sternen unserer Milchstraße. Dahinter war nichts bekannt. Aber es hatte sich eine Debatte über die Natur der unscharfen Lichtflecken zwischen den Sternen entwickelt, die man mit bloßem Auge sehen konnte. Diese seltsamen Objekte wurden erstmals im Jahr 964 durch den persischen Astronomen Abd al-Rahman al-Sufi erwähnt, der einen schwachen ausgedehnten Lichtfleck dort bemerkte, wo wir heute wissen, dass sich die Andromeda-Galaxie befindet. Diese sogenannten »Nebulae« waren ausgedehnte, verschwommene Lichtflecken, die weder sternenähnlich noch kometenartig erschienen. Befanden sich diese unscharfen Wolken aus Gas und Sternen in unserer eigenen Galaxie, oder waren es Systeme wie unsere eigene Galaxie, aber außerhalb von ihr und weit entfernt? In Kapitel 8 habe ich erwähnt, dass Immanuel Kant der Erste war, der spekulierte, es handle sich bei diesen Nebeln um »Inseluniversen« außerhalb unserer Galaxie.

Über Hunderte von Jahren wurde über die Natur dieser Nebel diskutiert, bis der amerikanische Astronom Edwin Hubble die von Leavitt entwickelte Technik verwendete, um die Entfernungen zu Cepheiden zu messen, die innerhalb von Andromeda, dem nächsten dieser Nebel, liegen. Hubble hatte Zugang zum neuen 100-Zoll-Teleskop am Mount Palomar in Kalifornien. Er maß die Pulsationsperiode und die scheinbare Helligkeit der Cepheiden im Andromeda-Nebel. Mit diesem nächsten Schritt auf der Entfernungsleiter fand Hubble 1925 heraus, dass der Andromeda-Nebel mindestens zehnmal weiter entfernt war als die entferntesten Sterne in unserer Galaxie.

Andromeda ist die unserer Milchstraße am nächsten gelegene große Galaxie und liegt über zweieinhalb Millionen Lichtjahre entfernt. Und jenseits von ihr gibt es unzählige andere. Es war eine weitere tiefgreifende Erkenntnis, dass das Universum ein wirklich riesiger Ort ist, der zahlreiche andere »Inseluniversen« enthält – Galaxien wie unsere eigene, die jeweils Hunderte von Milliarden von Sternen enthalten, genau wie Kant spekuliert hatte.

1925 schrieb der schwedische Mathematiker Gösta Mittag-Leffler einen Brief an Henrietta Leavitt: »Verehrte Miss Leavitt, Ihre bewundernswerte Entdeckung … hat mich so tief beeindruckt, dass ich ernsthaft geneigt bin, Sie für den Nobelpreis in Physik für 1926 zu nominieren.«[30] Er wusste nicht, dass Leavitt vier Jahre zuvor an Krebs gestorben war. Leavitt hätte sicherlich einen Nobelpreis verdient, da ihre Entdeckung grundlegend für unser Verständnis des Universums war. Darüber hinaus war sie von entscheidender Bedeutung für die Entdeckung des Urknalls. Noch heute bezeichnen die meisten Astronomen ihre Entdeckung als »Perioden-Leuchtkraft-Beziehung«. Es sollte »Leavitts Gesetz« heißen.

Solon Bailey war ihr älterer Kollege am Harvard University Observatory und verfasste den einzigen Nachruf auf Leavitt, den ich finden konnte. Er schrieb: »Sie nahm das Leben ernst. Ihr Sinn für Pflicht, Gerechtigkeit und Loyalität war stark. Für leichte Vergnügungen schien sie sich wenig zu interessieren. […] Sie hatte die glückliche Fähigkeit, alles zu schätzen, was an anderen würdig und liebenswert war, und war von einer so sonnigen Natur, dass für sie alles am Leben schön und voller Bedeutung wurde.«[31]

30 Brief von Gösta Mittag-Leffler an Henrietta Swan Leavitt, 23. Februar 1925, aufbewahrt in den Harvard-Archiven (Shapley correspondence).

31 Solon I. Bailey: »Henrietta Swan Leavitt«. *Popular Astronomy* Vol. 30 No. 294, 1922: 197

14. Georges Lemaître (1894–1966)

»für die Entdeckung, dass das Universum sich ausdehnt und einen heißen, dichten Ursprung hat – den Urknall«

Bis 1925 hatten Astronomen offenbart, dass unsere Sonne nicht nur unbedeutend in unserer riesigen Sternengalaxie ist, sondern dass auch unsere Galaxie nur eine von zahlreichen anderen in einem riesigen Universum ist. Der nächste Durchbruch und sicherlich eine der größten Entdeckungen in der Geschichte der Wissenschaft ist dem belgischen Priester und Wissenschaftler Georges Lemaître zu verdanken: unser Universum dehnt sich aus – es hatte einen Anfang.

Lemaître wurde 1894 in Charleroi in eine wohlhabende, streng katholische Familie hineingeboren. Schon früh dachte er über das Universum nach. Aus den Schützengräben des Ersten Weltkriegs schrieb er an einen Freund, er habe das »Fiat Lux« (»es werde Licht«) als Grund für das Universum verstanden. Parallel zu seinem Priesterstudium beschäftigte er sich mit Einsteins jüngsten Arbeiten zur Relativitätstheorie. 1923 zog er nach Cambridge, um bei dem Astronomen Arthur Eddington zu studieren, und begann, tiefer über den Ursprung unseres Universums nachzudenken. Eddington schrieb an einen Kollegen in Brüssel: »Ich fand Lemaître einen wirklich brillanten Schüler, wunderbar schnell und klarsichtig und mit großen mathematischen Fähigkeiten.«[32]

32 Ian Glass: *Revolutionaries of the Cosmos: The Astro-Physicists.* Oxford University Press 2008: 215

Zu einer Zeit, als Astronomen noch die Werkzeuge und Techniken entwickelten, die zur Beobachtung und Vermessung des Universums benötigt werden, waren theoretische Kosmologen damit beschäftigt, Lösungen für Einsteins Gleichungen zu finden, um sie auf das Universum anwenden zu können. Sie gingen von der Annahme aus, dass der Weltraum isotrop (in allen Richtungen ähnlich) und das Universum homogen (an allen Orten ähnlich) ist. Dies ist das »kopernikanische Prinzip«, welches ich in Kapitel 3 zu Kopernikus als zentral für die moderne Kosmologie erwähnt habe.

1922 suchte der russisch-sowjetische Physiker Alexander Friedmann nach Lösungen für Einsteins Gleichungen, in denen das Universum nicht statisch, sondern dynamisch war. Friedmann verwarf die kosmologische Konstante und erforschte das Verhalten eines expandierenden Universums. Er berechnete Modelle, in denen das Universum seine Expansion verlangsamen und kollabieren, oder auf ewig weiter wachsen könnte. Zudem zeigte Friedmann, wie dieses zukünftige Verhalten vom Materiegehalt des Universums abhing. Damals gab es keine Beweise für ein dynamisches Universum, und es gab keine Messungen seiner Masse. Aber er spekulierte, dass die Masse 10^{21} Sternen wie unserer Sonne entsprechen könnte – in diesem Fall wäre es etwa 10 Milliarden Jahre alt. Es war eine erstaunliche Leistung des menschlichen Intellekts, solch radikale Ideen in Betracht zu ziehen und über Modelle nachzudenken, in denen das Universum ein endliches Alter hatte. Leider starb Friedmann 1925, einige Jahre bevor der Urknall entdeckt wurde.

Die Entdeckung des Urknalls wurde auch durch den amerikanischen Astronomen Vesto Slipher ermöglicht, der die Bewegungen naher Galaxien mithilfe des Doppler-Effekts gemessen hatte. Wenn sich eine Lichtquelle von uns wegbewegt, werden die Wellenlängen aller von ihr emittierten Photonen proportional zu ihrer Geschwindigkeit gedehnt. 1917 berichtete Slipher von Messungen für 25 solcher Nebel, und 21 davon bewegten sich von der Sonne weg, einer davon mit 1800 Kilometern pro Sekunde!

1925 wurde Georges Lemaître außerordentlicher Professor für Mathematik an der Katholischen Universität Löwen, und bis 1927 hatte er all diese Ergebnisse zu einer Theorie zusammengezimmert. Er berechnete Lösungen für Einsteins Gleichungen in einem expandierenden Universum, verband aber die Expansion nicht mit einer physikalischen Geschwindigkeit von Galaxien, sondern mit einer Ausdehnung des Raums zwischen den Galaxien. Dann nahm er die von Slipher gemessenen Geschwindigkeiten und die von Hubble gemessenen Entfernungen und zeigte, dass zwischen ihnen eine lineare Beziehung besteht. Weiter entfernte Galaxien schienen sich schneller von uns zu entfernen. Genau das wäre zu erwarten, wenn sich das Universum ausdehnt – wenn der Raum zwischen den Galaxien zunimmt, wird die Wellenlänge des Lichts, das diesen Raum durchquert, gedehnt. Lemaître hatte den Urknall[33] entdeckt.

Vor dieser Entdeckung schien es naheliegend zu schlussfolgern, dass sich das Universum über sehr lange Zeiträume hinweg nicht verändert. Die unaufhörliche Bewegung der Erde um die Sonne, die jeden Tag gleich zu sein scheint, und die Sterne, die jede Nacht am selben Ort erschienen, erweckten den Eindruck, dass das Universum statisch und unveränderlich sei. Lemaîtres Ergebnisse haben unsere Wahrnehmung des Universums komplett verändert. Es ist keine statische, zeitlose Einheit. Vielmehr expandiert es schnell, was impliziert, dass es in der Vergangenheit kleiner war und

33 Der Begriff »Urknall« ist leider, genauso wie sein englisches Pendant, »Big Bang«, etwas unglücklich und vermittelt ein falsches Bild – er suggeriert eine Explosion von einem zentralen Punkt aus. Eine anschauliche Erklärung dazu, was die Urknalltheorie tatsächlich beschreibt, findet sich im Appendix.

letztendlich aus einer kleinen und sehr dichten Region hervorging – dass es einen Anfang hatte.

Aber das ist noch nicht das Ende der Geschichte. Den meisten Wissenschaftlern, die damals von Lemaîtres Arbeit hörten, gefiel die Idee eines expandierenden Universums nicht. Bei einem Treffen mit Lemaître im Jahr 1927 soll Einstein ihm gesagt haben, dass seine Mathematik korrekt, aber seine Physik abscheulich sei. Einstein mochte das Konzept eines sich ausdehnenden oder zusammenziehenden Universums eindeutig nicht – insbesondere die anfängliche Singularität[34], die es implizierte –, begann aber dennoch schon bald damit, seine Konsequenzen genauer zu untersuchen. Dann, im Jahr 1930, untersuchte Eddington erneut Einsteins statisches Modell des Universums und zeigte, dass es nicht stabil war. Es war so instabil, als würde ein Bleistift auf seiner Spitze balancieren. Eddington erkannte, dass Lemaîtres expandierendes Universum dieses Problem löste. Er finanzierte die Übersetzung von Lemaîtres Arbeit ins Englische, um bekannter zu machen, wie tiefgründig diese Idee sein könnte.

Lemaître hatte seine Arbeit ursprünglich in einer französischen Wissenschaftszeitschrift veröffentlicht, was oft als Grund dafür angeführt wird, warum Edwin Hubble von vielen als Entdecker des Urknalls bezeichnet wird. Ich denke aber eher, es liegt einfach daran, dass Hubble damals schon ein bekannter Astronom war. 1929 veröffentlichte Hubble eine Arbeit mit dem Titel *A Relation between Distance and Radial Velocity among Extra-Galactic Nebulae* (Eine Beziehung zwischen Entfernung und Radialgeschwindigkeit unter extragalaktischen Nebeln). Er zeichnete darin die Daten für

34 In den Urknalltheorien beginnt die Raumzeit in einer mathematischen Singularität. Dies bedeutet, dass zum Zeitpunkt t=0 das Universum eine unendliche Dichte hatte.

die Galaxien auf, stellte dabei aber keine Verbindung zu einem möglichen expandierenden Universum her und betrachtete die Geschwindigkeiten als Bewegungen der auseinanderfliegenden Galaxien und nicht als Ausdehnung des Raums. Hubble glaubte nicht einmal an die Ideen hinter dem Urknall! 1929 schrieb er: »Es ist schwer zu glauben, dass die Geschwindigkeiten real sind; dass alle Materie sich tatsächlich aus unserer Region des Weltraums weg verstreut. Es ist einfacher anzunehmen, dass die Lichtwellen verlängert werden und die Linien der Spektren sich ins Rot verschieben, als ob die Objekte zurückweichen würden, durch eine Eigenschaft des Raums oder durch Kräfte, die auf das Licht während seiner langen Reise zur Erde einwirken.«[35]

1931 ging Lemaître noch einen Schritt weiter. Er veröffentlichte einen kurzen Text, in dem er das Konzept des »Uratoms« einführte und erklärte, dass das Universum, wenn es sich heute ausdehnt, einst auf einen winzigen Raum verdichtet gewesen sein muss, vergleichbar mit einem Atom, das eine riesige Menge an Energie enthält. In seinen theoretischen Modellen führte er Einsteins kosmologische Konstante wieder ein, um ein Universum zu erschaffen, das alt genug war, um dem Alter der Erde zu entsprechen. Trotz der Beweise wurde seine tiefgreifende Entdeckung weitgehend nicht akzeptiert – sogar Eddington mochte die Vorstellung eines Beginns der Zeit nicht und schrieb: »Philosophisch gesehen ist die Vorstellung eines Beginns der gegenwärtigen Ordnung der Natur für mich abstoßend.«[36]

Dass sich das Universum ausdehnt, hebt ein Paradoxon auf, das erstmals im 6. Jahrhundert von Kosmas Indikopleustes,

35 Edwin Hubble: »A clue to the structure of the universe«. *Leaflet of the Astronomical Society of the Pacific* No. 23, 1929: 93

36 Arthur Eddington: »The End of the World: from the Standpoint of Mathematical Physics«. *Nature* 127, 1931: 450

einem griechischen Entdecker, formuliert wurde. Das Rätsel ist: Wenn das Universum unendlich groß ist und eine unendliche Anzahl von Sternen beherbergt, warum ist es dann nachts dunkel? Dies ist heute als »Olberssches Paradoxon« bekannt, nachdem der deutsche Astronom Heinrich Olbers das Problem 1823 beschrieb, obwohl viele vor ihm, einschließlich Kosmas und Johannes Kepler, die gleiche Frage gestellt hatten. In einem unendlichen Sternenuniversum sollte jede Sichtlinie auf der Oberfläche eines Sterns enden, und der Himmel damit so hell sein wie die Oberfläche der Sonne. Es ist in etwa so, als würde man in einem großen Wald stehen, und in jeder Richtung sieht man einen Baum. Kosmas argumentierte, dass die kristallinen Hüllen, die die Planeten bewegten und die unbeweglichen Sterne beherbergten, auch ihr Licht absorbieren müssten. Es war der Dichter Edgar Allan Poe, der in seinem Gedicht »Heureka« der richtigen Erklärung nahekam: dass das Universum ein endliches Alter hat und, weil sich das Licht mit endlicher Geschwindigkeit fortbewegt, uns das Licht von fernen Sternen noch nicht erreicht hat. Dies war teilweise richtig, da wir gelernt haben, dass das expandierende Universum einen Anfang in der Zeit gehabt haben muss. Die Tatsache, dass sich das Universum ausdehnt, bietet die vollständige Lösung des Paradoxons, da das Licht der entferntesten Galaxien in längere, weniger energiereiche Wellenlängen gestreckt wird, die wir nicht sehen können.

Lemaître war der wissenschaftliche »Vater« des Urknalls, obwohl seine Beiträge weitgehend in Vergessenheit gerieten. Gleichzeitig war er ein gläubiger Christ, der den Missbrauch oder die Verwendung seiner eigenen Wissenschaft zu apologetischen Zwecken ablehnte. Er trennte die Religion von der Wissenschaft und war der Ansicht, dass die beiden nicht verglichen werden sollten, dass die Bibel keine Wissenschaft lehrt. Ihm gefiel nicht, dass Papst Pius XII. seine Ideen verwendete, um die Lehre von der Schöpfung durch Gott zu verteidigen, und erklärte, dass »das Streben nach Wahrheit die höchste menschliche Aktivität ist«[37].

Heute gibt es keine Beobachtungsbeweise, die die Urknalltheorie nicht stützen. Die Entdeckung von Lemaître zählt zu den größten aller Entdeckungen. Trotzdem verbinden die meisten Menschen, sogar die meisten professionellen Astronomen, die Entdeckung des Urknalls nach wie vor mit Edwin Hubble. Hubble hat zahlreiche Auszeichnungen und Ehrungen für seine »Nicht-Entdeckung« erhalten. Die NASA benannte sogar das Hubble-Weltraumteleskop nach dem »Entdecker des Urknalls«. Ich nehme an, dass es schlicht keine Option war, es nach dem belgischen Priester zu benennen, der tatsächlich den Urknall entdeckte. Lemaître wurde nur einmal, 1953, für den Nobelpreis nominiert.

37 Georges Lemaître: »La culture catholique et les sciences positives«. *Actes du VIe congrès catholique de Malines* Vol. 5 Culture intellectuelle et sens chrétien, Brüssel 1936: 65

15. Arthur Eddington (1882–1944)
»für die Energiequelle und die ersten theoretischen Modelle von Sternen«

Arthur Eddington war im frühen 20. Jahrhundert der berühmteste Astrophysiker der Welt. Sein Name ist uns bereits in früheren Kapiteln begegnet. Eddington wurde 1882 in der englischen Grafschaft Cumbria geboren und von seiner Mutter aufgezogen, da sein Vater an Typhus starb, als Eddington zwei Jahre alt war. Schon in jungen Jahren interessierte er sich für große Zahlen. Als sein Lehrer ihm ein kleines Teleskop lieh, versuchte er, damit die Sterne am Nachthimmel zu zählen, und er setzte sich selbst die Aufgabe, die Buchstaben in der Bibel zu zählen – er schaffte es weit über die Schöpfungsgeschichte hinaus.[38] Er war ein hervorragender Schüler und erhielt im Alter von 15 Jahren ein Stipendium für die Universität von Manchester, und später ein weiteres Stipendium für die Universität von Cambridge. Dort wurde er der erste Student im zweiten Jahr, der den Titel »Senior Wrangler« für den besten Mathematikstudenten verliehen bekam. Bereits 1906 wurde er Chefassistent des Astronomer Royal am Observatorium von Greenwich und arbeitete sich innerhalb eines Jahrzehnts zum Leiter des gesamten Cambridge Observatory hoch.

Aufgrund der Schrecken des Ersten Weltkriegs plädierten viele britische Wissenschaftler dafür, die wissenschaftlichen

38 Allie Vibert Douglas: *The Life of Arthur Stanley Eddington*. London 1957: 5

Beziehungen zu Deutschland und Österreich dauerhaft zu beenden. Eddington, ein erklärter Pazifist, stand mit seinem Anliegen, die Politik aus der Wissenschaft herauszuhalten, praktisch allein da. Er war der einzige Astronom, der versuchte, Beziehungen zu seinen deutschsprachigen Kollegen zu pflegen, und erfuhr als Erster von den Arbeiten des jungen Albert Einstein. Eddington hatte das Glück, einer von nur einer Handvoll Astronomen zu sein, die über die mathematischen Fähigkeiten verfügten, die Allgemeine Relativitätstheorie zu verstehen, und einer der wenigen, die daran interessiert waren, eine von einem deutschen Physiker entwickelte Theorie zu verfolgen. Und weil Einstein auch Pazifist war, warb Eddington gerne für dessen Arbeit, um die Botschaft des Friedens zu verbreiten.

Eddington war ein scheuer, verschlossener Mann, ein gläubiger Quäker und ein strikter Abstinenzler. Er blieb sein Leben lang Junggeselle. Als Student führte er ein Tagebuch, in dem er über seine Reisen und Urlaube schrieb, aber in späteren Jahren notierte er darin nur noch seine Radkilometer – er fuhr leidenschaftlich gerne Fahrrad, oft über 100 Kilometer pro Tag – und die Verkaufszahlen seiner Bücher.

Während des Ersten Weltkrieges wurde Eddington aufgrund seiner bevorstehenden Expedition zur Beobachtung der Sonnenfinsternis 1919 auf der Insel Principe vor der Westküste Afrikas von der Wehrpflicht befreit. Nach Einsteins Theorie sollten die Positionen von Sternen in der Nähe der Sonne wegen der Krümmung des Raums durch die Gravitation der Sonne verschoben werden. Sterne sind bei Tageslicht nicht zu sehen, aber die Sonnenfinsternis bot die Gelegenheit, diesen Effekt zu beobachten, da der Mond das Licht der Sonne blockiert. Ziel war es, die Positionen von Sternen in der Nähe der Sonne zu messen und sie mit ihren Positionen am Nachthimmel zu vergleichen. Am Morgen der Sonnenfinsternis zog ein Sturm mit starkem Regen auf, doch am Nachmittag war der Himmel klar. Eddington war so damit beschäftigt, Fotos zu machen, dass er die Sonnenfinsternis nicht einmal sah! Mit seinen Bildern zeigte er erfolgreich, dass die Vorhersage von Einstein korrekt war, und die Ergebnisse wurden in Zeitungen auf der ganzen Welt veröffentlicht.

Bis zum Beginn des 20. Jahrhunderts hielt man unsere Sonne für einen brennenden Feuerball. Aber Feuer brennen schnell, und Astronomen berechneten, dass unsere Sonne unter diesen Voraussetzungen nicht älter als 20 Millionen Jahre sein könnte.

Eddington begann 1916 mit seiner Arbeit an der Beschaffenheit von Sternen, als er die Bedeutung der Wärmeübertragung in Sternen durch Strahlung ermittelte. Früher wurde angenommen, dass Konvektion der Hauptprozess sei, durch den Wärme vom Zentrum eines Sterns zu den Rändern gelangt. 1920, im selben Jahr, in dem Eddington die Ergebnisse seiner Sonnenfinsternis-Beobachtungen veröffentlichte, erschien auch seine Abhandlung mit dem Titel *The internal constitution of Stars* (Die innere Beschaffenheit von Sternen). Darin diskutierte er das Altersproblem der Sonne und dass ein neuer, bisher unbekannter Mechanismus zur Energieerzeugung am Werk sein müsse. Eddington erkannte, dass die Temperatur und der Druck im Zentrum der Sonne so hoch sein könnten, dass Wasserstoffkerne buchstäblich miteinander verschmelzen, Helium bilden und die Sonne durch die Umwandlung einer winzigen Menge ihrer Masse in Energie anheizen könnten. Mit einer solchen Energiequelle könnte ein Stern wie unsere Sonne Milliarden von Jahren leuchten. Er erklärte auch, dass solche Fusionsprozesse im Inneren von Sternen Elemente erzeugen könnten, die schwerer als Helium sind.

Eddington hatte sowohl die Energiequelle von Sternen als auch einen Weg zur Bildung vieler der schwereren Elemente entdeckt – obwohl es noch mehrere Jahrzehnte dauern würde, bis die Details ausgearbeitet waren. Anschließend leitete er Beziehungen zwischen der Masse und der Leuchtkraft von Sternen ab und veröffentlichte mehrere einflussreiche Artikel über das Leben von Sternen, die im Wesentlichen den Beginn der theoretischen Astrophysik markierten. Wie sich Sterne im Laufe der Zeit entwickeln, wurde zu einer der Hauptforschungsaktivitäten von Astronomen und Astrophysikern – bis in die 1960er-Jahre hinein, als die grundlegende Funktionsweise von Sternen endlich klar war.

Ich werde hin und wieder gefragt: Was nützt die Astronomie? Meine erste Antwort ist jeweils eine Gegenfrage, nämlich, ob sie denn überhaupt einen Nutzen haben muss. Reicht es bei all der Inspiration, die der Kosmos uns bietet, nicht aus, ihn einfach zu entdecken? Aber dann füge ich gerne hinzu, dass wir dank der Arbeit von Arthur Eddington, der die Energiequelle der Sterne entdeckte, eine sichere und praktisch unbegrenzte Energiequelle haben werden, sobald wir in der Lage sein werden, die Kernfusion nutzbar zu machen.

Die Sonne wird durch jene Energie angetrieben, die freigesetzt wird, wenn Protonen so nahe zusammengebracht werden, dass sie einen größeren Atomkern bilden. Die Masse des entstehenden Heliumkerns wiegt nicht so viel wie die einzelnen Teilchen – sie ist etwa ein Prozent leichter. Dieses eine Prozent an Masse ging verloren, als die starke Wechselwirkung überwunden wurde, sodass die Protonen zusammengepresst werden konnten. Es entspricht einer großen Menge reiner Energie – Neutrinos und Photonen, welche die Wärmequelle liefern, die vom Kern des Sterns ausgeht. Diese Reaktionen zwischen Teilchen sind sehr unwahrscheinlich, es sei denn, die Bedingungen sind so extrem wie im Zentrum eines Sterns. Höhere Temperaturen führen zu sich schneller bewegenden Teilchen, die häufiger und mit mehr Energie kollidieren.

Im Zentrum der Sonne werden in jeder Sekunde etwa 600 Millionen Tonnen Wasserstoff zu Helium verschmolzen. Dabei werden pro Sekunde 10^{26} Joule an Energie freigesetzt.[39] Das entspricht einer Billion Wasserstoffbomben, die kontinuierlich in jeder Sekunde explodieren und die Energie liefern, welche die Sonne zum Leuchten bringt. Ihr Kern, der etwa 20 Prozent ihres Radius ausmacht, hat etwa die 150-fache Dichte von flüssigem Wasser und eine Temperatur von 15 Millionen Grad Celsius. Da der Kern unserer Sonne groß ist, ist dies eine Energie von etwa 100 Watt pro Kubikmeter – der Energieverbrauch einer einzelnen hellen Glühbirne.

Sie fragen sich vielleicht, ob die Sonne nicht einfach in Sekundenschnelle während einer außer Kontrolle geratenen Kettenreaktion der Fusion explodieren könnte, wenn die Temperaturen immer heißer werden und eine massive kosmische Fusionsbombe entsteht. Doch Sterne regulieren sich selbst über eine sogenannte Rückkopplungsschleife. Wenn die Temperatur und der Druck in ihrem Zentrum steigen, wird Material nach außen gedrückt, und sie beginnen, sich auszudehnen. Ausdehnung führt zu Abkühlung, ähnlich der Abkühlung, die auftritt, wenn sich das Universum ausdehnt oder wenn sich ein Gas ausdehnt. Dadurch verringert sich die Zahl der Fusionsreaktionen, und der Stern zieht sich wieder zusammen.

Es dauert lange, bis die im Zentrum der Sonne erzeugte Energie die Oberfläche erreicht. Die Photonen legen nur wenige Millimeter zurück, bevor sie mit einem Teilchen kollidieren, welches das Photon in eine andere Richtung streut.

39 Joule ist unsere Maßeinheit für Energie. Ein Joule entspricht ungefähr der Arbeit, die benötigt wird, um einen kleinen Apfel einen Meter über den Boden zu heben, was der kinetischen Energie entspricht, die freigesetzt wird, wenn der Apfel aus einem Meter Höhe auf den Boden fällt. Ein Watt, ein Maß für die Leistung oder den Energieverbrauch, entspricht einem Joule pro Sekunde.

Die Photonen machen dabei einen sogenannten »Random Walk« – sie springen hin und her, bis sie früher oder später die Oberfläche des Sterns erreichen. Schließlich entweichen sie in den Weltraum. Dies ist eine Reise, die bis zu einer Million Jahre dauert! Die Photonen aus dem Fusionsprozess sind hochenergetische Gammastrahlen. Doch bis sie die Sonnenoberfläche erreichen, haben sie den größten Teil ihrer Energie an andere Teilchen abgegeben. Dadurch bleibt das Innere der Sonne extrem heiß. Wenn sie schließlich die Oberfläche verlassen, treten die Photonen in den niederenergetischen optischen Wellenlängen aus. Das Licht, das wir heute von unserer Sonne sehen, entstand also im Zentrum unseres Sterns zu einer Zeit, als unsere fernen Vorfahren begannen, Feuer zu benutzen.

Acht Minuten später erreichen die Photonen die Oberfläche unserer Erde. Die Erdoberfläche fängt weniger als ein Milliardstel des von der Sonne kommenden Lichts ein, aber das ist immer noch eine riesige Menge Energie. Würden wir das gesamte Sonnenlicht, das in einer einzigen Stunde auf die Erdoberfläche trifft, einfangen, könnten wir den globalen Strombedarf der Erde für ein Jahr decken. Tatsächlich könnte die gesamte Energieabgabe der Sonne 20 Billionen Planeten wie unsere Erde für 15 Milliarden Jahre versorgen. Das ist eine beeindruckende Menge an Energie, aber wir bräuchten eine Konstruktion namens »Dyson-Sphäre«, um alles einzufangen.[40]

1926 veröffentlichte Eddington sein einflussreiches Buch *On the internal Constitution of Stars*. Es enthielt viele neue Erkenntnisse zur Beschaffenheit von Sternen, aber ich möchte nur eine davon näher betrachten. Indem er einen Stern als Gaskugel behandelte, leitete er theoretische Beziehungen

40 Mehr dazu erfahren Sie in Kapitel 40 zu Freeman Dyson

zwischen Leuchtkraft, Masse, Radius und Temperatur eines Sterns ab. Anschließend wendete er diese Theorie auf eine seltsame neue Klasse von Sternen an, die Astronomen vor ein Rätsel stellten – Weiße Zwergsterne. Vielleicht erinnern Sie sich an Friedrich Bessel aus Kapitel 10, der die Bewegung des Sterns Sirius beobachtete und Hinweise darauf fand, dass dieser von einem anderen Objekt umkreist wurde. Zu Beginn des 20. Jahrhunderts hatten Teleskope dieses extrem schwache Begleitobjekt aufgelöst und sein Lichtspektrum gemessen. Als Eddington die Dichte des Objekts berechnete, stellte er fest, dass es die 53 000-fache Dichte von Wasser hatte. Dies war äußerst rätselhaft, da die durchschnittliche Dichte der Sonne nicht viel höher ist als die von Wasser – sogar Gold hat nur etwa die 20-fache Dichte von Wasser. Das Rätsel wurde bald gelöst; dank der neuen Theorien der Quantenmechanik, die zeigten, dass Materie auf viel höhere Dichten komprimiert werden kann. Viele Wissenschaftler trugen im folgenden Jahrzehnt zum Verständnis dieser seltsamen Weißen Zwergsterne bei. Es stellte sich heraus, dass Weiße Zwergsterne die Überreste von Sternen wie unserer Sonne sind. Am Ende ihres Lebens, wenn die Fusion in Inneren des Sterns endet, übernimmt die Gravitation, und die verbleibende Materie kollabiert zu einem Objekt von der Größe unserer Erde. Anfangs heiß von diesem Kollaps, kühlt der neu gebildete Weiße Zwerg langsam ab und verblasst.

Eddington starb 1944, einige Monate vor dem Ende des Zweiten Weltkriegs. Er wäre entsetzt gewesen über die Detonation der ersten Atombombe im Jahr 1945 und noch entsetzter über die erste Wasserstoff-Fusionsbombe im Jahr 1952. Schließlich ging diese mächtigste und schrecklichste Waffe aus der Forschung der Pazifisten Einstein und Eddington hervor. Die zerstörerischste Waffe, die jemals von unserer Spezies hergestellt wurde, war die sowjetische Zar-Bombe, die

1961 auf einer abgelegenen Insel vor der Nordküste Sibiriens explodierte. Sie entsprach der Detonation von 50 Millionen Tonnen des Sprengstoffs TNT (was einen Würfel mit einer Seitenlänge von 300 Metern füllen würde) und verfügte über das Tausendfache der kombinierten Kraft der beiden Atombomben, die zur Zerstörung von Hiroshima und Nagasaki im Zweiten Weltkrieg eingesetzt wurden. Wenn man die Energie dieser einzigen Bombe eindämmen und in Strom umwandeln könnte, würde das ausreichen, um die Schweiz ein Jahr lang mit Strom zu versorgen. Die Kernfusion ist eine sehr saubere Energiequelle, da sie keine radioaktiven Elemente verwendet oder freisetzt. Diese Energie zu nutzen, ist allerdings schwierig, da man die Bedingungen im Zentrum eines Sterns nachbilden muss. 2021 erhitzte Chinas EAST-Fusionsexperiment ein Plasma für über eine Minute auf 120 Millionen Grad. Es ist anzunehmen, dass die Umwandlung solcher Experimente in funktionierende Kraftwerke zur Energieerzeugung noch einige Jahrzehnte dauern wird.

Berücksichtigt man diese neue Energiequelle in den Berechnungen, erkennt man, dass die Sonne über ein enormes Treibstoffreservoir verfügt. Im Kern der Sonne ist ausreichend Wasserstoff vorhanden, um sie zehn Milliarden Jahre lang zum Leuchten zu bringen. Dank Eddington wurde die Debatte zwischen Astronomen und Geologen und Biologen endlich beendet, und berechnet, dass unsere Sonne seit 4,6 Milliarden Jahren scheint.[41] Sie ist etwas älter als die ältesten Gesteine auf der Erde und auf dem Mond, aber ähnlich alt wie die ältesten Meteoriten. Dies ist kein Zufall, da vermutet wird, dass die Sonne zu einer Zeit zu scheinen begann,

41 Die Sonne ist der einzige Stern, für den wir gegenwärtig ein exaktes Alter berechnen können – dank zusätzlicher Informationen, die wir aufgrund der Helioseismologie über ihre Zusammensetzung und innere Struktur haben. Wir können aber das Alter von Sternen-Clustern berechnen.

als sich die Bausteine der Planeten bildeten, und die Planeten kurz danach entstanden.

Eddington wurde zwischen 1932 und 1944 sechsmal für einen Nobelpreis nominiert. Doch bis 1944 wurde nicht ein Astronom, Astrophysiker oder gar Kosmologe mit dem Preis ausgezeichnet. Erst 1967 wurde ein Physik-Nobelpreis für eine Arbeit im Gebiet der Astrophysik verliehen – an Hans Bethe für die Erweiterung von Eddingtons Ideen! In seiner Urkunde heißt es: »für seine Beiträge zur Theorie der Kernreaktionen, insbesondere seine Entdeckungen zur Energieerzeugung in Sternen«.

Warum wurden, trotz zahlreicher Nominierungen und brillanter Entdeckungen, diese Forschungsdisziplinen so lange nicht berücksichtigt?

Bethe erinnert sich an folgendes Gespräch mit einem Herrn »Rydberg« (vermutlich Erik Rudberg, Vorsitzender des Physik-Nobelkomitees) beim Mittagessen vor der Verleihung seines Nobelpreises: »Am interessantesten war für mich vielleicht der Grund, warum ich als Erster für eine Arbeit in der Astrophysik ausgezeichnet wurde. Nobels Frau, erzählte er mir, sei mit einem der führenden Mathematiker und Astronomen der damaligen Zeit durchgebrannt. So sei für die Verwendung des Nachlasses festgelegt worden, dass die zu würdigende Arbeit einen praktischen Bezug haben müsse, und dass weder reine Mathematik noch Astronomie infrage kämen.«[42] Diese Anekdote ist oft wiederholt worden, aber es gibt keine zusätzlichen Beweise dafür – und Alfred Nobel war nie verheiratet, obwohl er mehrere Partnerinnen hatte.

Helge Kragh, ein renommierter Astronomiehistoriker, recherchierte im Archiv der Nominierungen und Ausschussberatungen, um herauszufinden, weshalb Astronomie und

42 Hans A. Bethe: »My Life of Astrophysics«. *Annual Review of Astronomy and Astrophysics* Vol. 41, 2003: 7

Astrophysik in den ersten sechs Jahrzehnten der Verleihung des Nobelpreises so vernachlässigt wurden.[43]

Das Komitee für den Physik-Nobelpreis besteht normalerweise aus fünf angesehenen Wissenschaftlern. Kragh entdeckte in den Archiven, dass 1923 die Mehrheit dieses Komitees – Carl Oseen, Manne Siegbahn und Svante Arrhenius – der Ansicht war, dass die Astronomie zu weit von der Physik entfernt sei, um für eine Auszeichnung in Betracht gezogen zu werden. Ferner war in ihren Augen die Astrophysik, und damit auch die Kosmologie, der Astronomie zu ähnlich. In den folgenden vier Jahrzehnten ließ dieser Präzedenzfall zahlreiche bemerkenswerte Wissenschaftler und ihre Entdeckungen unbelohnt, unter ihnen auch Eddington.

43 Helge Kragh: »The Nobel Prize System and the Astronomical Sciences«. *Journal for the History of Astronomy* Vol. 48, 2017: 257–280.
Die Archive eines Jahres werden jeweils 50 Jahre später öffentlich zugänglich gemacht, obwohl man 2017 diesen Zeitraum verlängert zu haben scheint. Gegenwärtig sind die Nominierungsarchive nur noch bis zum Jahr 1966 verfügbar.

16. Cecilia Payne (1900–1979)
»für die Entdeckung, woraus Sterne gemacht sind«

1921 hielt Arthur Eddington einen Vortrag an der Cambridge University, in dem er seine Expedition zur Beobachtung der Ablenkung von Sternenlicht beschrieb, um Einsteins Allgemeine Relativitätstheorie zu testen. Im Vorlesungssaal saß auch eine junge Studentin der Botanik, Cecilia Payne. Eddingtons Vortrag inspirierte sie zu einer Karriere in der Astronomie, und innerhalb weniger Jahre würde sie herausfinden, woraus Sterne bestehen.

Cecilia Payne wurde 1900 in England geboren. An der St. Paul's Girls' School in London wurde sie von ihrem Lehrer, dem Komponisten Gustav Holst, zu einer Karriere in der Musik gedrängt, aber sie wollte Naturwissenschaften studieren. Sie sicherte sich ein Stipendium des Newnham College, einem von zwei Colleges, in denen Frauen wohnen und Vorlesungen an der Universität von Cambridge besuchen durften. Payne begann ein Studium der Botanik, bis zu jenem Tag, der plötzlich alles änderte. Ihr College hatte vier Eintrittskarten für Eddingtons Vorlesung erhalten, und Payne bekam zufällig eine dieser Eintrittskarten, weil eine andere Teilnehmerin ausgestiegen war. Nachdem sie Eddingtons Vortrag gehört hatte, wechselte sie sofort zum Studium der Mathematik, Physik und Astronomie. In ihrer Autobiografie schrieb sie: »Das Ergebnis war eine komplette Transformation meines Weltbildes. [...] Meine Welt war so erschüttert, dass ich so etwas wie einen Nervenzusammenbruch erlebte.«[44]

Trotz Abschluss ihres Studiums durften Frauen bis 1948 in Cambridge keine Diplome erhalten. Sie konnten Vorlesungen besuchen, mussten dabei aber viel auf sich nehmen. Den Männern wurden Tutoren zugeteilt, aber es gab keine Frau, die qualifiziert war, Physik zu unterrichten. Payne war zu dieser Zeit die einzige Studentin der Physik. In Cambridge durften die Frauen nicht in der gleichen Reihe wie die Männer sitzen, und sie musste in Vorlesungen alleine vorne sitzen.

Trotz der Unterstützung und Ermutigung durch Eddington erkannte Payne, dass sie ihren Traum, Astronomin zu werden, in England nicht würde verwirklichen können – es gab dort einfach keine Karrieremöglichkeiten für Frauen. Glücklicherweise hatte Eddington sie an Harlow Shapley, den Direktor des Harvard University Observatory, empfohlen. Shapley erklärte sich bereit, Payne für ein oder zwei Jahre etwas Geld zur Verfügung zu stellen, und sie ging 1923 nach Amerika. Innerhalb von zwei Jahren hatte sie dort ihre Doktorarbeit abgeschlossen, die das Verständnis von Sternen und ihrer Zusammensetzung radikal verändern würde. Shapley sagte gerne, dass Studenten nur dann einen Doktortitel verdienen, wenn sie während der Arbeit daran leiden. Tatsächlich schrieb Payne in ihrer Autobiografie: »Es folgten Monate, fast ein Jahr, soweit ich mich erinnere, völliger Verwirrung. Oft war ich in einem Zustand der Erschöpfung und Verzweiflung, arbeitete den ganzen Tag und bis spät in die Nacht.«[45]

Dass Sterne eine Reihe von Elementen enthalten, wurde zunächst mit der Methode der Spektroskopie festgestellt. Es

44 Cecilia Payne-Gaposchkin, Katherine Haramundanis (Hg.): *An Autobiography and other recollections.* Cambridge University Press 1984: 117–118

45 Ebenda: 163

war Isaac Newton, der als Erster das Licht der Sonne durch ein Prisma leitete und das Farbenspektrum bemerkte. Diese Beobachtung beendete eine Debatte über den Ursprung der Farben in einem Regenbogen, die wahrscheinlich begann, als Menschen zum ersten Mal einen Regenbogen betrachteten. Zu Beginn des 19. Jahrhunderts bemerkte der deutsche Astronom Joseph Fraunhofer, dass das Lichtspektrum der Sonne zahlreiche dunkle Bänder enthielt. Er entdeckte ähnliche Bänder auch im Lichtspektrum entfernter Sterne, wenn ihr Licht mit einem Teleskop auf ein Prisma fokussiert wurde. Er hatte für diese Experimente den ersten »Spektrografen« konstruiert, bei dem vor dem Prisma ein Beugungsgitter – eine Platte mit Hunderten schmaler Schlitze – eingesetzt wurde, um die Wellenlängen des Lichts zu zerlegen. Ungefähr 45 Jahre später bemerkten die deutschen Wissenschaftler Gustav Kirchhoff und Robert Bunsen, dass die Position einiger dunkler Linien von Fraunhofer mit den charakteristischen Emissionslinien des Lichts übereinstimmte, die beim Erhitzen verschiedener Elemente entstanden. Sie folgerten richtig, dass die dunklen Linien im Sonnenspektrum durch die Absorption von Licht durch chemische Elemente in der Sonnenatmosphäre verursacht werden. Das Element Helium wurde erstmals 1868 als unbekanntes dunkles Band im Spektrum der Sonne entdeckt.

Einige der markantesten Absorptionslinien im Spektrum der Sonne sind auf Elemente wie Eisen, Silizium und Sauerstoff zurückzuführen. Zu Beginn des 20. Jahrhunderts ging man davon aus, dass diese Elemente in der Sonne am häufigsten vorkommen, und dass Sterne aus der gleichen Mischung von Elementen bestehen wie die Erde. Henry Russell, ein bekannter Astronom in Princeton, hatte erklärt, dass, wenn man die Erdkruste auf die Temperatur der Sonne erhitzen würde, das Lichtspektrum gleich aussähe. Zur gleichen Zeit wurden am Harvard University Observatory Beobachtungen der Spektren zahlreicher Sterne durchgeführt. Einer der weiblichen »Computer« von Edward Pickering war Annie Jump Cannon. Sie wurde damit beauftragt, Sterne nach ihren Spektren zu klassifizieren. Jump Cannon erstellte ein Klassifizierungsschema für Sterne, das Astronomen noch heute verwenden, und das Sterne nach ihren Farben und Spektren gruppiert. Astronomen nahmen natürlicherweise an, dass die Unterschiede in den Absorptionsspektren des Sterns auf Unterschiede in ihrer Zusammensetzung zurückzuführen seien. Payne bewies, dass all diese Annahmen über Sterne falsch waren.

Die aufkommende Forschung in der Quantenmechanik zeigte, wie Atome Licht nur bei bestimmten Energien absorbieren können, die dem Unterschied in den möglichen Energieniveaus entsprechen, die ihre Elektronen erreichen können. 1920 hatte der indische Astrophysiker Meghnad Saha berechnet, dass in den äußeren Regionen von Sternen Elementen ein oder mehrere Elektronen entzogen werden können und die verbleibenden Elektronen je nach den Bedingungen auf der Oberfläche des Sterns verschiedene Energieniveaus haben können. Diese werden als »Ionisationszustände« eines Atoms bezeichnet. In Indien hatte Saha keinen Zugang zu den Daten, die nötig gewesen wären, um seine Studien fortzusetzen. Payne nutzte die Ideen von Saha und wendete sie auf Dutzende detaillierter Sternspektren an, die am Harvard Observatory verfügbar waren. Sie berechnete, dass die Unterschiede im Lichtspektrum verschiedener Sterne nicht auf eine unterschiedliche Zusammensetzung der Sterne zurückzuführen sind, sondern auf unterschiedliche Ionisationszustände der Elemente, die durch unterschiedliche Oberflächentemperaturen der Sterne entstehen. Ferner legte sie dar, dass die Daten vollkommen konsistent sind, wenn alle Sterne eine ähnliche chemische Zusammensetzung haben.

Es war eine tiefgreifende Entdeckung, die das Verständnis

der Beschaffenheit von Sternen veränderte. Die Einheitlichkeit der Sterne und ihrer Zusammensetzung war der zentrale Schwerpunkt von Paynes Doktorarbeit – ein 200-seitiges Buch, das später von Otto Struve, dem Direktor des Yerkes Observatory, als »zweifellos die brillanteste Doktorarbeit, die je in der Astronomie geschrieben wurde«[46] bezeichnet wurde.

Doch das war noch nicht alles. Ein weiteres Kapitel von Paynes Arbeit trug den Titel *The relative abundances of the elements* (Die relative Häufigkeit der Elemente). Payne wandte darin ihre theoretischen Modelle der Ionisationszustände von Elementen an, um deren Häufigkeit abzuschätzen. Sie erkannte, dass in der Atmosphäre von Sternen nur etwa eines von 200 Millionen Wasserstoffatomen in einem bestimmten angeregten Zustand sein sollte, der zu einer bestimmten Wasserstoffabsorptionslinie führt. Der Wasserstoff in diesem Ionisationszustand war quasi nur die Spitze eines wahren Wasserstoff-Eisbergs! Mit einem ähnlichen Ansatz für Helium entdeckte sie, dass Wasserstoff und Helium die bei Weitem am häufigsten vorkommenden Elemente in Sternen und damit im Universum als Ganzes sind. Es war eine unglaubliche Entdeckung. Als Astrophysiker wie Eddington die Details dazu ausarbeiteten, wie sich Sterne im Laufe der Zeit entwickeln, gingen sie wie alle Astronomen zu dieser Zeit davon aus, dass Sterne ebenso wie unsere Erde hauptsächlich aus Eisen und Silizium bestünden, und dass Wasserstoff und Helium nur einen kleinen Bruchteil des Sterns ausmachten.

Als Payne ihre Dissertation einreichte, war ihr externer Gutachter Henry Norris Russell voller Lob und merkte an, es sei die beste Doktorarbeit, die er je gelesen habe. Vor der Veröffentlichung ihrer Dissertation hatte Payne ihre Ergebnisse über die Häufigkeit der Elemente jedoch bereits einmal

46 Otto Struve, Velta Zebergs: *Astronomy of the 20th century*. Macmillan, New York 1962: 226

an Russell geschickt, der Payne damals in einem Brief geantwortet hatte: »Ich bin überzeugt, dass an der vorliegenden Theorie etwas ernsthaft falsch ist. Es ist eindeutig unmöglich, dass Wasserstoff millionenfach häufiger vorkommt …«[47] Das mag hart klingen, aber so funktioniert Wissenschaft oft – besonders bei radikalen Ergebnissen wird eine Arbeit ernsthaft infrage gestellt. Russell war ein berühmter Astronom und Payne eine junge Forscherin – und eine Frau in einer vollständig von Männern dominierten Forschungswelt. Von Russells Urteil entmutigt, schrieb sie in ihrer Arbeit, dass ihre Ergebnisse falsch sein müssten. Doch statt die Ergebnisse einfach aus der Arbeit zu entfernen, ließ sie diese klugerweise stehen.

1929 wendete Russell selbst ähnliche Techniken an, um die Zusammensetzung der Sonne zu untersuchen, und kam zum gleichen Ergebnis – dass Wasserstoff und Helium tatsächlich die am häufigsten vorkommenden Elemente sind. Obwohl Russell in seiner eigenen Veröffentlichung die Entdeckung Payne zuspricht, wurde unter Astronomen in den nächsten Jahrzehnten vor allem Russell damit in Verbindung gebracht. Ich habe Dutzende wissenschaftliche Arbeiten von 1930 bis 1980 durchgesehen und selten eine Erwähnung von Paynes Arbeit gefunden. Wie so oft wird dem damals berühmtesten Wissenschaftler die Ehre für eine Entdeckung zuteil, obwohl die Quellen in Form von Paynes und Russells Arbeiten eindeutig und für alle einsehbar sind.

Noch nie hatte eine Frau in Harvard in Physik promoviert, und damals gab es noch kein Promotionsprogramm für Astronomie. Aber der Leiter der Physikabteilung unterzeichnete

47 Brief von H. N. Russell an Cecilia Payne, 14. Januar 1925. Zitiert gemäß: D. H. DeVorkin, R. Kenat: »Quantum Physics and the Stars – Part Two – Henry Norris Russell and the Abundances of the Elements in the Atmospheres of the Sun and Stars«. *Journal for the History of Astronomy* Vol. 14:3, 1983: 187

die Genehmigung für Paynes Doktorarbeit am Harvardschen Radcliffe College, was im Wesentlichen den Beginn der Astronomieabteilung in Harvard markierte. Sie setzte ihre Forschungen als Assistentin von Shapley fort und veröffentlichte Studien über die exotischen Elemente, die in den hellsten Sternen unserer Galaxie gefunden wurden.

1933 reiste Payne nach Europa, um dort arbeitende Kollegen zu besuchen. Sie begegnete dem Astronomen und Exil-Russen Sergei Gaposchkin, den sie im nächsten Jahr heiratete, und nahm den Namen Payne-Gaposchkin an. Gemeinsam führten die beiden eine systematische Untersuchung variabler Sterne in den nahe gelegenen Galaxien der Magellanschen Wolke durch und nahmen mehr als eine Million visueller Schätzungen ihrer Eigenschaften vor. Erst 1938 erhielt Payne am Harvard Observatory den Titel »Astronomin«. 1956 wurde sie die erste Frau, die zur ordentlichen Professorin an der Harvard Faculty of Arts and Sciences aufstieg, und die erste Frau, welche die Astronomieabteilung leitete. Im Laufe ihrer Karriere schrieb sie mehrere Hundert wissenschaftliche Artikel und diverse technische und populärwissenschaftliche Bücher.

Dank Cecilia Payne wissen wir heute, dass die Masse der Sonne jener der meisten Sterne ähnlich ist und aus 74,9 Prozent Wasserstoff, 23,8 Prozent Helium und nur etwa 1,3 Prozent aller anderen Elemente besteht. Dies ähnelt der Zusammensetzung des sogenannten »interstellaren Mediums«, des gasförmigen Bestandteils von Galaxien, der die recycelten Elemente von Sternen enthält und in dem sich neue Sterne bilden. Im nächsten Kapitel werde ich übrigens erzählen, wie George Gamow den Ursprung dieses charakteristischen Verhältnisses von Wasserstoff und Helium im frühen Universum erklärte.

Im frühen 20. Jahrhundert war eine:r von drei Astronom:innen in Amerika weiblich, aber ihre Namen fehlen in den Lehr- und Geschichtsbüchern. Die meisten von ihnen hatten eine Karriere von weniger als fünf Jahren. Wie Henrietta Leavitt und Annie Jump Cannon wurden sie hauptsächlich für alltägliche Aufgaben wie die Analyse von Fotoplatten eingestellt. Cecilia Payne war eine der ersten erfolgreichen Astronominnen, die Karriere machte, während sie verheiratet war und Kinder hatte. Damals erlaubten viele Institutionen Frauen nicht einmal, weiterzuarbeiten, wenn sie geheiratet hatten. Die Nutzung der großen Teleskope war bis in die 1960er-Jahre zudem ausschließlich männlichen Astronomen vorbehalten.[48]

Payne war Kettenraucherin und starb im Alter von 79 Jahren an Lungenkrebs. Nachrufe in der *New York Times* und der *Washington Post* erwähnten, dass sie »eine bahnbrechende Astrophysikerin und wahrscheinlich die bedeutendste Astronomin aller Zeiten« war, aber sie erwähnten nicht einmal, was sie entdeckt hatte – nichts weniger als die Zusammensetzung der Sterne. Selbst die Nachrufe in den Wissenschaftsjournalen würdigten ihre Forschung nicht vollständig. Dies wurde erst durch den Wissenschaftshistoriker Owen Gingerich zurechtgerückt, der sie in seinem Nachruf von 1982 im *Quartely Journal* der Royal Astronomical Society angemessen erwähnte.

Cecilia Payne hatte unzählige Hindernisse überwunden, um ihrer Leidenschaft zu folgen, und hätte den Nobelpreis, für den sie übrigens nicht einmal nominiert wurde, mehr als verdient. Sie schrieb in ihrer Autobiografie: »Es war großer Nachteil, eine Frau zu sein. Es ist eine Geschichte von niedrigem Gehalt, fehlendem Status und langsamem Aufstieg.

48 Für einen informativen Einblick in diese Zeit empfehle ich den kurzen Artikel von George Greenstein: »The Ladies of Observatory Hill: Annie Jump Cannon and Cecilia Payne-Gaposchkin«. *The American Scholar* Vol. 62 No. 3, 1993: 437–446

[…] Es war eine Sache des Überlebens, nicht der Stärksten, aber der Hartnäckigsten.« Sie schließt mit Ratschlägen an junge Forscher und insbesondere junge Forscherinnen: »Beschreiten Sie keine wissenschaftliche Karriere auf der Suche nach Ruhm oder Geld. Es gibt einfachere und bessere Möglichkeiten, dies zu erreichen. Unternehmen Sie dies nur, wenn nichts anderes Sie zufriedenstellt; denn wahrscheinlich werden Sie nichts anderes erhalten. Ihre Belohnung wird die Erweiterung des Horizonts sein, während Sie klettern. Und wenn Sie diese Belohnung bekommen, werden Sie nichts anderes wollen.«[49]

49 Cecilia Payne-Gaposchkin, Katherine Haramundanis (Hg.): *An Autobiography and other recollections*. Cambridge University Press 1984: 227

17. George Gamow (1904–1968)

»für die Theorie der primordialen Nukleosynthese«

Obwohl die Ideen von Lemaître bekannt waren, wurden sie nicht sofort als Beweis für ein Universum mit einem heißen und dichten Anfang akzeptiert. Das Interesse an der Theorie des Urknalls wurde erst in den 1940er-Jahren von George Gamow neu entfacht. Er war der Erste, der die stetig anwachsenden Forschungsergebnisse in der Kernphysik auf Astrophysik und Kosmologie anwandte, was unser Verständnis der Funktionsweise von Sternen revolutionierte und Beweise für den Ursprung unseres Universums durch einen heißen Urknall lieferte.

Gamow wurde in Odessa geboren, das heute in der Ukraine liegt, damals aber zum russischen Reich gehörte. Im Alter von sechs Jahren kletterte er auf das Dach seines Hauses, um den Halleyschen Kometen zu sehen. Seine Eltern waren Lehrer, und er selbst war größtenteils Autodidakt und promovierte nie formell. Er zog 1923 nach Leningrad, um bei Alexander Friedmann zu studieren, der erstmals gezeigt hatte, dass Einsteins Gleichungen Lösungen haben, die auf ein Universum angewendet werden können, das sich mit der Zeit entwickelt. Leider starb Friedmann 1925. Nachdem er eine Veröffentlichung von Erwin Schrödinger gelesen hatte und ihm nun sein Doktorvater fehlte, wandte sich Gamow der neuen Theorie der Quantenmechanik zu.

1928 besuchte Gamow eine Sommerschule in Göttingen,

wo er die Arbeiten von Ernest Rutherford über den radioaktiven Zerfall studierte. Das Problem war damals, zu verstehen, wie Teilchen aus dem Atomkern entweichen können. Die quantenmechanische Beschreibung von Teilchen war gerade einmal zwei Jahre alt. Gamow aber hatte sich diese Theorie selbst beigebracht und die neue probabilistische Wellenmechanik auf den Zerfall von Teilchen angewendet. Er zeigte, dass es möglich ist, dass sich ein Teilchen in einem Bereich befindet, in dem die alte, klassische Sichtweise von Teilchen es nicht zulassen würde. Innerhalb eines Tages hatte er die erste detaillierte mathematische Erklärung des radioaktiven Zerfalls von Elementen durch den »Tunneleffekt« formuliert.

Am Ende der Sommerschule hatte er nur noch zehn Dollar übrig, wollte aber nach Kopenhagen reisen, um den berühmten Physiker Niels Bohr zu treffen und ihm von seinen Ergebnissen zu berichten. Als Bohr von Gamows neuen Ideen hörte und erfuhr, dass dieser gerade einmal genug Geld hatte, um eine Nacht zu bleiben, bot er ihm ein einjähriges Stipendium in Kopenhagen an, das Gamow sofort annahm. Nach Kopenhagen wurde ihm ein weiteres Stipendium angeboten, um bei Rutherford in Cambridge zu arbeiten, bevor er schließlich 1931 nach Leningrad zurückkehrte.

In den 1920er-Jahren hatte Gamow frei reisen und viele der führenden europäischen Forschungseinrichtungen besuchen können, um dort zu arbeiten. Aber in den 1930er-Jahren nahm die sowjetische Unterdrückung zu, und Reisen wurden stark eingeschränkt. Gamow versuchte, der Sowjetunion zu entkommen, indem er 170 Meilen mit einem Kanu über das Schwarze Meer in die Türkei rudern wollte.[50]

50 George Gamow im Gespräch mit Charles Weiner. American Institute of Physics, Oral History Interviews 1968

Er und seine Frau verbrachten drei Tage in einem Sturm, und das Boot wurde nur 60 Meilen von ihrem Ausgangspunkt entfernt zurück an Land geworfen. Zum Glück erfuhren die Staatsbeamten nichts von der versuchten Flucht und genehmigten ihm später die Teilnahme an der bekannten Solvay-Konferenz für Physik in Brüssel. Dies gab ihm die Gelegenheit, in die Vereinigten Staaten überzulaufen. In den späten 1930er-Jahren begann er, sein Wissen über Kernphysik auf die Funktionsweise von Sternen anzuwenden, und konstruierte theoretische Modelle davon, wie sich Sterne im Laufe der Zeit entwickeln.

Gamow war ein Wissenschaftler mit vielen originellen Ideen und arbeitete sich durch verschiedene Themengebiete. Er war der Erste, der die Bedingungen während der frühen Stadien des Urknalls betrachtete – ein heißes, dichtes Urmeer aus interagierenden Teilchen innerhalb von Lemaîtres Uratom. Gamow erkannte, dass die Bedingungen im frühen Universum noch extremer waren als in den Zentren von Sternen. Er ging davon aus, dass dieses frühe Universum voller Neutronen und Photonen war. Während sich das Universum ausdehnte und abkühlte, fände eine Reihe von Wechselwirkungen statt, bei denen sich zuerst Protonen bildeten und dann, aus der Kombination von Protonen und Neutronen, einige der schwereren Elemente. 1946 veröffentlichte Gamow zusammen mit seinem Doktoranden Ralph Alpher seine Ideen und sagte die Herkunft und Häufigkeit von Wasserstoff und Helium, den häufigsten Elementen in unserem Universum, vorher.

Gamow und Alpher hatten gezeigt, dass Wasserstoff und Helium im frühen Universum produziert werden konnten, aber nur wenige andere Elemente. Dies war damals ein Problem, da die Herkunft der schwereren Elemente ungelöst blieb. Das aus den Berechnungen vorhergesagte Verhältnis von Wasserstoff und Helium entspricht dem Verhältnis, das in unserem Universum beobachtet wird – ein sehr starker Beweis für das Urknallmodell und für die Tatsache, dass das Universum einst dicht und heiß genug war, um leichte Atomkerne zu erzeugen. Auf jedes Heliumatom kommen etwa vier Wasserstoffatome. Diese Vorhersage hängt nur von dem geringen Massenunterschied zwischen Neutron und Proton ab. Es kommt nicht auf die Details des Urknalls an, sondern nur darauf, dass das Universum einst heiß und dicht war. Es gibt kein alternatives Modell für unser Universum, das die beobachtete Häufigkeit von Wasserstoff und Helium hervorbringen könnte. Zur Zeit von Gamow standen die meisten Astronomen diesen Ideen eines theoretischen Kernphysikers jedoch eher ablehnend gegenüber, und die Idee eines expandierenden Universums durch einen heißen Urknall war immer noch nicht allgemein akzeptiert.

Gamow war ein berüchtigter Schelm und Witzbold. In der mit Ralph Alpher (mehr zu ihm im nächsten Kapitel) veröffentlichten Arbeit über die Synthese der Elemente während des Urknalls *The origin of the chemical elements* (Die Entstehung der chemischen Elemente) fügte Gamow der Autorenliste den Namen seines Freundes und Kollegen Hans Bethe hinzu. Bethe hatte die Arbeit nie gesehen, und Gamow fügte seinen Namen nur aus Spaß hinzu, weil die Nachnamen der Autoren wie die ersten drei Buchstaben des griechischen Alphabets – Alpha, Beta, Gamma – klingen würden.

Gamow reichte bei der Zeitschrift *Nature* sogar einmal einen Scherzartikel ein, in dem er die Physik der Erdrotation verwendete, um seine Beobachtung zu erklären, dass Kühe auf der Nordhalbkugel im Uhrzeigersinn kauen und Kühe auf der Südhalbkugel gegen den Uhrzeigersinn! 1940 veröffentlichte er zusammen mit dem brasilianischen Physiker Mario Schönberg eine Arbeit über die Rolle von Neutrinos in den letzten Stadien massereicher Sterne. Sie nannten die Neutrino-Reaktion »Urca-Prozess« – nach einem bekannten

Casino in Rio de Janeiro, in dem sich die beiden zum ersten Mal getroffen hatten.

Trotz seiner humorvollen Lebenseinstellung trafen Gamows Ideen oft ins Schwarze. Später in seiner Karriere befasste er sich mit der Biologie. In einem ausführlichen Interview über sein Lebenswerk wenige Monate vor seinem Tod[51] wurde er nach seinem wichtigsten Werk gefragt. Gamow antwortete, dass es wahrscheinlich seine Arbeit über den genetischen Code des Lebens sei. 1954 hatte er als Erster korrekt vorgeschlagen, dass Gruppen von drei Nukleobasen die 20 Aminosäuren codieren könnten, die von allem Leben zum Aufbau von Proteinen verwendet werden.

Dank der Pionierarbeit von Gamow verstehen wir heute die Geschichte unseres Universums bis hin zu einem Bruchteil einer Sekunde nach dem Urknall. Gamow veröffentlichte sechs Fachbücher, 19 populärwissenschaftliche Bücher und über 100 wissenschaftliche Arbeiten. Er wurde zweimal für den Nobelpreis nominiert, 1943 und 1946, aber er bekam nicht nur diese Anerkennung nicht, er erhielt während seiner gesamten Karriere keine einzige Auszeichnung – abgesehen vom Kalinga-Preis der UNESCO 1956 für seine Arbeit zur Popularisierung der Wissenschaft. 30 Jahre nach seinem Tod bekräftigte sein Kollege Robert Herman auf einer seiner Forschung gewidmeten Konferenz die weitverbreitete Überzeugung, dass Gamows Lebenseinstellung und sein Humor wahrscheinlich zu seiner mangelnden Anerkennung geführt hätten: »Es kommt selten vor, einem Mann zu begegnen, der so unglaublich kreativ und fantasievoll war und das Leben so sehr genossen hat. Ich wage zu behaupten, dass zu viele seiner wissenschaftlichen Zeitgenossen Anstoß an seiner Freude am Leben und an der Physik nahmen. Ich denke, dass dies

51 Ebenda

eine Tragödie war, und es wäre schön gewesen, wenn er viel mehr von der Anerkennung erhalten hätte, die er so reichlich verdient hat.«[52]

52 »Panel Discussion and Reminiscences of George Gamow«. (Hg.) Eamon Harper, W. C. Parke, David Anderson: *George Gamov Symposium,* ASP Conference Series Vol. 129, 1997: 136

18. Ralph Alpher (1921–2007) & Robert Herman (1914–1997)
»für die Vorhersage des messbaren Nachglühens des Urknalls – der kosmischen Mikrowellenhintergrundstrahlung«

Der dritte Beweis für den Urknall war die Entdeckung eines Meeres von Photonen, das während des frühen Universums entstand und uns noch heute in Licht taucht – der kosmische Mikrowellenhintergrund. Die Existenz dieses Urlichts wurde von Gamows Schüler Ralph Alpher zusammen mit seinem Kollegen Robert Herman vorhergesagt. Es war eine ziemliche Meisterleistung, die Existenz von Phänomenen vorherzusagen, die erst Jahrzehnte später beobachtet würden. Und deren Entdeckung liefert den stärksten Beweis dafür, dass unser Universum in einem heißen und dichten Feuerball begann.

Ralph Alpher promovierte 1948 am Applied Physics Laboratory der Johns Hopkins University, wobei seine Dissertation einen wichtigen Beitrag zur berüchtigten, im letzten Kapitel erwähnten, Arbeit von Alpher, Bethe & Gamow darstellt. Alpher war nicht gerade angetan von Gamows Schelmenstreich – er befürchtete zu Recht, dass seine eigenen Beiträge ignoriert würden, da die Leser nur die Namen der berühmten Wissenschafter Gamow und Bethe sehen würden. Nach seiner Dissertation begann er gemeinsam mit Robert Herman, dessen Büro nur ein paar Türen entfernt lag, die zeitliche Entwicklung der heißen Strahlung im frühen Universum zu berechnen.

Robert Herman promovierte an der Princeton University

in Physik und trat nach dem Zweiten Weltkrieg dem Applied Physics Laboratory bei. Alpher und Herman verbrachten viel Zeit miteinander und diskutierten dabei vor allem über wissenschaftliche Themen. Gemeinsam gingen sie Alphers Doktorarbeit durch und begannen, die vielen Konsequenzen zu besprechen. Sie fragten sich unter anderem, was mit den Photonen passiert ist, die im frühen Universum vorhanden waren. Um die Details herauszuarbeiten, war ein tiefes Verständnis von Mathematik und Physik erforderlich – und so arbeiteten sie gemeinsam an der Wandtafel, korrigierten sich gegenseitig und trieben die Berechnungen voran, bis sie die Antwort gefunden hatten. Das Nachglühen des Urknalls sollte heute noch vorhanden sein, den gesamten Weltraum durchdringen und eine Temperatur des heutigen Universums widerspiegeln, die nur wenige Grad über dem absoluten Nullpunkt liegt.

Während des frühen Universums kollidierten Materie- und Antimaterieteilchen und vernichteten sich gegenseitig, wodurch Energie in Form von Photonen freigesetzt wurde. Nachdem die gesamte Antimaterie durch Materie vernichtet war, blieb ein Überschuss an Materie zusammen mit einer Unmenge hochenergetischer Photonen zurück – das Nachglühen des Beginns unseres Universums. Nach 380000 Jahren war die Temperatur des Universums auf bescheidene 3000 Kelvin abgekühlt, weniger als die heutige Oberflächentemperatur der Sonne. Zu dieser Zeit leuchtete buchstäblich das gesamte Universum in einem Licht, das für unsere Augen sichtbar gewesen wäre, mit einer Farbtemperatur ähnlich einer warmweißen Glühbirne. Die Energien der Elektronen hatten sich so weit verringert, dass diese sich an Atomkerne binden konnten, und es bildeten sich neutrale Wasserstoff-, Helium- und Lithiumatome. Vor dieser Zeit kollidierten die Photonen mit den Atomkernen und Elektronen und prallten von ihnen ab. Relativ plötzlich konnten sich die Photonen nun frei an den neutralen Atomen vorbeibewegen. Ab diesem Zeitpunkt, der auch als »Entkopplung« bezeichnet wird, gab es für die Photonen nichts mehr, mit dem sie interagieren konnten. Sie setzten ihre zeitlosen Reisen ungehindert fort und bewegten sich in alle Richtungen. Dies sind die Photonen des kosmischen Mikrowellenhintergrunds.

Seit diese Urknall-Photonen emittiert wurden, ist das Universum um das Tausendfache gewachsen. Diese Ausdehnung des Raums dehnt auch die Wellenlängen der Photonen, sodass sie heute nicht mehr warmweiß leuchten, sondern Mikrowellenphotonen mit weitaus weniger Energie sind. Wohin hat sich diese Energie verabschiedet, fragen Sie sich vielleicht? Das ist eine gute Frage. Die Allgemeine Relativitätstheorie sagt nichts darüber, ob Energie erhalten werden muss oder nicht. Ich interpretiere dies jedoch gerne so, dass die Energie der Photonen in die potenzielle Gravitationsenergie des gesamten Universums umgewandelt wird – schließlich braucht es Energie, um den Raum auszudehnen, und diese Energie muss aus den Inhalten stammen, welche die Ausdehnung verursachen.

Die meisten Wissenschaftler dachten, dass die kosmische Mikrowellenhintergrundstrahlung zu schwach sei, um sie nachweisen zu können. Trotz zahlreicher Kolloquien, die von Alpher und Herman zu diesem Thema gehalten wurden, erregte die Vorhersage nicht die Aufmerksamkeit der Experimentatoren. Eines der Probleme, so erinnerten sich Alpher und Herman in einem Interview[53], war, dass sie schätzten, dass die Energieintensität der heutigen Hintergrundstrahlung mit der Energieintensität im gesamten Hintergrundsternenlicht vergleichbar sei. Hätten sie in ihrem Artikel erwähnt, dass diese Strahlung Wellenlängen haben sollte, die in die

53 Martin Harwit im Gespräch mit Ralph Alpher und Robert Herman – Session II. American Institute of Physics, Oral History Interviews 1983

Mikrowellenfrequenzen gestreckt sind, wäre dies vielleicht von Radioastronomen aufgegriffen worden. Der kosmische Mikrowellenhintergrund wurde schließlich zufällig und von mindestens vier unabhängigen Forschungsgruppen in den 1950er- und frühen 1960er-Jahren entdeckt.[54] Wie es dazu kam, dass Arno Penzias und Robert Wilson im Jahr 1964 alle Anerkennung für diese Entdeckung erhielten, ist eine ziemlich seltsame Geschichte.

Penzias und Wilson, die in den Bell Research Laboratories arbeiteten, waren dabei, ein Teleskop zu bauen, um das Universum im Radiowellenbereich zu beobachten. Sie waren frustriert über ein konstantes Hintergrundrauschen ihrer Antenne, das aus allen Richtungen zu kommen schien, egal wohin sie das Teleskop richteten. Zuerst dachten sie, das Geräusch rühre von den Tauben her, die in der hornförmigen Antenne nisteten. Dann wies der Kosmologe Jim Peebles sie darauf hin, dass sie die Signale von Reliktphotonen des Urknalls beobachtet haben könnten. Peebles hatte selbst gerade die Existenz der Mikrowellenhintergrund-Photonen errechnet. Die Arbeit von Alpher und Herman war ihm unbekannt, bis er seine Studie zur Veröffentlichung einreichte. Zufälligerweise war Herman selbst einer der Gutachter und wies darauf hin, dass die Arbeit nichts Neues enthalte, da die Ergebnisse bereits in seiner und Alphers' Arbeit von 1948 enthalten waren. Peebles' Arbeit wurde daraufhin abgelehnt. Doch er reichte seine Arbeit bei einer anderen Zeitschrift ein, wo sie 1965 absichtlich neben der Entdeckung von Penzias und Wilson veröffentlicht wurde. Noch immer fehlte jeglicher Hinweis auf die ursprüngliche Arbeit von Alpher und Herman.

54 Virginia Trimble: »Early photons from the early universe«. *New Astronomy Reviews* No. 50, 2006: 844–849

Penzias und Wilson erhielten für ihre Entdeckung 1978 den Nobelpreis für Physik. Viele beschwerten sich damals, dass sie sich den Preis mit Peebles und dessen Co-Autor Robert Dicke hätten teilen sollen. In Wirklichkeit sind es Alpher und Herman, die den Preis für die theoretische Vorhersage hätten erhalten sollten. In einem Interview aus dem Jahr 1983[55] drückten Alpher und Herman ihre Frustration darüber aus, dass ihre Arbeit nach wie vor ignoriert werde, obwohl sie der Wissenschaftsgemeinde bekannt sei. In einer bizarren Wendung der Geschichte stellte sich zudem später heraus, dass Penzias und Wilson nicht die Ersten waren, die diese Strahlung zufällig entdeckten!

1940 beobachtete der kanadische Astronom Andrew McKellar die Absorption von Licht durch interstellares Zyan-Gas. Aus der Art und Weise, wie Licht an zwei verschiedenen Frequenzen blockiert wurde, berechnete er die Temperatur des interstellaren Raums mit 2,3 Kelvin, sehr nahe an der heute gemessenen Temperatur des kosmischen Mikrowellenhintergrunds von 2,7 Kelvin. Das Zyan-Gas wird durch die Photonen des Mikrowellenhintergrunds warm gehalten. Der sowjetische Radioastronom Tigran Schamaonow schreibt in seiner Doktorarbeit von 1957, dass er den Himmel in den Mikrowellenfrequenzen mit einer Hornantenne kartografierte – ähnlich der von Penzias und Wilson verwendeten. Er berichtete von einer Hintergrundstrahlung von vier Kelvin in alle Richtungen. Ebenfalls 1957 untersuchte der französische Radioastronom Emile Le Roux den Himmel mit einer deutschen Radarantenne aus dem Zweiten Weltkrieg und stellte fest, dass die Temperatur des Himmels drei Kelvin betrug. Er vermutete in seiner Arbeit einen extragalaktischen Ursprung. 1961 veröffentlichte Edward Ohm seine

55 Martin Harwit im Gespräch mit Ralph Alpher und Robert Herman – Session II, American Institute of Physics. Oral History Interviews 1983

Ergebnisse von Radiokarten des Himmels und stellte eindeutig eine Übertemperatur von 3 Kelvin fest. Ironischerweise hatte Ohm seine Daten mit derselben Antenne gesammelt, die Arno Penzias und Robert Wilson in den Bell Laboratories verwendeten. Keiner dieser Autoren behauptete, die Urknallphotonen entdeckt zu haben, aber sie waren, genau wie Penzias und Wilson, zufällig darauf gestoßen.

In einer weiteren Wendung dieser Geschichte veröffentlichten die sowjetischen Wissenschaftler Andrei Doroschkevitsch und Igor Nowikow 1964 eine Arbeit, in der sie zeigten, dass das Nachglühen des Urknalls in den Mikrowellenfrequenzen nachweisbar sein sollte. Sie erwähnten auch, dass die Radioantenne der Bell Laboratories ideal für ihre Erkennung geeignet wäre, und sie hatten sich mit den Beobachtungen von Ohm aus dem Jahr 1961 beschäftigt. Leider interpretierten sie dessen Ergebnisse falsch und kamen zu dem Schluss, dass sie der Urknalltheorie widersprachen. Wenn sie eine bestimmte von Ohm verwendete Anmerkung nicht falsch verstanden hätten, wäre der Nobelpreis wohl an Ohm statt an Penzias und Wilson vergeben worden.

Mehrere nachfolgende Experimente bestätigten, dass das Universum mit niederenergetischen Photonen mit einer Temperatur von 2,725 Kelvin gefüllt ist. Aber erst 1990 konnten alle davon überzeugt werden, dass diese Photonen aus dem Urknall stammen müssen: Es war vorausgesagt worden, dass die Photonen des kosmischen Mikrowellenhintergrunds eine charakteristische Energieverteilung haben, die in den Radio- und Mikrowellenbändern von 0,03 bis 300 Zentimeter nachweisbar ist – und genau so wurde es 1990 vom Cosmic-Background-Explorer-Satelliten der NASA beobachtet. Der COBE-Satellit beobachtete ebenfalls winzige Temperaturschwankungen in den kosmischen Photonen, welche kleine Schwankungen in der Verteilung der Materie im frühen Universum widerspiegelten. 2006 wurden für diese

Entdeckung zwei weitere Nobelpreise an George Smoot und John Mather verliehen.

Damit waren die Beweise für das Urknallmodell des Universums so stark, dass alle konkurrierenden Theorien als widerlegt galten. Das überzeugendste unter ihnen war das Steady-State-Modell von Fred Hoyle, aber auch dieses konnte den beobachteten Photonenhintergrund nicht erklären. Trotz vieler nachfolgender Versuche alternativer kosmologischer Theorien stimmt keine auch nur annähernd mit den beobachteten Daten überein, und die meisten können nicht einmal das Vorhandensein dieser Photonen erklären.

Mir wird oft die Frage gestellt; woher kommen diese Photonen? Während des frühen Universums, als sich Materie und Antimaterie gegenseitig vernichteten, wurden an jedem Punkt im Weltraum Photonen erzeugt. Diese Photonen begannen ihre Reise von jedem Ort im Universum aus. Sie erreichen unsere Detektoren nach einer Reise von fast 13,8 Milliarden Jahren vom äußersten Rand des beobachtbaren Universums. Der Lichtschein ist in alle Richtungen gleich. Dies bestätigt das kopernikanische Prinzip, dass unser Universum in alle Richtungen gleich ist.

Dies führt zu einer Folgefrage: Warum sind die meisten dieser Photonen nicht schon an uns vorbeigereist? Tatsächlich sind sie es. Die Photonen des kosmischen Mikrowellenhintergrunds, die wir sehen, reisen seit dem Beginn des Universums auf uns zu. Diejenigen Photonen, die in geringerer Entfernung als dem Horizont – der weitesten Entfernung, die wir sehen können – entstanden, sind tatsächlich schon an uns vorbeigereist. Wir sehen im Wesentlichen das Licht einer dünnen Hülle, die in allen Richtungen am Rand unseres sichtbaren Universums liegt, 46 Milliarden Lichtjahre entfernt. Das Licht erreicht uns, weil der größte Teil des Alls leer ist und es wenig Materie gibt, die seinen Weg blockiert. Im Laufe der Zeit sehen wir Photonen, die aus etwas größeren Entfernungen stammen. Aus der Regelmäßigkeit dieses Lichts in alle Richtungen können wir auch schließen, dass das Universum um einiges größer ist als das, was wir sehen. Beobachter an verschiedenen Stellen des Universums werden Photonen sehen, die von den Rändern unterschiedlicher Horizontkugeln stammen, die zwar dieselbe Größe haben, aber auf den jeweiligen Standort des Beobachters zentriert sind.

Während ihrer gemeinsamen Zeit an der Johns Hopkins University veröffentlichten Alpher und Herman elf wissenschaftliche Arbeiten, hauptsächlich über das frühe Universum, aber nicht nur. In einer gemeinsamen Studie aus dem Jahr 1951 nutzten sie die Fülle an Blei in der Erdkruste, um das maximale Alter der Erde auf 5,3 Milliarden Jahre zu begrenzen. In einer anderen Arbeit aus dem Jahr 1953 sagten sie die Existenz eines kosmischen Neutrino-Hintergrunds voraus, der aus der Vernichtung von Partikeln nur eine Sekunde nach dem Urknall resultiert. Diesen direkt nachzuweisen, wäre extrem schwierig, da er heute eine noch niedrigere Temperatur als die Photonen hätte. Es werden jedoch Experimente konstruiert, um zu versuchen, seine Existenz nachzuweisen. Bei einem Erfolg winken wohl weitere Nobelpreise.

Alpher wechselte 1955 ans General Electric Research Laboratory, und Herman ein Jahr später ans General Motors Research Laboratory. Beide durften an ihren neuen Wirkungsstätten fünf Prozent ihrer Arbeitszeit mit »anderer Forschung« verbringen und arbeiteten weiter gemeinsam an Ideen im Zusammenhang mit dem frühen Universum. Sie veröffentlichten auch weiterhin gemeinsame Arbeiten; die letzte über die Dichte des Universums im Jahr 1998. Ihr gemeinsam begonnenes populärwissenschaftliches Buch *Genesis of the Big Bang* wurde erst 2001, vier Jahre nach Hermans Tod, veröffentlicht. Es enthält persönliche Erinnerungen, die für den noch lebenden Alpher schmerzhaft gewesen sein müssen.

Als bekannt wurde, dass Penzias und Wilson die kosmische Strahlung entdeckt hatten, war Alpher zunächst begeistert – und kurz darauf schockiert, keinen einzigen Hinweis auf seine Arbeit zu finden. Er versuchte, die Dinge richtigzustellen, indem er verschiedene Wissenschaftler anschrieb. Als Penzias und Wilson 1978 mit dem Nobelpreis ausgezeichnet wurden, wandte sich Penzias an Alpher, um dessen Version der Geschichte zu hören. Alpher erzählt: »Ich verbrachte anderthalb Tage mit ihm, in denen ich ihm einen Crashkurs in Kosmologie gab, und er wusste verdammt noch mal nichts.«[56] Einen Monat später erlitt Alpher einen Herzinfarkt, was er teilweise auf dieses Treffen zurückführte. Penzias gab jedoch in seiner Dankesrede für den Nobelpreis klar und deutlich die tatsächliche Geschichte wieder, und schrieb die Entdeckung Alpher und Herman zu. Trotzdem erhielten von den meisten Kosmologen weiterhin die falschen Leute jene Anerkennung, die Alpher und Herman gebührt hätte. Sogar Stephen Hawking erhielt einen Brief von Alpher, in dem dieser darauf hinwies, dass seine Arbeit in Hawkings berühmtem Buch *Eine kurze Geschichte der Zeit* nicht erwähnt werde und sein Verdienst fälschlicherweise Gamow und Peebles zugeschrieben werde.

In einem Interview aus dem Jahr 1999[57] drückt Alpher seine lebenslange Enttäuschung darüber aus, dass er für seine Forschung nicht gewürdigt wurde: »Das Wichtigste ist, in der Literatur anerkannt zu werden«, sagt er. »Es gibt zwei Gründe, aus denen man Wissenschaft betreibt. Das eine ist ein altruistisches Gefühl, dass man vielleicht zum Wissens-

56 Joseph d'Agnese: *The last Big Bang Man Left Standing*. Discover Magazine, Juli 1999: 61–67

57 Ebenda

schatz der Menschheit über die Welt beitragen kann. Die andere und persönlichere Sache ist, dass man sich den Beifall seiner Kollegen wünscht. Schlicht und einfach.«[58]

Robert Herman scheint die fehlende Anerkennung weniger gestört zu haben. Er wurde von vielen Kollegen als sanfter und bescheidener Mann sowie als kreatives Genie mit Beiträgen zu Kunst, Wissenschaft und Technik beschrieben. Während seiner Zeit bei General Motors erfand er das Forschungsgebiet der Verkehrswissenschaften und wandte die Physik auf den Verkehrsfluss an. Seine Arbeiten zu Städten und Netzwerken inspirierten die beliebte Videospielserie »Sim City«. Er sammelte alte Celli und spielte leidenschaftlich gerne selbst, und seine positive Lebenseinstellung machte ihn bei Schülern und Kollegen sehr beliebt. Herman strebte nach Wahrheit und legte offenbar nicht viel Wert auf Auszeichnungen: »Anerkennung gibst du nicht der Person, du gibst sie der Arbeit.«[59]

58 Ich denke, die meisten meiner Kollegen können dies nachempfinden, denn immer, wenn wir eine Arbeit veröffentlichen, kommen die ersten E-Mails, die wir erhalten, zwangsläufig von anderen Wissenschaftlern, die uns mitteilen, dass wir es versäumt haben, ihre Arbeit zu zitieren.

59 In Memoriam der University of Texas at Austin, 1997

19. Clair Patterson (1922–1995)

»für die Messung des Alters des Sonnensystems«

Clair Patterson wurde 1922 im ländlichen Iowa geboren. Als Kind fragte er seine Mutter: »Warum sind Wassertropfen rund?« Seine Mutter, die Lehrerin war, kaufte ihm einen Chemiebaukasten, damit er sich an die Beantwortung solcher Fragen machen konnte. Schon bald hatte er sich im Keller des Elternhauses ein eigenes Labor eingerichtet. Später wurde er Professor für Chemie, entdeckte das Alter des Sonnensystems und rettete ganz nebenbei unzählige Leben!

Die ersten wissenschaftlichen Schätzungen zum Alter der Erde erfolgten unter der Annahme, dass sie bei ihrer Entstehung sehr heiß war und sich durch Abstrahlung von Wärme langsam auf die heutige Temperatur abkühlte. William Thomson (Lord Kelvin), der Begründer der fundamentalen Temperaturskala, verwendete diese Technik, um ihr Alter zu schätzen, und kam auf eine Zeitskala, die nur ein paar Dutzend Millionen Jahre umfasste. Dies führte zu intensiven Debatten mit jenen Geologen und Biologen, die Prozesse auf unserem Planeten untersuchten, die offenbar über Hunderte von Millionen Jahren oder länger stattfanden.

Obwohl die Physiker auf der Grundlage der damals bekannten Physik eine korrekte Berechnung anstellten, waren die Schätzungen falsch, da weitere unbekannte Wärmequellen am Werk waren – und eine Physik, die es noch zu entdecken galt. Es war auch nicht bekannt, dass Konvektion Wärme aus dem Erdkern an die Oberfläche bringen könnte. Bis zu den Arbeiten von Henri Becquerel und Ernest Rutherford waren sich Wissenschaftler auch nicht der Wärme bewusst, die Radioaktivität liefern kann. Die Erde enthält einen kleinen Teil instabiler Elemente, die in einem Zeitraum von mehreren Milliarden Jahren zerfallen und energiereiche Partikel freisetzen, die von den umgebenden Gesteinen absorbiert werden und so deren Temperatur erhöhen. Vulkane und Lavaströme, Plattentektonik und heiße Thermalquellen werden alle hauptsächlich durch Radioaktivität im oberen Erdmantel angetrieben. Weil sie diese Wärmequelle nicht in ihre Modelle einer sich abkühlenden Erde aufgenommen hatten, berechneten die Wissenschaftler ein falsches Alter.

Die Entdeckung der Radioaktivität eröffnete nicht nur eine Möglichkeit, die Erde heiß zu halten, sie führte auch zu einer neuen und präzisen Art, Dinge wie Fossilien oder Gestein zu datieren. Wir können deren chemische Zusammensetzung analysieren und ihr Alter mithilfe der sogenannten »radiometrischen Datierung« bestimmen. Einfach erklärt, ändert sich die relative Anzahl bestimmter Atome im Laufe der Zeit auf wohldefinierte Weise, und indem wir die Anzahl der mutierten Atome zählen, können wir das Objekt datieren.

Nehmen wir als Beispiel Uran-238, das so genannt wird, weil es 146 Neutronen und 92 Protonen hat. Es hat eine Halbwertszeit von etwa 4,5 Milliarden Jahren, was bedeutet, dass es eine 50-prozentige Wahrscheinlichkeit gibt, dass sich ein einzelnes Atom innerhalb dieses Zeitraums in Blei verwandelt. Wenn sich vor 4,5 Milliarden Jahren ein Gestein gebildet hat, das diese Form von Uran enthält, ist heute die Hälfte der Uranatome zu Blei geworden und die andere Hälfte unverändert. In viereinhalb Milliarden Jahren wird auch die Hälfte der verbliebenen Uranatome mutiert sein. Mit anderen Worten; drei Viertel der ursprünglichen Uranatome sind dann zu Blei geworden. Indem wir das Verhältnis von Blei- zu Uranatomen zählen, können wir das Alter des Gesteins bestimmen. Um die ältesten Gesteine zu datieren, wird typischerweise das Mineral Zirkon verwendet, da es bei seiner Bildung Uran in seine kristalline Struktur einbaut, jedoch kein Blei. Alle Bleiatome, die heute in Zirkon gefunden werden, müssen aus dem Zerfall der Uranatome stammen, die bei seiner ersten Kristallisation in seine Struktur eingeschlossen wurden.

Es war der amerikanische Chemiker Bertram Boltwood, der die Technik der Altersbestimmung anhand des Zerfalls von Uran zu Blei entdeckte. 1907 veröffentlichte er seine Ergebnisse aus Untersuchungen von bis zu 2,2 Milliarden Jahre alten Gesteinen. Dies konnte allerdings nicht klären, wie alt unsere Erde, geschweige denn das Sonnensystem, sein könnte, da die ältesten Gesteine der Erde möglicherweise im Laufe der geologischen Zeit zerstört wurden. Zumindest bis 1953, als Clair Patterson erstmals dessen Alter maß.

Patterson studierte Chemie am Grinnell College und erhielt seinen Abschluss 1943. Anschließend begann er ein Aufbaustudium an der University of Iowa. Als der Zweite Weltkrieg weit fortgeschritten war, wollte er der Armee beitreten, wurde aber überredet, am Manhattan-Projekt mitzuarbeiten, um beim Bau der Atombombe zu helfen. Er wurde Teil der Forschungsgruppe, die das Uran-238-Isotop von dem für die Bombe benötigten Uran-235 trennen musste.

Dies geschah mit einem Massenspektrometer, das die Massen einzelner Atome messen und dann die beiden Isotope trennen konnte. Als der Krieg endete, kehrte er an die Universität zurück, um zu promovieren und dabei seine Erfahrung mit Massenspektrometern auf die Datierung von altem Gestein anzuwenden. Dies erforderte die Messung von Bleivorkommen, die tausendmal geringer waren, als irgendjemand zuvor gemessen hatte.

Patterson wendete radiometrische Datierungstechniken

auf Meteoriten an, um das Alter des Sonnensystems zu bestimmen. Er nahm korrekterweise an, dass Meteoriten die übrig gebliebenen Trümmer von den Anfängen des Sonnensystems und der Entstehung der Planeten waren. Er nahm auch zu Recht an, dass ihre chemische Zusammensetzung im Laufe der Zeit unverändert bliebe, wenn sie im Vakuum des Weltraums kreisten. Patterson machte sich daran, das Alter von Zirkonkristallen in Meteoriten zu messen. Er stellte jedoch fest, dass diese schnell mit atmosphärischem Blei kontaminiert würden, wenn sie der Luft ausgesetzt wären. Er bemerkte außerdem, dass der Bleigehalt eines einzelnen menschlichen Haares seine Experimente kontaminieren könnte. Um Kontaminationen zu vermeiden, schuf er deshalb 1952 das erste sterile Labor der Welt. Er installierte Luftfilter, trug spezielle Anzüge und ließ niemanden in sein Labor. Nach vielen Jahren sorgfältiger Forschung maß er das Alter des Sonnensystems auf 4,55 Milliarden Jahre mit einer Fehlermarge von nur 70 Millionen Jahren. Siebzig Jahre später hat sich dieser Wert nicht geändert – weitere Forschungen haben lediglich den Fehlerbereich für dieses Alter eingeengt.

Patterson machte sich daraufhin auf die Suche nach der Quelle des atmosphärischen Bleis, das seine Meteoritenproben kontaminierte. Er ahnte, dass die Ursache im Blei lag, das im Autobenzin zur Steigerung der Motorleistung verwendet wurde. Blei zersetzt sich nicht und reichert sich in der Luft, im Wasser und in unserem Körper an. Und es bleibt für immer dort, so wie es in den Meteoriten bleibt, die Patterson analysierte. Um seine Theorie zu testen, erhielt er finanzielle Mittel vom American Petroleum Institute, die ihm erlaubten, den Bleigehalt in Ozeansedimenten zu analysieren. Die Ölindustrie finanzierte seine Forschung, weil sie dachte, dass es ihr helfen würde, Ölvorkommen zu identifizieren. Patterson fand heraus, dass die alten Sedimente nur einen Bruchteil eines Prozents des Bleigehalts hatten, der in den Flüssen vorhanden war, welche die Ozeane speisen. Er fand auch heraus, dass das obere Ozeanwasser einen viel höheren Bleianteil hatte als die Tiefsee. Dies stimmte mit seiner Hypothese überein, dass die Bleikontamination in jüngerer Zeit stattgefunden haben müsse, da es Hunderte von Jahren dauert, bis sich das obere Ozeanwasser mit dem unteren Ozean vermischt. Er schätzte, dass die Menge der Kontamination mit der Menge an Blei übereinstimmte, die von Autoabgasen emittiert wurde. Als Patterson seine Ergebnisse 1963 veröffentlichte, stellte das Petroleum Institute seine Unterstützung ein und versuchte sogar, andere Quellen, aus denen er finanzielle Mittel für seine Forschung hätte beziehen können, zu blockieren.

Patterson gelang es, Regierungsgelder zu erhalten, damit er nach Grönland und in die Antarktis reisen und sich Eisbohrkerne besorgen konnte, aus denen sich die Bleikontamination im Laufe der Zeit erkennen ließe. Eis bildet sich in Schichten aus Winterschnee und kann durch einfaches Zählen der saisonalen Schichten datiert werden. Pattersons Untersuchungen enthüllten den Beginn der Bleiverhüttung durch die alten Griechen und Römer. Einige Historiker glauben heute sogar, dass eine hohe Bleibelastung zum Niedergang des Römischen Reiches beigetragen hat! Er fand heraus, dass der Bleigehalt des Eises ab 1923, als verbleites Benzin eingeführt wurde, dramatisch anstieg – auf das Tausendfache der prähistorischen Werte.

Der führende »Branchenexperte« für Treibstofffragen der 1960er-Jahre war der Arzt Robert Kehoe. Sein Forschungslabor wurde großzügig von Ölfirmen finanziert, und seine Mission war es, zu beweisen, dass es gefahrlos sei, niedrigen Bleimengen ausgesetzt zu sein, und die Erdölfirmen von der Schuld für alle Todesfälle und Hirnschäden reinzuwaschen, die verbleites Benzin möglicherweise verursacht haben könnte. Kehoe argumentierte, Pattersons Ergebnisse seien Unsinn, und die im menschlichen Körper gefundenen

Bleimengen natürlich. Doch Patterson war hartnäckig und warnte Senatoren und den Kongress vor den Gefahren des Bleis im Treibstoff. Er analysierte auch die Knochen und Zähne prähistorischer Menschen und stellte fest, dass die heutigen Menschen durch atmosphärisches Blei verseucht sind, und zwar in einer 100-mal höheren Menge als unsere Vorfahren.

Heute wissen wir, dass die einzig sichere Bleimenge in unserem Körper exakt bei null liegt. Die alten Römer waren sich darüber bewusst, dass Blei Wahnsinn und Tod verursachen kann, was sie jedoch nicht davon abhielt, es in Pfeifen, Kosmetika und als Süßungsmittel für Wein zu verwenden. Im 19. Jahrhundert war allgemein bekannt, dass Menschen, die in der Bleiindustrie arbeiteten, irgendwann krank würden. Aber die Menge an Blei in der Atmosphäre und in unseren Körpern war bis zur Arbeit von Patterson nicht bekannt. Seine Forschungen führten zur schrittweisen Abschaffung von Blei in Benzin, Farben und Rohrleitungen. Aufgrund falscher Argumente und gerichtlicher Anfechtungen der Blei- und Benzinindustrie schritt der Prozess allerdings nur langsam voran. Viele Länder hatten verbleites Benzin in den 1990er-Jahren verboten, aber einige Länder verwendeten es weiterhin. Das letzte Land, das auf die Verwendung von Blei im Benzin verzichtete, war Algerien im Jahr 2021.

1995 wurde Patterson mit dem Tyler-Preis für Umweltleistungen ausgezeichnet. Später im selben Jahr starb er an einem schweren Asthmaanfall. Kürzlich wurde geschätzt, dass die frühere Bleikontamination noch heute jedes Jahr Hunderttausende von Todesfällen verursacht. Dank der Arbeit von Patterson wurden und werden letztendlich Millionen von Menschenleben gerettet.

20. Allan Sandage (1926–2010)
»für die Messung des Alters der Galaxie und des Universums«

Wir verfügen nicht über die Technologie, um Material aus der Sonne zu extrahieren und es hierherzubringen, um es im Labor zu analysieren. Und sogar wenn dies möglich wäre, wäre nicht klar, wie wir dieses Material verwenden könnten, um sein Alter genau zu messen. Wie also können wir das Alter von Sternen wie unserer Sonne bestimmen, die wir nicht berühren können? Und was ist mit dem Alter des Universums selbst? Es war der Astronom Allan Sandage, der als Erster das Alter der Sterne in unserer Galaxie bestimmte und das Alter unseres Universums eingrenzte.

Allan Sandage wurde 1926 in Iowa geboren. Wie bei vielen Astronomen begann sein Interesse an der Astronomie schon in jungen Jahren, als er zum ersten Mal durch das Teleskop eines Freundes blickte. Als junger Forscher arbeitete er mit den bekannten Astronomen Walter Baade und Edwin Hubble zusammen und beeindruckte sie so sehr mit seinen Fähigkeiten, dass ihm noch vor Abschluss seiner Promotion eine Festanstellung am Mount Wilson Observatory angeboten wurde. Sandage war von 1950 bis zu seinem Tod im Jahr 2010 einer der einflussreichsten Astronomen der Welt und verbrachte über 2000 Nächte am Teleskop, während derer oft in voller Lautstärke die Musik von Richard Wagner durch die Kuppel schallte – Sandage war ein großer Opernfan.

In den 1950er-Jahren hatten Astrophysiker ziemlich detailliert ausgearbeitet, wie sich Sterne im Laufe der Zeit entwickeln. Alles war bereit, damit Sandage diese Modelle auf die Sterne in unserer Galaxie anwenden konnte. Sterne leben und sterben nach gut verstandenen physikalischen Prinzipien. Das ist viel einfacher zu verstehen und zu berechnen als zum Beispiel das Leben und Sterben eines einfachen Grashalms. Wir können relativ einfache Gleichungen aufschreiben, um zu beschreiben, wie Sterne funktionieren, und um vorherzusagen, wie sie sich im Laufe der Zeit entwickeln. Ein Stern ist im Grunde ein sehr großes, kugelförmiges Objekt aus ionisiertem Gas oder Plasma. Seine Struktur ist ein verzwicktes Gleichgewicht zwischen der Gravitation (die immer Material nach innen zieht) und der Fusionsenergie, die verhindert, dass der Stern in eine viel dichtere Konfiguration wie ein Schwarzes Loch kollabiert.

Ein Stern ist jedoch keine einheitliche Kugel, denn seine Dichte, Temperatur und chemische Zusammensetzung variieren mit seinem Radius, seiner Masse und im Laufe der Zeit. Sterne leuchten in einer Vielfalt von Helligkeiten und Farben, die hauptsächlich von ihrer Masse und ihrem Alter abhängen. Die Farbe eines Sterns hängt von der Temperatur auf seiner sichtbaren Oberfläche ab. Massereichere Sterne erscheinen in unseren Augen blauer – sie erzeugen in ihrem Kern mehr Druck und Dichte, verbrennen ihren Brennstoff schnell und können eine Lebensdauer von nur einer Million Jahren haben. Kleine Sterne erscheinen röter, da sie kühler sind und viel länger leben – über eine Billion Jahre. Die Messung der Oberflächentemperatur eines Sterns, seiner Leuchtkraft und seiner Masse reicht aus, um abzuschätzen, wie lange er bereits existiert. Damit lässt sich vorhersagen, wie er sich in Zukunft entwickelt und wann er aufhören wird zu leuchten. Auch Sterne leben nicht ewig. Alle Sterne haben irgendwann ihren Kernbrennstoff verbraucht und sterben. Einige explodieren als spektakuläre Supernovae, andere verschwinden einfach in der Dunkelheit.

Als Sandage an seiner Doktorarbeit schrieb, ging man davon aus, dass rote Riesensterne am Anfang ihres Lebens stünden. Sandage zeigte, dass das Gegenteil der Fall war – Sterne wie unsere Sonne beenden ihr Leben als rote Riesen, nachdem sie sich kurzzeitig zu einer enormen Größe ausgedehnt haben. Mit diesem Wissen bewaffnet, machte sich Sandage daran, die ältesten Sterne in unserer Galaxie zu finden, um eine untere Altersgrenze der Milchstraße zu bestimmen. Alles, was man dazu wissen muss, ist, dass die Lebensdauer eines Sterns hauptsächlich von seiner Masse abhängt. Ein Stern, der doppelt so massereich ist wie die Sonne, wird nur 800 Millionen Jahre leben. Umgekehrt lebt einer mit der halben Masse 20 Milliarden Jahre. Wie nutzt man dieses Wissen, um das Alter unserer Galaxie zu schätzen? Nun, es stellte sich heraus, dass Sterne sich oft in großen Gruppen oder Haufen bilden, wie zum Beispiel der schöne Sternhaufen der Plejaden, der manchmal als die »Sieben Schwestern« bezeichnet wird.[60]

Innerhalb eines Sternhaufens entstehen die Sterne alle gleichzeitig, mit einer Reihe unterschiedlicher Massen. Abhängig davon, wann sich der Sternhaufen gebildet hat, sind alle Sterne ab einer bestimmten Masse gestorben und ver-

60 Die meisten Menschen können mit bloßem Auge höchstens sechs Sterne sehen, obwohl der Haufen tatsächlich auch Hunderte von schwächeren Sternen enthält. Es ist ein Rätsel, warum die meisten frühen Kulturen sieben Sterne zählten und benannten. Eine Theorie ist, dass die Geschichten dieser Namen über 100000 Jahre überliefert wurden, aus einer Zeit, in welcher der siebthellste Stern noch deutlich sichtbar war. Im Laufe der Zeit hat sich der siebte Stern so nahe an einen anderen heranbewegt, dass unsere Augen die beiden Sterne als nur einen auflösen. Sie können das selbst in einer klaren Nacht überprüfen – es ist ein guter Test für Ihr Sehvermögen. Die Plejaden sind der hellste sichtbare Sternhaufen. Man findet sie im Sternbild Stier, in der Nähe von Orion (dem riesigen Jäger, der eine Keule hält).

blasst. So bestimmte Sandage erstmals eine Untergrenze für das Alter unserer Galaxie. Die massereichsten Sterne, die in den ältesten Sternhaufen unserer Galaxie gefunden werden, haben Messungen zufolge etwa 70 Prozent der Sonnenmasse, was bedeutet, dass diese Sterne über 10 Milliarden Jahre alt sind – fast dreimal so alt wie Sonne und Erde!

Mit diesem Ergebnis wandte Sandage seine Aufmerksamkeit etwas Größerem zu: dem Alter des Universums.

Die Geschwindigkeit, mit der sich der Raum ausdehnt, wird als Hubble-Konstante bezeichnet (obwohl sie zuerst von Lemaître gemessen wurde), und eigentlich ist sie keine Konstante, da sie sich mit der Zeit verändert. Sie ist der Parameter, der die Entfernung einer Galaxie mit der Geschwindigkeit, mit der sie sich scheinbar von der Erde wegbewegt, in Beziehung setzt. Um das Alter des Universums zu berechnen, muss man den Wert der Hubble-Konstante kennen, da sie angibt, wie schnell sich das Universum ausdehnt. Die Grundidee besteht darin, zu berechnen, wie lang es seit dem Urknall gedauert hat, bis sich die Galaxien in ihre jetzige Konfiguration ausgedehnt haben. Als solche Berechnungen in den 1930er- und 1940er-Jahren durchgeführt wurden, ergaben sie für das Universum ein Alter von nur 1,8 Milliarden Jahren – viel jünger als die Erde und die Sterne.

Erst 1952 erkannte man, dass die Entfernungsskala einen Fehler hatte und der gemessene Wert der Hubble-Konstante vollkommen falsch war. Die Konstante beruhte auf Cepheiden, um die Entfernungen zu anderen Galaxien unter Verwendung des »Leavitt-Gesetzes« zu messen. Es war der deutsche Astronom Walter Baade, Sandages Doktorvater, der zeigte, dass die ursprünglichen Cepheiden-Entfernungen, anhand derer Entfernungen innerhalb unserer Galaxie bestimmt wurden, eine andere Klasse von Sternen verwendeten, als Hubble verwendet hatte, um die Entfernungen zu Galaxien wie Andromeda zu messen. Baade entdeckte, dass es zwei

Grundtypen von Sternen gibt. Die Sterne der sogenannten Population I, zu denen auch unsere Sonne gehört, finden sich in der gesamten Scheibe unserer Galaxie. Sie entstanden später in der Geschichte unseres Universums. Ein Teil ihrer Masse stammt von Elementen, die schwerer als Helium sind und sich in früheren Sternengenerationen gebildet haben. Die Sterne der Population II sind alte Sterne, die früh in der Geschichte des Universums entstanden und nur einen winzigen Bruchteil der schwereren Elemente enthalten. Sterne der Population II finden sich in alten Sternhaufen, die Kugelsternhaufen genannt werden, und es waren solche Sterne, die ursprünglich verwendet wurden, um das Gesetz von Leavitt zu kalibrieren. Hubble hatte dann unwissentlich das gleiche Gesetz auf Sterne der Population I in Galaxien angewendet, aber seine Kalibrierung war falsch.

Baades Arbeit im Jahr 1952 halbierte die Hubble-Konstante und verdoppelte das Alter des Universums. Aber dieses war damit immer noch jünger als das von Patterson gemessene Alter des Sonnensystems und das von Sandage gemessene Alter der ältesten Sterne. Bald darauf entdeckte Sandage, dass Hubble ionisierte Wolken aus Wasserstoffgas fälschlicherweise als helle Cepheidensterne identifiziert hatte. Die Helligkeit dieser Objekte ist sicherlich keine Standardkerze. Um diese Effekte zu korrigieren, veröffentlichte er 1958 einen neuen Wert der Hubble-Konstante: 75 Kilometer pro Sekunde pro Megaparsec – sie war um den Faktor sieben kleiner als ursprünglich von Lemaître und Hubble geschätzt und nahe am heutigen Wert.[61]

Sandage startete im Alleingang ein großes Beobachtungsprogramm, um die Entfernungen und Geschwindigkeiten einer großen Anzahl von Galaxien zu messen und den kor-

61 Virginia Trimble: »H: The incredible shrinking constant 1925–1975«. *Publications of the Astronomical Society of the Pacific* 108, 1996: 1073–1082

rekten Wert der Hubble-Konstante festzulegen. 1961 schrieb er eine Abhandlung mit dem Titel *The Ability of the 200-inch Telescope to Discriminate between Selected World Models* (Die Fähigkeit des 200-Zoll-Teleskops, zwischen ausgewählten Weltmodellen zu unterscheiden). Sie wurde zur Grundlage der modernen beobachtenden Kosmologie und machte diese zu einer quantitativen Wissenschaft.

Dank der neuen Beobachtungen von Sandage wurde das Alter des Universums in den 1960er-Jahren unter Verwendung der Hubble-Konstante auf zwischen 6 und 13 Milliarden Jahre revidiert – im Einklang mit dem Alter der Erde, des Sonnensystems und der ältesten Sterne. Zu dieser Zeit war die große Altersbandbreite auf die Unsicherheit in der Zusammensetzung unseres Universums sowie auf Unsicherheiten bei der Messung der Hubble-Konstante zurückzuführen, die zwischen verschiedenen Beobachtern immer noch um den Faktor zwei schwankte. Dies führte zum Bau des Hubble-Weltraumteleskops, das diesen Parameter viel genauer messen konnte.

In den 1980er-Jahren war Sandage von der Existenz eines Schöpfers überzeugt und gab bekannt, dass er Christ geworden sei. Er dachte, dass der Kosmos und das Leben zu komplex seien, um allein durch die Wissenschaft erklärt zu werden, und dass seine Forschung das Datum der Schöpfung lieferte. Er schrieb, dass es keinen Konflikt zwischen Wissenschaft und Religion gäbe, wenn verstanden würde, dass jede einen anderen Aspekt der Realität behandelt. Dass die Wissenschaft das »Was, Wann und Wie« zu beantworten versuche, aber nur die Religion das »Warum« beantworten könne. Dennoch schrieb sein langjähriger Schweizer Kollege Gustav Tammann in seinem Nachruf auf Sandage: »Am Ende schätzte er die christliche Philosophie sehr, fand aber keinen Glauben«.[62]

62 Gustav Tammann: »Allan Sandage (1926–2010)«. *Nature* 468, 2010: 898

Während seiner Karriere veröffentlichte Sandage über 500 Forschungsarbeiten. Nach Aussage von Tammann war Arbeit für Sandage die einzig sinnvolle menschliche Aktivität – es sei Sandage im Leben nicht darum gegangen, Spaß zu haben. Auch in den letzten zehn Jahren seines Lebens veröffentlichte er noch über 40 wissenschaftliche Arbeiten, bis er 2010, im Alter von 84 Jahren, an Krebs starb.

21. Fred Hoyle (1915–2001)

»für die Theorie, dass Elemente in Sternen geschmiedet werden«

Sie haben vielleicht auch schon den Satz »Wir sind Sternenstaub« gehört – dass also die meisten Elemente in unserem Körper in Sternen erzeugt wurden. Diese tiefgreifende Entdeckung ist der Arbeit des englischen Astrophysikers Fred Hoyle zu verdanken. Während Arthur Eddington spekuliert hatte, dass Elemente in Sternen erzeugt werden, zeigte Hoyle, wie dies ablaufen könnte.

Hoyle wurde in Yorkshire, England, in eine Arbeiterfamilie hineingeboren; zu einer Zeit, als die meisten Wissenschaftler aus privilegierten Familien stammten. Sein Vater, ein Wollhändler, trat während des Ersten Weltkriegs, im Jahr von Freds Geburt, dem Maschinengewehrkorps bei. Während der Abwesenheit des Vaters verdiente die Mutter Geld, indem sie die Stummfilme im örtlichen Kino am Klavier begleitete. Fred legte sich in der Schule mit seinen Lehrern an und fand den Unterricht langweilig. Oft täuschte er irgendeine Krankheit vor, um zu Hause bleiben zu können, wo er ein Lehrbuch der Chemie studierte und mit Sachen, die er im Haushalt fand, Experimente durchführte. Wie Hoyle in seiner 1994 erschienenen Autobiografie[63] berichtet, stellte er in Abwesenheit seiner Eltern gern Schießpulver her und

63 Fred Hoyle: *Home Is Where the Wind Blows: Chapters from a Cosmologists Life*. University Science Books, Mill Valley 1994

brachte Dinge zum Explodieren. Da die Schule obligatorisch und seine Familie nicht wohlhabend war, war es eine ziemliche Leistung, dass er die landesweite Stipendienprüfung bestand und so die »Grammar School« (entspricht dem Gymnasium) besuchen konnte, wo er sich zu einem hervorragenden Schüler mauserte. Besonders motiviert war er, nachdem er im Alter von zwölf Jahren Arthur Eddingtons populärwissenschaftliches Buch *Stars and Atoms* gelesen hatte. Später erhielt er ein Stipendium für die Universität von Cambridge, wo er von Eddington selbst in Allgemeiner Relativitätstheorie unterrichtet wurde.

Während seines Studiums wurde er mit dem Mayhew-Preis für den besten Studenten in angewandter Mathematik ausgezeichnet. Er fragte den berühmten Physiker Paul Dirac, ob er bei ihm doktorieren dürfe, und erklärte, er brauche keine Aufsicht, da Dirac, wie allgemein bekannt war, ungern Studenten betreute, und Hoyle gerne alleine arbeite. Hoyles Doktorarbeit befasste sich mit der Quantenelektrodynamik, aber sein Interesse an Sternen führte ihn zur Astrophysik. In einer seiner ersten Veröffentlichungen schrieb er darüber, was die Auswirkungen sein könnten, wenn unsere Sonne eine interstellare Wolke durchquert, ihre Strahlungsleistung verändert und Eiszeiten verursacht. Später verfasste er ein Dutzend Science-Fiction-Romane und verwob oft Ideen aus seiner Forschung mit seinen Geschichten. Besonders empfehlenswert ist sein erstes Buch aus dem Jahr 1957, *The Black Cloud*[64], in dem er beschreibt, wie die Sonne von einer riesigen Gaswolke verschlungen wird, die wahrscheinlich den größten Teil des Lebens auf der Erde zerstören wird, weil sie die Sonnenstrahlung blockiert.

64 Alle deutschen Übersetzungen aus den 50er-, 60er- und 70er-Jahren sind leider vergriffen und werden nicht mehr nachgedruckt.

Hoyles Forschung wurde durch den Zweiten Weltkrieg unterbrochen, während dem er für die britische Marine an der Entwicklung von Radarsystemen arbeitete. Zu dieser Zeit wurde Radar nur verwendet, um auf die Richtung eines anfliegenden Flugzeugs zu schließen, nicht jedoch auf seine Höhe. Er stellte fest, dass es Interferenzen zwischen dem vom Flugzeug reflektierten Funkstrahl und dem schwächeren, indirekten Strahl gab, der vom Meer reflektiert wurde, und entwickelte eine Technik, mit der daraus auf die Höhe des Flugzeugs geschlossen werden konnte. Hoyle schrieb später: »Der Krieg würde alles verändern. Er würde meinen relativen Wohlstand zerstören, er würde meine beste Schaffenszeit verschlingen, gerade als ich in der Forschung Fuß fasste.«[65] Im Rahmen seiner Arbeit bei der Marine konnte er jedoch nach Amerika reisen, wo er vom Atombombenprojekt erfuhr und begann, über nukleare Prozesse nachzudenken, die im Inneren von Sternen stattfinden könnten. Dies sollte zu seiner Entdeckung des Ursprungs der Elemente führen.

Nach dem Krieg kehrte Hoyle nach Cambridge zurück und begann mit seiner Arbeit an der Evolution von Sternen. 1946 zeigte er auf, wie das Innere massereicher Sterne während ihrer Entwicklung Temperaturen von Milliarden Grad erreicht. Und dass diese Sterne am Ende ihres Lebens in sich zusammenbrechen und explodieren und alle Elemente, die sie vielleicht synthetisieren, in die Galaxie streuen. Aber zu dieser Zeit konnten Astrophysiker nicht erklären, wie Elemente jenseits von Helium hergestellt werden konnten. In Kapitel 17 habe ich bereits erzählt, wie Gamow und Alpher die Entstehung von Wasserstoff und Helium während des Urknalls erklärten, aber der Ursprung der schwereren Elemente war immer noch ein Rätsel. Der Grund dafür, dass während

65 Fred Hoyle: *Home Is Where the Wind Blows: Chapters from a Cosmologist's Life*. University Science Books, Mill Valley 1994: 136

des Urknalls keine schwereren Elemente entstanden, ist, dass es in Innern eines Sterns Zehntausende von Jahren dauert, bis eine beträchtliche Menge an Helium in Kohlenstoff umgewandelt ist. Die Bedingungen während des frühen Universums ähnelten jedoch nur für wenige Minuten dem Inneren eines Sterns.

Um 1950 schien es unmöglich, dass Sterne Elemente erzeugen könnten, die schwerer als Helium sind. Die Fusion von Wasserstoff mit Helium würde Lithium-5 erzeugen, das instabil ist. Durch die Verschmelzung von zwei Heliumkernen würde Beryllium-8 entstehen, das ebenfalls instabil ist und in weniger als 10^{-16} Sekunden in leichtere Kerne zerfällt. Würde in diesem Moment ein dritter Heliumkern mit dem Beryllium verschmelzen, könnte sich ein Kohlenstoff-12-Kern bilden, aber die Wahrscheinlichkeit, dass dies geschieht, wurde als äußerst gering angesehen. Bis Hoyle spekulierte, dass Kohlenstoff-12 ein Energieniveau hat, das sehr nahe an den kombinierten Energien von Beryllium und Helium liegt. Dies würde zu einer resonanten und sehr viel wahrscheinlicheren Reaktion führen. Bald darauf bestätigten Laborexperimente Hoyles Vorhersage.

Die Bestätigung der Idee, dass Sterne schwerere Elemente erzeugen, folgte 1952, als der Astronom Paul Merrill das Vorhandensein des Elements Technetium in roten Riesensternen entdeckte. Technetium ist das leichteste Element, das keine stabilen Isotope hat. Es zerfällt mit einer Halbwertszeit von 4,2 Millionen Jahren in leichtere Atome. Aber die roten Riesensterne, in denen es gefunden wurde, sind Milliarden von Jahren alt. Die Schlussfolgerung war, dass das Technetium im Inneren dieser Sterne entstanden sein musste.

Bis 1954 hatte Hoyle viele Details der Synthese von Elementen bis hin zu Nickel ausgearbeitet. Sie verläuft in einer Reihe von thermonuklearen Reaktionen, bei denen die Asche der einen Stufe zum Brennstoff für die nächste wird – Wasserstoff verschmilzt zu Helium, Helium zu Kohlenstoff, Kohlenstoff zu Sauerstoff und so weiter. Nickel ist das schwerste Element, das Sterne in diesem Prozess herstellen können. Das Verschmelzen von Elementen, die leichter als Eisen und Nickel sind, erzeugt mehr Energie, als für die Reaktion benötigt wird. Aber dieser Energiegewinn, der es ermöglicht, dass sich die Reaktionen fortsetzen, endet bei Nickel, da schwerere Elemente mehr Energie benötigen, um miteinander zu verschmelzen, als sie aus der Verschmelzung erzeugen. Die Herkunft der schwereren Elemente blieb weiter unbekannt.

In einer 1955 veröffentlichten, gemeinsam mit dem Astrophysiker Martin Schwarzschild verfassten Arbeit löste Hoyle die Gleichungen, welche die Evolution von Sternen beschreiben, von Hand, um zu zeigen, wie sich Sterne wie unsere Sonne zu roten Riesensternen entwickeln. Rote Riesen sind so hell, dass man viele mit bloßem Auge sehen kann; Arktur im Sternbild Bootes (Bärenhüter) ist einer der hellsten Sterne am Nachthimmel. Wenn in ferner Zukunft der gesamte Wasserstoff im Kern der Sonne in Helium umgewandelt ist, wird sich dieser Prozess in ihren äußeren Regionen fortsetzen. Ihre äußere Hülle wird sich so stark ausdehnen, dass sie in etwa fünf Milliarden Jahren die Erdumlaufbahn erreicht. Der Kern unserer Sonne wird an Dichte und Temperatur zunehmen und die Verschmelzung von drei Heliumkernen zu Kohlenstoff ermöglichen. Wenn das Lebensende der Sonne naht, kann Kohlenstoff mit Helium zu Sauerstoff verschmelzen, und ein Teil des Sauerstoffs kann mit Helium zu Neon verschmelzen. Bei diesen Prozessen entstehen freie Neutronen, die von den Atomkernen eingefangen werden können, um noch schwerere Elemente im Periodensystem entstehen zu lassen.

Zu dieser Zeit war das beste Rechenwerkzeug der mechanische Sprossenrad-Rechner, der addieren, subtrahieren, multiplizieren und dividieren konnte. Hoyle verwendete das in Deutschland hergestellte Gerät »Brunsviga 10«, aber seine und alle vorherigen Berechnungen zur Evolution von Sternen wurden im Wesentlichen mit Stift und Papier durchgeführt. 1956 verwendete er als erster Astrophysiker den britischen EDSAC (Electronic Delay Storage Automatic Calculator), einen frühen elektronischen Computer mit Vakuumröhre. Die Maschine füllte einen großen Raum und benötigte 11 000 Watt, um 3000 Vakuumröhren zu betreiben, die als moderne Transistor-Logikgatter fungieren. Sie wurde programmiert, indem man ihr ein langes Papierband mit gestanzten Löchern zuführte. Diese frühen Computer konnten mehrere hundert Berechnungen pro Sekunde durchführen, was viele Forschungsbereiche zu revolutionieren begann. Hoyle erkannte, dass solche Maschinen die Astrophysik revolutionieren könnten, und zukünftige, leistungsstarke Computer kommen in vielen seiner Science-Fiction-Romane vor. Ihr Mobiltelefon kann heute übrigens über eine Milliarde Berechnungen pro Sekunde durchführen.

Hoyle begann daraufhin eine Zusammenarbeit mit dem amerikanischen Kern- und Astrophysiker Willy Fowler. Gemeinsam veröffentlichten sie physikalische Interpretationen der beiden Hauptklassen von Supernovae, die im nächsten Kapitel über Fritz Zwicky beschrieben werden. Dies war an sich schon eine ziemliche Leistung. Doch ihre berühmteste Arbeit war eine lange, 1957 veröffentlichte Abhandlung, die sie zusammen mit Margaret und Geoffrey Burbidge verfasst hatten. *Synthesis of the elements in stars* (Synthese der Elemente in Sternen) kombinierte Theorie mit Beobachtungen, um zu zeigen, wie Elemente, die schwerer als Eisen und Nickel sind, in massereichen Sternen durch einen Prozess, bei dem vorhandene Atomkerne freie Neutronen einfangen, gebildet werden können. Hoyle testete in dieser Arbeit seine Theorien mittels von Fowler durchgeführten Laborexperimenten zu Kernreaktionen und von den Burbidges durchgeführten Beobachtungsmessungen der Elementhäufigkeiten.

In einem zweiten großen Forschungsstrang seiner Karriere arbeitete Hoyle an Alternativen zum Urknallmodell. Als Lemaîtres Ideen sich verbreiteten, sah es so aus, als gäbe es keine andere Möglichkeit, um die beobachteten Expansionsgeschwindigkeiten von Galaxien zu erklären. Aber die Idee von einem Anfang unseres Universums gefiel vielen nicht, und es wurden alternative Ideen erforscht, um das alte Modell eines statischen, zeitlosen Universums zu retten. Manche Wissenschaftler, wie zum Beispiel Fritz Zwicky, argumentierten, dass Rotverschiebungen nicht auf Expansion, sondern auf eine zeitlich variierende Lichtgeschwindigkeit zurückzuführen seien, oder dass Photonen Energie verlören, wenn sie sich durch den Raum bewegten. In den späten 1940er-Jahren entwickelten Kosmologen ein alternatives Modell unseres Universums, in dem das Universum keinen Anfang hatte und kein Ende haben wird – die sogenannte »Steady-State-Theorie«. Einer ihrer Hauptbefürworter war Hoyle, der übrigens tatsächlich für den Begriff »Big Bang« verantwortlich ist – die englische (und allgemein gebräuchliche) Bezeichnung der Urknall-Theorie, die er selbst so entschieden bekämpfte. Während eines BBC-Radiointerviews im Jahr 1949, in dem er sagte, eine solche Theorie sei irrational, machte er sich über Lemaître lustig, und nannte ihn spöttisch »the big bang man«. Der Begriff setzte sich allgemein durch, ist aber etwas unglücklich, da er den Eindruck erweckt, dass das Universum mit einer Explosion und nicht mit einer Expansion begann – ein subtiler, aber sehr wichtiger Unterschied!

Hoyle und seine Mitarbeiter entwickelten ein alternatives kosmologisches Prinzip zum kopernikanischen Prinzip, das wir heute verwenden. Nämlich, dass das großräumige Erscheinungsbild des Universums an jedem Ort und zu jeder Zeit gleich sei. Das Hauptmerkmal des Steady-State-Modells war ein ewig expandierendes Universum mit unendlichem Alter. Um zu erklären, warum sich das expandierende Universum nicht mit der Zeit verändert hat, und warum sich nicht alle Galaxien außer Sichtweite bewegt haben, postulierten sie die kontinuierliche Schaffung neuer Materie. Diese neue Materie würde neue Galaxien zwischen den alten Galaxien bilden. Wie diese Materie entstanden sein könnte, beantwortet das Modell aber nicht, und es verstößt auch gegen das grundlegende Prinzip der Erhaltung von Energie und Masse. Diese Einwände reichten jedoch nicht aus, um das Steady-State-Modell zu verwerfen, da sie auch auf das Urknallmodell angewendet werden konnten.

Hoyle gefiel das Urknallmodell nicht, weil es dem Universum einen »wundersamen Anfang« gab, der Raum für eine übernatürliche Erklärung seines Ursprungs ließ. Tatsächlich kam Papst Pius XII. 1951 zu dem Schluss, dass moderne Kosmologen zu der gleichen Wahrheit gelangt seien, die Theologen seit mehr als tausend Jahren bekannt sei. 1967 erklärte der berühmte Physiker Steven Weinberg: »Die Steady-State-Theorie ist philosophisch gesehen die attraktivste Theorie, weil sie am wenigsten der Darstellung in der Schöpfungsgeschichte ähnelt. Es ist schade, dass die Steady-State-Theorie durch Experimente widerlegt wird.«[66] Es war die Entdeckung des Mikrowellenhintergrunds, die schließlich Hoyles Steady-State-Universum ausschloss.

Hoyle glaubte, dass Forschung von dauerhaftem Wert daraus resultiert, Ideen zu folgen, die von anderen als höchst unwahrscheinlich angesehen werden. Ich nahm selbst an einigen wissenschaftlichen Konferenzen teil, an denen Hoyle immer noch auf die Richtigkeit seines Steady-State-Universums pochte, lange nachdem der Mikrowellenhintergrund

66 In: Alister McGrath: *Science & Religion: A New Introduction.* John Wiley & Sons, Hoboken 2020: 53

bewiesen hatte, dass es unhaltbar war. Er war sicherlich eine umstrittene Figur, aber gleichzeitig war er auch einer der kreativsten Denker der Astrophysik des 20. Jahrhunderts.[67]

Von 1958 bis 1972 hatte Hoyle den Lehrstuhl des »Plumian Professor of Astronomy and Experimental Philosophy« in Cambridge inne – als Nachfolger seines Mentors Arthur Eddington – und gründete 1967 ein staatlich finanziertes Institut für theoretische Astronomie an der Universität von Cambridge. Dies war ein großer Erfolg, aber die Finanzierung und der Betrieb des Instituts waren für Hoyle ein Kampf. Anhaltende Konflikte mit seinen Kollegen in Cambridge über die Zukunft des Instituts führten dazu, dass er sein Amt 1972 niederlegte – im selben Jahr, in dem er von der Königin zum Ritter geschlagen wurde. In einem Brief an einen Kollegen erklärte er, er wolle er keine Zeit mehr mit politischen Machtkämpfen verschwenden, die seine Energie und seine Zeit aufzehren. Daraufhin zog er in den Lake District, wo er weiterhin privat an seiner Forschung arbeitete. Isoliert von der wissenschaftlichen Gemeinschaft, wurden seine Schriften kontroverser und deckten so unterschiedliche Themen wie Stonehenge, Darwinismus und Viren aus dem Weltraum ab. 1974 entwickelten Hoyle und seine Kollegin Chandra Wickramasinghe die Theorie der Panspermie – dass Leben im All entstehen und sich via Kometen und Asteroiden auf andere Welten ausbreiten könnte. Obwohl die Idee damals von Biologen verspottet wurde, wissen wir heute, dass viele der Bausteine des Lebens tatsächlich im Weltraum entstehen können und in Meteoriten und interstellaren Wolken gefunden wurden.

67 Für einen vollständigeren Überblick über Hoyles Leben und seine Forschungen empfehle ich die Würdigung von Margaret Burbidge: »Sir Fred Hoyle«. *Proceedings of the American Philosophical Society* Vol. 147 No. 4, 2002: 405–412

In seiner Autobiografie erzählt er von seiner Liebe zu den Bergen und davon, wie stolz er darauf war, alle Munros – 3000-Fuß-Gipfel in Großbritannien – bestiegen zu haben. 1997 stürzte Hoyle beim Wandern in Yorkshire in eine Kluft. Er zog sich Knochenbrüche und eine Unterkühlung zu und lag mehrere Monate im Krankenhaus. In den folgenden Jahren verschlechterte sich sein Gesundheitszustand, und er starb 2001.

1983 wurde der Nobelpreis für Physik an zwei Wissenschaftler verliehen: an den indischen Astrophysiker Subrahmanyan Chandrasekhar für seine Arbeiten zur Struktur und Entwicklung von Sternen, und an einen von Hoyles Kollaboratoren, Willy Fowler, der den Preis »für seine theoretischen und experimentellen Studien der Kernreaktionen von Bedeutung für die Bildung der chemischen Elemente im Universum« erhielt. Warum Hoyle, der Pionier in diesem Gebiet, der später mit Fowler die Theorie entwickelt hatte, nicht ausgezeichnet wurde, ist ein Rätsel, das Astronomen bis heute stutzig macht. Einige meinen, der Grund dafür sei, dass der in Yorkshire geborene Hoyle ein ziemlich ungehobelter und rechthaberischer Mann war, der es geschafft hatte, die meisten seiner Kollegen zu verärgern. Ich kann aus persönlicher Erfahrung bestätigen, dass dies typisch für Menschen ist, die in Yorkshire geboren wurden! Hoyles wissenschaftliches Vermächtnis bleibt dennoch bestehen – er war es, der zeigte, wie die Elemente gebildet werden. Dass er dafür nie den Nobelpreis bekam, ist eines der größten Versäumnisse des Nobelkomitees.

22. Fritz Zwicky (1898–1974)

»für die Entdeckung Dunkler Materie in Galaxienhaufen, die Interpretation von Supernovae und die Vorhersage der Existenz von Neutronensternen«

Von all den verkannten Wissenschaftlern des 20. Jahrhunderts, deren Forschung unser Verständnis des Kosmos voranbrachte, übertreffen nur wenige den unkonventionellen und visionären Schweizer Wissenschaftler Fritz Zwicky.

Zwicky wurde in Bulgarien geboren; sein Vater war ein Schweizer Geschäftsmann, und seine Mutter stammte aus der Tschechoslowakei. Seine Eltern wollten, dass er in der Schweiz aufwächst, daher wurde er im Alter von sechs Jahren zu seinen Großeltern ins Stammhaus der Zwickys in Glarus, einem friedlichen Schweizer Bergkanton, geschickt. Nach Aussage von Freunden war er ein exzellenter Schüler, ohne sich dafür anstrengen zu müssen, und half oft anderen, die weniger begabt waren. Bei der Maturaprüfung in 14 Fächern an der Industrieschule Zürich, einer der härtesten Mittelschulen der Schweiz, erzielte er 82,5 von 84 Punkten – die beste Note in der 150-jährigen Schulgeschichte.

Er studierte Ingenieurwissenschaften, Mathematik und Physik an der Eidgenössischen Technischen Hochschule und machte sein Diplom beim genialen theoretischen Physiker Hermann Weyl. 1922 promovierte er in theoretischer Physik und wandte die neuen Theorien der Quantenmechanik auf die Struktur von Kristallen an. Sein Vorgesetzter war Peter Debye, der 1936 den Nobelpreis für Chemie erhalten sollte.

Fritz Zwicky wurde ein Stipendium der Rockefeller

Foundation in Amerika angeboten, ein Programm, das europäische Wissenschaftler nach Amerika bringen sollte, insbesondere diejenigen, die das in Europa entwickelte neue Gebiet der Quantenmechanik verstanden. Begründet wurde es von Robert Millikan, der 1923 für seine experimentelle Bestimmung der Ladung eines Elektrons mit dem Nobelpreis für Physik ausgezeichnet wurde. Zwicky bat darum, in der Nähe von Bergen arbeiten zu dürfen, und wurde an das California Institute of Technology geschickt, wohin Millikan gerade gezogen war. Zwicky war ein leidenschaftlicher Skifahrer und Bergsteiger und führte mehrere Erstbesteigungen in der Schweiz durch, oft in Kombination mit Gletscherabfahrten. Als er in Pasadena ankam, war Zwicky allerdings enttäuscht, und merkte an, dass die versprochenen Berge höchstens Gebirgsausläufer seien.[68]

Millikan war von seinem neuen Mitarbeiter beeindruckt, und so erhielt Zwicky 1927 eine Assistenzprofessur am Caltech. Im folgenden Jahr wurde ihm eine außerordentliche Professur am Institut für Theoretische Physik der Universität Zürich angeboten, aber da hatte er bereits die Stelle in Kalifornien angenommen. Caltech hatte auch die größten Teleskope der Welt – Mount Wilson beherbergte das 100-Zoll-Hooker-Teleskop, das Edwin Hubble verwendete, um die Natur von Nebeln zu bestimmen –, und Zwickys Interessen wandten sich der Astronomie zu.

1929 veröffentlichte Zwicky eine seiner ersten Arbeiten in der Astrophysik, in der er argumentierte, dass die Rotverschiebung des Lichtspektrums von Galaxien nicht auf die Expansion des Universums zurückzuführen sei, sondern ein Effekt der Gravitation, der dazu führe, dass die Photonen Energie verlieren. Für den Rest seiner Karriere glaubte er nie an den Urknall, was viele seiner Kollegen verärgerte. Zwicky

68 Stephen Maurer: »Idea Man«. *SLAC Beam Line*, Winter 2001: 21–27

irrte sich zwar, aber es zeigte seine Bereitschaft, schon in einem frühen Stadium seiner Karriere die wissenschaftliche Orthodoxie herauszufordern.

Seine brillantesten Beiträge zur Astronomie lieferte Zwicky in den 1930er-Jahren, und diese waren ihrer Zeit so weit voraus, dass sie von der wissenschaftlichen Gemeinschaft mehrere Jahrzehnte lang größtenteils ignoriert wurden. 1931 zog der deutsche Astronom Walter Baade nach Amerika und nahm eine Stelle am Mount Wilson Observatory an. Zwicky und Baade begannen, gemeinsam an der Natur der mysteriösen »Novae« zu arbeiten.

Seit mehreren Jahrtausenden beobachten Astronomen das Erscheinen und anschließende Verschwinden neuer Sterne am Nachthimmel. Vor der Erfindung des Teleskops wurden etwa acht dieser Ereignisse beobachtet. Wir haben bereits von einem gehört, das 1572 von Tycho Brahe beobachtet wurde, und es war Brahe, der diesen Ereignissen ihren Namen, Novae, gab. In den 1920er-Jahren beobachteten Astronomen mit ihren Teleskopen jedes Jahr ein Dutzend oder mehr solcher Novae, die am Himmel auftauchten, und eine ähnliche Anzahl im nahe gelegenen Andromeda-Nebel. Aber in sehr weit entfernten Nebeln tauchte eine neue Klasse von Novae auf, die viel luminöser sein mussten als die in unserer Milchstraße.

1933 kündigte Zwicky auf einer Konferenz die neue Theorie, die er und Baade aufgestellt hatten, an, und sie veröffentlichten ihre Idee im folgenden Jahr. Sie waren zu dem Schluss gekommen, dass es zwei Arten von Novae geben müsse. Die seltenen Ereignisse, die in den vorangegangenen 2000 Jahren beobachtet wurden, nannten sie »Super-Novae«, aber heutzutage lassen wir den Bindestrich weg und schreiben Supernovae. Sie leuchteten einige Wochen lang mit einer Luminosität, die ihrer Einschätzung nach mit einer ganzen Sternengalaxie vergleichbar war. Zwicky und Baade hatten recht mit ihrer These, dass diese Ereignisse aus der

Explosion von Sternen am Ende ihres Lebens hervorgehen müssten. Zwicky überredete seine Vorgesetzten am Caltech, ein spezielles Schmidt-Teleskop zu kaufen, mit dem mehrere Quadratgrade des Nachthimmels fotografiert werden konnten. In den nächsten Jahren machte er Hunderte Fotos von Galaxien, um nach den seltenen Supernovae zu suchen. Bis 1938 hatte er mehrere neue Supernovae entdeckt, woraus er schloss, dass eine typische Galaxie möglicherweise nur alle paar Jahrhunderte ein solches Ereignis hat.

Es gibt zwei Hauptwege, auf denen eine Supernova auftreten kann. In den massereichsten Sternen, die über der achtfachen Masse unserer Sonne liegen, ist die Gravitation so stark, dass ihre Kerntemperaturen 600 Millionen Grad überschreiten. Bei dieser Temperatur beginnen die Kohlenstoff- und Sauerstoffatome miteinander zu verschmelzen, um Hüllen aus schwereren Elementen bis hin zu Eisen zu bilden. Die innere Struktur des Sterns ähnelt einer Zwiebel, mit einem Eisen- und Nickelkern, der von einer Siliziumschicht umgeben ist, es folgt eine Hülle aus Kohlenstoff und Sauerstoff, und schließlich die äußeren Schichten aus Helium und Wasserstoff. Sterne können Nickel jedoch nicht zu schwereren Elementen verschmelzen, da dies mehr Energie erfordern würde, als bei der Fusion freigesetzt wird, und dafür nicht genug Energie vorhanden ist. An diesem Punkt beginnt der heiße Kern des Sterns abzukühlen. Er kann den enormen Gravitationskräften nicht standhalten und stürzt schnell in sich zusammen – eine gewaltige Implosion, die, einmal im Gange, nicht mehr aufzuhalten ist. Der massive Eisenkern kollabiert mit einer Geschwindigkeit von hunderttausend Kilometern pro Sekunde und erzeugt augenblicklich Temperaturen von 100 Milliarden Kelvin.

Ein großer Teil der Energie aus dem Gravitationskollaps wird in Neutrino-Antineutrino-Paare umgewandelt. Etwa zehn Prozent der Masse des Sterns, das entspricht 10^{46} Joule

Energie, werden in Neutrinos umgewandelt, die mit Lichtgeschwindigkeit nach außen strömen. Es ist eine riesige neutrinobetriebene Explosion. Und das alles geschieht in nur wenigen Sekunden. Der Gravitationskollaps des massiven metallischen Kerns setzt so viel Energie frei, dass die sich ausdehnenden äußeren Materiehüllen mehrere Tage lang so hell leuchten wie eine ganze Galaxie von Sternen. Solche Explosionen werden Supernovae vom Typ II genannt. Die tatsächliche Physik der Explosion ist nach wie vor ein aktives Forschungsgebiet; wir glauben, dass sie durch den intensiven Fluss der erzeugten Neutrinos angetrieben wird, aber die Details sind nicht vollständig geklärt.

Die zweite Möglichkeit, wie eine Supernova entstehen kann, ist die Übertragung von Masse von einem Stern auf einen anderen. Die meisten Sterne entstehen zusammen mit einem Begleiter – in einem sogenannten binären System. Es wird angenommen, dass dies ein Ergebnis der Fragmentierung des zentralen Kerns des kollabierenden Gases innerhalb der sternbildenden Molekülwolke ist. Einige dieser Doppelsternpaare sind so nah beieinander, dass sich die Oberflächen der Sterne tatsächlich berühren. Andere können weit voneinander entfernt sein, mit Umlaufzeiten von vielen Jahrhunderten. Da die Sterne so weit weg von uns sind, können wir Sternpaare nicht mit den Augen auflösen, sie erscheinen als ein Stern. In einigen Fällen verläuft die binäre Umlaufbahn genau so, dass ein Stern aus unserem Blickwinkel vor seinem Partner vorbeizieht und dessen Helligkeit dadurch plötzlich abfällt. Diese werden als fotometrische Doppelsterne bezeichnet, und einige von ihnen sind mit bloßem Auge zu erkennen, zum Beispiel Algol im Sternbild Perseus. Seine für uns wahrnehmbare Helligkeit wird etwa alle drei Tage dreimal schwächer, da sein hellerer, kleiner Stern von seinem größeren, schwächeren Begleiter verdunkelt wird.

Wenn die Doppelsterne dicht beieinanderliegen, kann es

zu einem Massenaustausch von einem zum anderen kommen. Genau das geschieht gerade mit dem Stern Algol. Wenn sich einer dieser Doppelsterne bereits zu einem Weißen Zwerg entwickelt hat, könnte er eine kritische Masse erreichen, die 1,4-fache Masse unserer Sonne. An diesem Punkt kann er die Kernfusion wieder in Gang setzen, was eine heftige Explosion auslöst, die als Typ-I-Supernova bezeichnet wird. Etwa jede fünfte Supernova ist von diesem Typ. Innerhalb weniger Sekunden durchläuft ein großer Teil des Kohlenstoffs und Sauerstoffs im Weißen Zwerg eine unaufhaltbare Kernfusion, hauptsächlich zu Nickel-56, wobei 10^{44} Joule Energie freigesetzt werden. Da es eine festgelegte kritische Masse gibt, bei der ein Weißer Zwerg explodiert, sind die resultierenden Spitzenluminositäten immer ähnlich – und dies ermöglicht ihre Verwendung als Standardkerzen. Nickel-56 ist instabil und zerfällt mit einer Halbwertszeit von sechs Tagen zu Eisen. Über die Hälfte der Masse des Weißen Zwergs wird in Eisen umgewandelt, aber er produziert auch einen erheblichen Teil der Elemente zwischen Silizium und Scandium und den größten Teil der Elemente zwischen Titan und Zink im Periodensystem. Die Explosion schleudert diese Elemente in das umgebende interstellare Medium – das Eisen in der Erde und in unseren Körpern stammt hauptsächlich von explodierenden Weißen Zwergsternen.

Zwicky überredete George Hale, den Direktor des Mount Wilson Observatory, ein größeres Schmidt-Teleskop mit 48-Zoll-Durchmesser am Mount Palomar zu bauen. Sein Hauptzweck bestand darin, den gesamten nördlichen Himmel zu fotografieren, und die daraus resultierende »Palomar Observatory Sky Survey« wurde für die nächsten fünfzig Jahre zu einem wichtigen Eckpfeiler der Astronomie. Zwicky benutzte das Teleskop auch, um nach weiteren Supernovae zu suchen, und entdeckte schließlich über 100, mehr als jeder Astronom vor den großen automatisierten Supernova-

Suchern Ende des 20. Jahrhunderts. Mit diesem Teleskop erstellte er einen sechsbändigen Katalog mit 30000 Galaxien, der eine unschätzbare Quelle für Astronomen war, bis er in den 1980er-Jahren durch große Galaxiendurchmusterungen abgelöst wurde.

Doch es gab noch mehr. In ihrer Arbeit von 1934 spekulierten Baade und Zwicky zu Recht, dass Supernovae für die Erzeugung der rätselhaften kosmischen Strahlung verantwortlich sein könnten – hochenergetische Teilchen, die aus unbekannten Quellen mit der Erde zu kollidieren schienen. Kosmische Strahlung sind geladene Teilchen wie Protonen und Heliumkerne. Es wird angenommen, dass sie ihre Energie aus den sich ausdehnenden Druckwellen von Supernova-Überresten beziehen. Wenn ein Stern explodiert, dehnen sich seine Trümmer nahezu mit Lichtgeschwindigkeit in das interstellare Medium aus und tragen ein Magnetfeld mit sich, das wie ein riesiger kosmischer Teilchenbeschleuniger wirkt. Die energiereichsten kosmischen Strahlen bewegen sich sehr nahe an der Lichtgeschwindigkeit und haben Energien, die bis zu 10 Millionen Mal höher sind als die der Protonen im Tunnel des Large Hadron Collider am CERN! Das ist bemerkenswert: Ein einzelnes subatomares Teilchen mit einer Energie, die dem rekordverdächtigen 161 Kilometer pro Stunde schnellen Cricket-Ball entspricht, den der Pakistani Shoaib Akhtar an der Weltmeisterschaft 2003 gegen England geworfen hat. Wenn dieses einzelne Proton mit Ihnen kollidiert wäre, hätte es Sie vielleicht umgehauen. Kosmische Strahlen erfüllen unsere Galaxie und treffen kontinuierlich auf die Erde; etwa ein Teilchen pro Quadratzentimeter pro Sekunde. Glücklicherweise leistet unsere Atmosphäre bemerkenswert gute Arbeit darin, uns vor diesen Partikeln abzuschirmen – die kosmische Strahlung kollidiert mit den Luftmolekülen, was die meisten daran hindert, den Boden zu erreichen. Kosmische Strahlen sind jedoch eine ernsthafte Bedrohung für die Raumfahrt, da sie die DNS in unseren Zellen schädigen und empfindliche elektronische Geräte zerstören können.

Zwicky und Baade postulierten auch, dass nach der Supernova Materie im Zentrum des Sterns kollabieren und durch das Zusammenquetschen von Protonen und Elektronen einen extrem dichten Kern aus Neutronen bilden könnte. Sie nannten diesen Überrest eines toten Sterns einen »Neutronenstern«. Dies war eine weitere bemerkenswerte Erkenntnis, da Neutronen erst 1932 entdeckt worden waren. Obwohl diese Idee von der astronomischen Gemeinschaft ignoriert wurde, hatten bis zum Ende des Jahrzehnts mehrere theoretische Physiker die Eigenschaften solcher Objekte berechnet und gezeigt, dass sie nur in einem bestimmten Massebereich existieren sollten. Zwicky hatte sicherlich das Wissen, um diese detaillierteren Berechnungen selbst anzustellen – ein früher Hinweis darauf, dass er sich weniger für Details und mehr für Ideen interessierte.

Sie wissen jetzt, dass, wenn ein Stern als Supernova explodiert und er weniger als das 25-Fache der Masse unserer Sonne hat, die Materie in seinem Zentrum zusammenbricht und einen neuen Materiezustand bildet – einen Neutronenstern. Sie werden in Kapitel 29 über Jocelyn Bell mehr über die Natur und die Entdeckung solcher Objekte erfahren. Aber selbst ein Neutronenstern ist nicht das endgültige Schicksal der größten Sterne. Bei Sternen mit einer Masse über dem 25-Fachen der Masse unserer Sonne ist der zentrale Eisenkern so massiv, dass nicht einmal quantenmechanische Effekte die Materie zusammenhalten können. Am Ende seines Lebens kollabiert der Kern eines solchen Sterns heftig, der Entartungsdruck der Neutronen wird überwunden, und die endgültige Struktur wird so dicht, dass sie die Raumzeit auf sich selbst zurückkrümmt und selbst Licht nicht von ihrer Oberfläche entweichen kann – ein Schwarzes Loch.

Zwicky verließ sich auf seine Intuition und wurde oft von

Kollegen dafür kritisiert, dass er seine Ideen nicht konsequent weiterverfolgte. Darin ähnelte er George Gamow, der von einem Thema zum nächsten sprang und dabei auf einige brillante Theorien stieß. Genau wie bei Gamow erwiesen sich einige von Zwickys Ideen später schlichtweg als falsch, andere waren genial.

Die meisten Astronomen verbinden Zwicky heute mit der Entdeckung Dunkler Materie in Galaxienhaufen. Die Gravitation strebt unermüdlich danach, Materie zusammenzuziehen, und ist dafür verantwortlich, dass im Universum eine ganze Hierarchie von Strukturen besteht, von einzelnen Sternen bis zu den riesigen Haufen von Hunderten von Galaxien. Diese Galaxienhaufen sind die größten Systeme, die aus dem gravitationsgetriebenen Strukturbildungsprozess hervorgingen. Sie sind Regionen des Universums, die genug Materie enthielten, um die kosmische Expansion umzukehren, was zu einem Gravitationskollaps und der Bildung von Galaxienhaufen führte. Es ist Zwickys Durchmusterungen mit dem Schmidt-Teleskop zu verdanken, dass zahlreiche solcher Systeme entdeckt wurden – ihm fiel auf, dass fast alle Galaxien Teil solcher Gruppen und Haufen waren. Er führte die erste Messung der Masse einer der größten bekannten kosmischen Strukturen, des Coma-Galaxienhaufens, durch und kam zu einem ziemlich unerwarteten Ergebnis – das bis heute nicht geklärt ist.

Zwicky fand heraus, dass die Galaxien im Coma-Haufen mit Tausenden von Kilometern pro Sekunde herumsausen, woraus er eine Masse ableitete, die 10^{15} Sonnen entspricht. Aber als er die Galaxien tatsächlich zählte und die Gesamtzahl der Sterne schätzte, war diese hundertmal kleiner als erwartet. Es gab einfach nicht genug Masse in den beobachteten Sternen und Galaxien, um den Haufen zusammenzuhalten. Er spekulierte, dass es im Haufen eine enorme Menge an Masse geben müsse, die er nicht sehen konnte, und die verhinderte, dass die Galaxien im Haufen auseinanderdriften und sich auflösen. Er schloss daraus auf die Existenz »Dunkler Materie«. Später wurde entdeckt, dass Galaxienhaufen auch eine große Menge heißes Gas enthalten, hauptsächlich Wasserstoff und Helium. Aber selbst dieses zusätzliche Material zwischen den Galaxien würde nicht genug Materie liefern, um die Haufen zusammenzuhalten.

Zwickys Beobachtungen wurden von anderen Wissenschaftlern als faszinierend empfunden. Seine Ideen galten jedoch als Kuriosum, das vielleicht auch auf andere Weise erklärt werden könnte. Einige Astronomen argumentierten, die von ihm beobachteten Galaxienhaufen würden sich ausdehnen, was zu den hohen Geschwindigkeiten der Galaxien führe. Erst in den 1970er-Jahren wurde die Idee von der Dunklen Materie ernst genommen, nachdem sie in mehreren Galaxien – einschließlich unserer eigenen Milchstraße – entdeckt worden war.

Zwickys Interessen und Fähigkeiten waren sehr breit gefächert. 1942 gründete der ungarisch-amerikanische Physiker Theodore von Kármán[69] die Aerojet Engineering Corporation. Fritz Zwicky wurde ab 1943 deren Forschungsdirektor. Aerojet wurde schnell zum weltgrößten Hersteller von Raketen und Treibstoffen und spielte eine Schlüsselrolle bei der Verteidigung der Vereinigten Staaten. Innerhalb von zwanzig Jahren wuchs es von einem Dutzend Personen zu

69 In seiner Autobiografie diskutierte Kármán die Ungenauigkeit bei der Bestimmung der Grenze zwischen der Erdatmosphäre und dem Weltraum als dem Punkt, an dem die Aerodynamik aufhört und die Raumfahrt beginnt, weil die Atmosphäre nicht zum Auftrieb beiträgt. Er schrieb: »Unter dieser Linie gehört der Raum dem jeweiligen Land. Oberhalb dieser Linie wäre freier Raum.« Er sagte, dass dies in einer Höhe von 57 Meilen geschieht. Heute wird der Rand des Weltraums oft als Kármán-Linie bezeichnet und ist definiert als 62 Meilen oder 100 Kilometer über der Erdoberfläche.

einem Unternehmen mit 34000 Mitarbeitern und einem Milliardenumsatz. Zwicky leistete viele Beiträge zum Design von Strahltriebwerken und deren Treibstoff und sicherte sich Dutzende von Patenten für seine Arbeit. Während des Zweiten Weltkriegs musste er für die Arbeit an diesen Projekten eine besondere Sicherheitserlaubnis einholen, da er Schweizer Staatsbürger war. 1955 wurde diese Genehmigung widerrufen, es sei denn, er nehme die amerikanische Staatsbürgerschaft an. Zwicky weigerte sich jedoch, sich einbürgern zu lassen, weil er der Ansicht war, eingebürgerte Amerikaner seien Bürger zweiter Klasse, da sie niemals Präsident werden dürften und ihnen ihre Staatsbürgerschaft entzogen werden könne.

In einem seiner außergewöhnlicheren Experimente versuchte Zwicky, künstliche Meteore zu erzeugen, indem er einen mit Stahlkugeln gefüllten Sprengkörper in der Nase einer V2-Rakete platzierte. Er wollte durch die Beobachtung der resultierenden künstlichen Meteore von der Erde aus mehr über die Natur von Meteoren und die Erdatmosphäre erfahren. Als der erste Versuch fehlschlug, führte er dies auf menschliches Versagen zurück und konstruierte das zweite Experiment selbst. Es war erfolgreich! Darüber hinaus berechnete er, dass einige der Objekte genug Geschwindigkeit erreicht hätten, um die Anziehungskraft der Erde zu verlassen und die Sonne zu umlaufen. Er verkündete stolz, dass er der Erste sei, der ein künstliches Objekt in die Umlaufbahn der Sonne gebracht habe.

Leider kostete ihn sein konfrontativer und unverblümter Umgang mit seinen Kollegen wahrscheinlich jede Chance, einen Nobelpreis zu erhalten, und verbannte seine Erkenntnisse in relative Dunkelheit. Wenn er jemanden nicht mochte, sagte er das geradeheraus. Eine seiner liebsten Beleidigungen war angeblich, solche Menschen »kugelförmige Bastarde« zu nennen, weil sie, wie er erklärte, Bastarde seien, egal aus welcher Perspektive man sie betrachtete. In seinem Buch von 1971, in dem er viele verschiedene Arten von Galaxien katalogisiert, beginnt er mit einer Einleitung, die seine Verachtung für viele seiner Kollegen deutlich illustriert: »Die Sykophanten und einfachen Diebe von heute scheinen, insbesondere in der amerikanischen Astronomie, frei darin zu sein, sich Entdeckungen und Erfindungen anzueignen, die von Einzelgängern und Nonkonformisten gemacht wurden«, und »Die Naivität mancher Theoretiker, zu allen Zeiten, ist wirklich entsetzlich. Als leuchtendes Beispiel eines höchst verblendeten Individuums brauchen wir nur den hohen Papst der amerikanischen Astronomie, einen gewissen Henry Norris Russell, zu zitieren«.[70]

Zwicky war ein selbst ernanntes Genie, das von einigen seiner Kollegen als Egomane bezeichnet wurde. Sein Genie war sicherlich offensichtlich. Der renommierte französische Astronom Gérard de Vaucouleurs erklärte: »Von den Astronomen des 20. Jahrhunderts ist er vielleicht einer der ganz wenigen, wenn nicht der Einzige, auf den das Wort ›Genie‹ zutreffen kann. Dieser hier war ein Genie, und er war sehr ungeduldig mit denen, die seinen Maßstäben nicht ganz gewachsen waren.«[71]

Trotz aller Konflikte mit seinen Kollegen hatte Zwicky auch eine sehr menschliche Seite. Er sammelte alte wissenschaftliche Bücher und Manuskripte und schickte über hundert Tonnen davon an Bibliotheken, die ihre Sammlungen während des Zweiten Weltkriegs verloren hatten. Außerdem engagierte er sich viele Jahre für die Pestalozzi-Stiftung und erhielt 1953 für seine humanitäre Arbeit deren Goldmedaille.

70 Fritz Zwicky: *Catalogue of Selected Compact Galaxies and of Post-Eruptive Galaxies*, selbst verlegt, 1971

71 Gérard de Vaucouleurs im Gespräch mit Ronald Doel. Oral History Interviews, American Institute of Physics 1991

Am Ende seiner Karriere hatte Zwicky über 300 wissenschaftliche Artikel sowie zehn Bücher veröffentlicht und hielt mehrere Dutzend Patente. 1949 wurde ihm von Präsident Truman die Medal of Freedom für seine Arbeit am Raketenantrieb während des Zweiten Weltkriegs verliehen. Er war der erste Ausländer, dem diese Ehre zuteilwurde. Nur einmal, 1935, wurde er für den Nobelpreis nominiert. Doch 1972 erhielt er zumindest eine wichtige Anerkennung für seine Forschung, als er zwei Jahre vor seinem Tod mit der Goldmedaille der Royal Astronomical Society ausgezeichnet wurde.

23. Vera Rubin (1928–2016)

»für die Beobachtungen, welche die Wissenschaft überzeugten, dass Dunkle Materie existiert«

Als Vera Rubin (damals noch Cooper) zwölf Jahre alt war, blieb sie bis spät in die Nacht wach und beobachtete, wie sich die Sterne langsam durch ihr Schlafzimmerfenster bewegten. Sie suchte nach Meteoren und fertigte Karten ihrer Spuren an. Schon am Gymnasium wusste sie, dass sie Astronomin werden wollte. Obwohl die Lehrer ihr rieten, sich von der Wissenschaft fernzuhalten und Künstlerin zu werden, verfolgte sie ihren Traum eisern und sicherte sich ein Stipendium am Vassar College. Später war sie die erste Frau, die am berühmten Palomar-Observatorium beobachten durfte und entdeckte, dass alle Galaxien von Dunkler Materie zusammengehalten werden.

Rubin machte ihren Master in Astronomie an der Cornell University und wurde von bekannten Wissenschaftlern wie Richard Feynman und Hans Bethe unterrichtet. Für ihre Masterarbeit untersuchte sie die 108 Galaxien mit gemessenen Radialgeschwindigkeiten, um herauszufinden, ob es neben der universellen Ausdehnung des Raums zwischen ihnen eine systematische Bewegung der Galaxien gab. Die beiden wichtigsten Astronomiezeitschriften lehnten die Veröffentlichung der Arbeit jedoch ab. Jahrzehnte später, in den 1980er-Jahren, wurden die Bewegungen von Galaxien zu einem wichtigen Forschungsthema in der Astronomie.

Als sie 1948 versuchte, sich für ein Graduiertenprogramm

in Astronomie in Princeton einzuschreiben, wurde sie wegen ihres Geschlechts abgelehnt. Nach ihrem Abschluss an der Cornell University heiratete sie Robert Rubin, einen Chemie-Doktoranden. Rubins Ehemann begann, am Johns Hopkins Applied Physics Laboratory zu arbeiten, und teilte sich dort ein Büro mit Ralph Alpher. George Gamow hörte von Rubins Ergebnissen über die Bewegung von Galaxien und rief sie an, um mehr zu erfahren. So wurde er ihr Doktorvater. Rubin schloss ihre Doktorarbeit 1954 mit einer Studie über die Verteilung von Galaxien im Weltraum ab. Trotz der damals begrenzten Daten fand sie heraus, dass Galaxien nicht zufällig im Weltraum verteilt waren – ein Ergebnis, das zwei Jahrzehnte später zu einem Hauptschwerpunkt der Forschung in der Kosmologie werden sollte. Als sie ihre Arbeit zur Veröffentlichung im *Astrophysical Journal* einsendete, lehnte der Chefredakteur Subrahmanyan Chandrasekhar die Veröffentlichung ab mit der Begründung, dass sein eigener Student an demselben Thema arbeite, und sie warten solle, bis dessen Arbeit fertig sei!

Während des nächsten Jahrzehnts brachte Rubin die Doppelbelastung von Arbeit und Familie unter einen Hut – in einer Zeit, als von verheirateten Frauen erwartet wurde, dass sie zu Hause bleiben. Sie zog vier Kinder groß, die später alle Wissenschaftler wurden, während sie in verschiedenen Aushilfsjobs arbeitete, typischerweise als Assistentin anderer Astronomen. Während dieser Zeit entwickelte Rubin ein großes Interesse für die Dynamik von Galaxien und fragte sich, wo eine Galaxie endet und der intergalaktische Raum beginnt.

Seit über einem halben Jahrhundert hatten sich Astronomen gefragt, ob es in der Galaxie mehr gibt, als man sehen kann. Lord Kelvin (William Thomson) sagte, es könne unsichtbare Materie in Form von schwachen oder toten Sternen vorhanden sein. Er versuchte sogar, deren Anwesenheit anhand der Bewegungen naher Sterne zu messen. Henri Poincaré war der Erste, der den Begriff »Dunkle Materie« (franz.: matière obscure) verwendete, als er über die Arbeit von Kelvin sprach. Im frühen 20. Jahrhundert begannen Astronomen, die Rotationsmuster naher Galaxien zu messen, insbesondere des Andromeda-Nebels. Schon 1920 war bekannt, dass sich Galaxien drehen – noch bevor man wusste, was Galaxien sind.

Die meisten Sterne und Gase in Spiralgalaxien wie unserer Milchstraße befinden sich in einer abgeflachten, rotierenden, scheibenartigen Struktur. Unser Stern, die Sonne, braucht etwa 250 Millionen Jahre, um seine Umlaufbahn um das Zentrum unserer Galaxie zu vollenden. Vor einem »Sonnengeburtstag« tauchten die Dinosaurier auf der Erde auf. Vor zwei Umlaufbahnen begannen die ersten Kreaturen, das Land auf der Erde zu erkunden. Und vor 16 Umlaufbahnen erschien einfaches einzelliges Leben auf der Erde – in der Tat astronomische Zeitskalen.

So wie die Masse unserer Sonne anhand des Newtonschen Gravitationsgesetzes, der Umlaufzeit der Erde und ihrer Entfernung von der Sonne gemessen werden kann, lässt sich die Masse einer ganzen Galaxie mithilfe der Umlaufgeschwindigkeit von Sternen oder Gasen berechnen, die so weit wie möglich vom Zentrum entfernt sind. Da die meisten Sterne einer Galaxie in ihren inneren Regionen konzentriert sind, dachte man, dass sich die weiter entfernten Sterne langsamer bewegen müssten als die inneren. Genau wie die Planeten, die die Sonne umkreisen: Merkur beendet seine Umlaufbahn in nur 88 Tagen, während Neptun über 60000 Tage benötigt. Der Grund dafür ist, dass die Gravitationskraft der Sonne in der Entfernung von Neptun viel schwächer ist.

Um 1960 glaubten die meisten Astronomen, dass die Rotationsgeschwindigkeit von Galaxien mit zunehmender Entfernung abnimmt. Allerdings waren sich nicht alle darin einig, dass Galaxien so einfach seien. In den 1930er-Jahren gab es Hinweise darauf, dass der Andromeda-Nebel fehlende Masse enthalten könnte. 1940 schrieb der niederländische Astronom Jan Oort über die Galaxie NGC 3115: »Es kann geschlussfolgert werden, dass die Massenverteilung im System sich erheblich von der Lichtverteilung unterscheiden muss … Das stark verdichtete leuchtende System erscheint eingebettet in eine große, mehr oder oder weniger homogene Masse von großer Dichte.«[72] Doch die Beobachtungen verschiedener Astronomen waren widersprüchlich, und es gab keinen Konsens darüber, dass in Galaxien Masse fehlte.

1962 unterrichtete Rubin einen Abendkurs für sechs Teilzeitstudenten der Astronomie. Gemeinsam führten sie ein Projekt durch, in dem sie die Bewegungen von Sternen in der Milchstraße untersuchten. Sie fanden heraus, dass sich die Umlaufgeschwindigkeiten von Sternen alle ähneln, egal wie weit sie vom Zentrum entfernt sind. Die plausibelste Erklärung dafür ist, dass es in unserer Galaxie eine beträchtliche Menge an Materie gibt, die nicht gesehen werden kann. Rubin und ihre Studenten waren die Ersten, die Dunkle Materie in unserer eigenen Galaxie entdeckten. Rubin erinnerte sich später daran, nach der Veröffentlichung der Resultate viele negative und unangenehme Kommentare erhalten zu haben, dass ihre Arbeit nicht korrekt sein könnte. Allan Sandage erkannte jedoch ihr Talent als beobachtende Astronomin und lud sie ein, die Teleskope am Mount Palomar zu benutzen. Frauen waren dort bisher nicht zugelassen gewesen, und Rubin war die Erste, die sie legal benutzte. Während ihres ersten Beobachtungseinsatzes zeichnete sie eine Frau mit Rock und hängte sie an die Tür einer der Toiletten.

72 Jan H. Oort: »Some problems concerning the structure and dynamics of the galactic system and the elliptical nebulae NGC 3115 and 4494«. *The Astrophysical Journal* Vol. 91 No. 3, 1940: 301 f.

1965 erhielt sie eine Teilzeitstelle an der Carnegie Institution. Dort lernte sie Kent Ford kennen, der gerade einen Bildröhren-Spektrografen entwickelt hatte – ein empfindliches Gerät zur Messung des Spektrums von Sternenlicht. Durch die Messung der kleinen Änderungen in den Spektrallinien können die Geschwindigkeiten von Sternen mithilfe des Dopplereffekts gemessen werden. Rubin erkannte, dass sie dies nutzen könnte, um ihre langjährige Frage zu beantworten, wo Galaxien enden. Rubin und Ford begannen eine Zusammenarbeit, die mehrere Jahrzehnte dauern sollte. Sie sammelten Daten von vielen Galaxien und blickten über das hinaus, was Astronomen zuvor sehen konnten. Und sie kamen zum überraschenden Ergebnis, dass die Geschwindigkeit, mit der sich die Sterne um die Zentren ihrer Galaxien drehten, mit der Entfernung immer konstant war, ganz anders als die erwartete Abnahme mit der Entfernung. Dieses Ergebnis implizierte, dass alle Galaxien einen großen Anteil an Materie enthielten, die nicht ohne Weiteres sichtbar war – Dunkle Materie, die sich mindestens bis zu den äußersten Sternen erstreckte, um ihre hohen Umlaufgeschwindigkeiten zu ermöglichen. Die Idee, dass Galaxien in quasi-sphärische Verteilungen Dunkler Materie eingebettet sind, die aus einem neuen unentdeckten Teilchen bestehen könnte, wurde in den 1970er-Jahren vorgeschlagen.

Heute wissen wir viel mehr über die Menge der Dunklen Materie und darüber, wie diese im Universum verteilt ist. Es gibt mindestens zehn verschiedene, voneinander unabhängige Möglichkeiten, ihre Anwesenheit zu erkennen. Eine der leistungsstärksten und überzeugendsten Messungen kann mit dem Gravitationslinseneffekt durchgeführt werden, der auf der von Einstein hergestellten Verbindung zwischen Gravitation und Raumzeit beruht. Die Gravitation krümmt buchstäblich das Gewebe des Raums, was bedeutet, dass Lichtphotonen nicht einfachen geraden Linien durch das Universum folgen. Jedes Photon, das wir von einem entfernten Stern in einer fernen Galaxie sehen, ist auf seiner eigenen Achterbahnfahrt durch das Universum gereist, um hierherzugelangen, und macht dabei um jedes massive Objekt auf seinem Weg eine Kurve. Die Lichtablenkung durch massive Objekte ist der Lichtablenkung durch eine Lupe sehr ähnlich; stärker gekrümmte Linsen verzerren die Bilder stärker. Auf analoge Weise sind Bilder entfernter Galaxien, die zufällig hinter einem Galaxienhaufen liegen, verzerrt. Das Ausmaß dieser Verzerrung kann verwendet werden, um die Krümmung des Raums aufgrund der Gravitation und damit die Masse des Haufens zu messen.

Dunkle Materie hat ihren Namen erhalten, weil sie buchstäblich dunkel ist – vielleicht besteht sie aus einer großen Anzahl unbekannter Teilchen, die kein Licht emittieren. Viele Tausend Forschungsarbeiten wurden über dunkle Materie veröffentlicht, und ihre Existenz, Menge und Verteilung im Weltraum sind gut belegt. Ich habe Forschungsarbeiten über dunkle Materie geschrieben, viele meiner Studenten haben Arbeiten darüber geschrieben, und die Studenten meiner Studenten haben Arbeiten darüber geschrieben. Trotz einer gewaltigen Menge an Forschung bleibt ihre genaue Natur jedoch immer noch ein Rätsel. Viele Jahrzehnte sind vergangen, seit Zwicky, Rubin und ihre Kollegen einen Bestandteil der Materie identifiziert haben, der anders ist als alles, was wir kennen. Eine Vielzahl unterschiedlicher Beobachtungen führen alle zu derselben Antwort – dass das atomare Material, aus dem wir, die Planeten und die Sterne bestehen, nur ein kleiner Teil des Universums ist; es gibt etwa fünfmal so viel dunkle Materie wie Atommaterie. Das ist sicherlich ein weiterer tiefgreifender Gedanke: Selbst die Atome, aus denen wir bestehen, sind nur ein kleiner Bruchteil der gesamten Materie, die im Universum existiert! Rubin selbst schrieb 1997 dazu: »Wir haben in eine neue Welt gespäht und gesehen, dass sie mysteriöser und komplexer ist, als wir uns vorgestellt hatten. Noch mehr Geheimnisse des Universums bleiben verborgen. Ihre Entdeckung wartet auf die abenteuerlustigen Wissenschaftler der Zukunft. Ich mag es so.«[73]

Rubin erhielt viele Auszeichnungen und Preise für ihre Forschung, vom Gruber Cosmology Prize bis zur National Medal of Science. Viele Astronomen erwarteten, dass sie den Nobelpreis erhalten würde, aber dazu kam es nie. Es war eine verpasste Gelegenheit, denn eine solche Auszeichnung hätte viele zukünftige Generationen von Wissenschaftlerinnen inspirieren können. Rubin war nicht die Erste, die Beweise für dunkle Materie entdeckte oder Beobachtungen galaktischer Rotationskurven machte. Unter anderem verdient auch die Arbeit des niederländischen Radioastronomen Albert Bosma Anerkennung. Aber es war Rubins engagierte Arbeit über mehrere Jahrzehnte hinweg, bei der sie qualitativ hochwertige Daten über viele Galaxien sammelte, die Wissenschaftler davon überzeugte, dass die Rotationskurven von Galaxien flach sind, und dass die Dunkle Materie (genauer gesagt, die fehlende Beschleunigung[74]) existierte. Und es gibt sicherlich

73 Vera Rubin: *Bright Galaxies, Dark Matters.* Springer, New York 1997: xiii

74 Fehlende Beschleunigung? Vera Rubin war eine beobachtende Astronomin und machte keine Aussagen darüber, was ihre Ergebnisse für die Natur der Dunklen Materie implizierten. Was sie fand, was auch Fritz Zwicky fand, war ein Beweis für fehlende Masse, wenn sich die Schwerkraft so verhielt, wie es Isaac Newton oder Albert Einstein postuliert hatten. Was aber wäre, wenn alle dynamischen Effekte der Dunklen Materie darauf zurückzuführen wären, dass Einstein und Newton falschlagen – dass die Gravitation komplizierter wäre? Jeder, der eine solche Idee vorschlägt, läuft Gefahr, von der wissenschaftlichen Gemeinschaft lächerlich gemacht zu werden, doch der in Rumänien geborene Wissenschaftler Mordehai Milgrom wagte es 1982, eine solche Idee zu formulieren.
Milgrom versuchte, die Rotationskurven von Galaxien nicht mit einem Überschuss an unsichtbarer Materie zu erklären, sondern schlug vor, dass

Präzedenzfälle für Nobelpreise, die an Wissenschaftler gingen, deren Beobachtungen die Gemeinschaft überzeugten. Dies war der Fall bei der Wiederentdeckung des kosmischen Mikrowellenhintergrunds, von der wir bereits gehört haben, aber auch beim Nobelpreis 2019 für die Entdeckung von Exoplaneten, von dem wir später noch hören werden.

Vera Rubin starb 2016. Sie inspirierte eine Generation von Wissenschaftlerinnen dazu, ihre Träume zu verwirklichen, und setzte sich aktiv dafür ein, dass Frauen in der Wissenschaft eine Stimme bekamen. War sie an eine Konferenz mit wenigen weiblichen Vortragenden eingeladen, verlangte sie von den Organisatoren, welche hinzuzufügen. »Die Hälfte aller Gehirne weltweit befindet sich in Frauen«, pflegte sie zu sagen.[75]

sich das Gravitationsgesetz von einer umgekehrten quadratischen Kraft in eine ändert, die linear mit der Entfernung abnimmt, sobald die Beschleunigungen niedrig werden. Milgrom merkte an, dass Newtons Gesetze in Regionen mit hohen Gravitationskräften, wie im Sonnensystem oder auf der Erde, gut getestet sind. Aber sie wurden nicht dort getestet, wo die Kräfte sehr schwach sind, wie etwa in den Außenbezirken von Galaxien. Mit seiner Modifikation des Newtonschen Gravitationsgesetzes kann man die flachen Rotationskurven von Galaxien erzeugen, ohne dass irgendeine fehlende Materie benötigt wird. Während Milgroms Theorie auf der Newtonschen Physik basierte, wurden seitdem vollständige Theorien unter Verwendung relativistischer Physik entwickelt, die es ermöglichen, solche Theorien auf kosmologischen Maßstäben zu testen. Ob die dunkle Materie ein fehlendes Teilchen oder ein Versagen unserer Gravitationstheorien ist, bleibt abzuwarten.

75 Neta A. Bahcall: »Vera Rubin (1928–2016)«. *Nature* 542 2017: 32

24. Rainer Sachs (1932), Arthur Wolfe (1939–2014) und Joe Silk (1942)

»für die Vorhersage von Temperaturvariationen in den Photonen des kosmischen Mikrowellenhintergrunds«

Nach der Entdeckung der Urknall-Photonen wurde schnell klar, dass eine genauere Messung ihrer Eigenschaften viele Informationen über die Bedingungen im frühen Universum preisgeben würde. Diese Vorhersage und einige der ersten detaillierten Berechnungen wurden 1967 und 1968 vom deutsch-amerikanischen Physiker Rainer Sachs, dem amerikanischen Astrophysiker Arthur Wolfe und dem britischen Astrophysiker Joe Silk veröffentlicht. Ihre Pionierarbeit führte zum Start mehrerer Weltraumteleskope, die den Mikrowellenhintergrund detaillierter beobachten sollten, und kulminierte im Planck Surveyor, der bis 2013 unseren Platz im Universum und dessen physikalische Struktur mit sehr hoher Genauigkeit bestimmte.

Während das Urknallmodell entwickelt und getestet wurde, begannen viele Wissenschaftler, darüber nachzudenken, wie sich Galaxien in einem expandierenden Universum bilden. Es wurde erkannt, dass alles, was es dafür brauchte, kleine Unregelmäßigkeiten in der frühen Verteilung der Materie waren, die als Keime für das nachfolgende Wachstum der Struktur dienten. Solche Theorien wurden ab den 1930er-Jahren von Wissenschaftlern wie Georges Lemaître, George Gamow und Jewgeni Lifschitz entwickelt. Jahrzehnte später wurden diese Modelle von Jim Peebles und Jakow Seldowitsch, von denen wir später noch hören werden, detailliert und erweitert.

1966 schlug der sowjetische Kosmologe Andrei Sacharow – ein mit dem Friedensnobelpreis ausgezeichneter Dissident – vor, dass solche anfänglichen Unregelmäßigkeiten das Ergebnis von Quantenfluktuationen während des frühen Universums sein könnten. Aus diesen Fluktuationen könnten, durch die Anziehungskraft der Gravitation, die Materie aus einer ausreichend großen Region des Universums zusammenzieht, ganze Galaxien entstehen. Sachs und Wolfe als Team und Silk alleine erkannten, dass das Vorhandensein solcher Materieunregelmäßigkeiten sich in winzigen Temperaturschwankungen der Photonen des kosmischen Mikrowellenhintergrunds offenbaren müsste. Ihre Arbeit wurde von vielen Kosmologen, unter ihnen der Nobelpreisträger von 2019, Jim Peebles, erweitert und verfeinert. Diese Temperaturschwankungen würden ein sehr genaues Bild der Bedingungen im frühen Universum liefern und könnten verwendet werden, um viele der kosmologischen Parameter zu messen; die Geometrie und das Alter des Universums, die Materie- und Baryonendichten und die Art der primordialen Schwankungen.

Rainer Sachs wurde 1932 in Frankfurt am Main geboren. Sein Vater war ein in der Sowjetunion geborener Metallurge jüdischer Abstammung. 1937 floh die Familie aus Deutschland vor den Nazis. Sachs studierte Mathematik am MIT und Theoretische Physik an der Syracuse University. Bis 1985 beschäftigte er sich mit relativistischer Kosmologie und Astrophysik, bevor er zur mathematischen und rechnergestützten Biologie wechselte. Seine Forschung war in vielerlei Hinsicht bahnbrechend, und sein Name ist mit vielen ziemlich technischen, aber wichtigen Ergebnissen verbunden, wie zum Beispiel dem Goldberg-Sachs-Theorem und dem Ehlers-Geren-Sachs-Theorem.

Arthur Wolfe wurde in New York geboren und studierte Physik. Er promovierte bei Rainer Sachs mit einer Arbeit über die Schwankungen der kosmischen Mikrowellen-Hintergrundfluktuationen. Anschließend wandte er sich der beobachtenden Astronomie zu. Er widmete seine Forschung der Strukturentwicklung im Universum im Laufe der kosmischen Zeit. Mit seinem buschigen Schnurrbart und seiner dröhnenden Stimme war er auf allen Konferenzen, auf denen ich ihm begegnete, eine beeindruckende Erscheinung.

Joseph »Joe« Silk studierte Mathematik an der University of Cambridge und promovierte 1968 in Astronomie in Harvard. Er verbrachte den größten Teil seiner Karriere an der University of Berkeley, bevor er 1999 an die Oxford University zurückkehrte. Die Aussicht auf eine Zusammenarbeit mit Joe Silk war einer der Gründe, warum ich Anfang der 1990er-Jahre meine erste Postdoktorandenstelle in Berkeley annahm. Ich erinnere mich an unvergessliche Dinnerpartys in seinem Haus hoch oben in den Berkeley Hills mit Blick auf die Golden Gate Bridge. Silk lud junge Forscher und Doktoranden ein, und wir sprachen bis in die frühen Morgenstunden bei gutem französischem Wein über die Wissenschaft. Er verteilte ungelöste Probleme wie Naschereien und gab uns Hinweise, wie wir sie angehen könnten. Silk ist als Forscher immer noch sehr aktiv und hat die Forschung in der Astronomie, Astrophysik, astronomischen Teilchenphysik und Kosmologie beeinflusst. Er ist vielleicht der produktivste Wissenschaftler in all diesen Forschungsgebieten, da er als Autor oder Co-Autor über 1000 wissenschaftliche Artikel sowie viele Bücher veröffentlicht hat. Hier werde ich mich allerdings nur auf seine zweite und fünfte Veröffentlichung konzentrieren, die wie bei Wolfe auch Teil seiner Doktorarbeit waren.

1967 zeigten Sachs und Wolfe, wie die Urknall-Photonen Energie verlieren und gravitativ rotverschoben werden, wenn sie Regionen des Universums mit höherer Materiedichte durchqueren. Unabhängig davon zeigte Silk im selben Jahr, wie Temperaturschwankungen im Mikrowellenhintergrund aufgrund von Materieunregelmäßigkeiten die kosmische Zeit überdauern und zur Messung der Größe dieser Materieunregelmäßigkeiten verwendet werden können. Im folgenden Jahr fand er heraus, wie die Strahlung von kleineren Schwankungen wegdiffundieren kann, was die Schwankungen unterhalb einer bestimmten Größenordnung dämpft und einen charakteristischen Abdruck in den Urphotonen hinterlässt. Dies wird heute nach ihrem Entdecker als »Silk-Dämpfung« bezeichnet.

Diese Arbeiten inspirierten andere Kosmologen dazu, alle physikalischen Prozesse, die ihre Spuren in den Mikrowellenphotonen hinterlassen, bis ins kleinste Detail zu berechnen. Die Berechnungen sind komplex, aber sie behandeln die Entwicklung des Universums im Grunde als eine sich ausdehnende Flüssigkeit, die aus Materie und Photonen besteht. Während der heißen und dichten Phase des frühen Universums stoßen die Photonen, die durch die gegenseitige Vernichtung von Materie und Antimaterie entstehen, und das Plasma – die Protonen und Elektronen – ständig aneinander. Regionen mit höherer Materiedichte ziehen diese Flüssigkeit gravitativ an, aber der Druck der Photonen widersteht ihr. Dies verursacht Schallwellen oder akustische Schwingungen in der Flüssigkeit. Die Photonen und das Plasma durchlaufen innerhalb dieser Regionen eine Reihe von Schwingungen, während derer sie wiederholt expandieren und kollabieren. Bei der Ausdehnung kühlt sich die Flüssigkeit ab, bei der Kontraktion erwärmt sie sich. Während die Mikrowellen-Hintergrundphotonen durch diese Materieunregelmäßigkeiten im Universum wandern, können sie eine kleine Menge an Energie gewinnen oder verlieren. Dadurch entsteht eine Reihe charakteristischer Temperaturschwankungen, die Informationen über die Eigenschaften unseres Universums enthalten.

Nachdem sich das Universum etwa 400 000 Jahre lang ausgedehnt hat, kühlt das Plasma ausreichend ab, sodass sich neutrale Atome bilden, die von den energiereichsten Photonen nicht mehr auseinandergesprengt werden können, und der ganze Prozess kommt zum Stillstand. Die Photonen können dann frei in alle Richtungen strömen, aber sie tragen in sich weiterhin den Abdruck der Temperaturschwankungen aus dem frühen Universum, den wir heute beobachten können. Es wurde vorhergesagt, die Größe dieser Temperaturschwankungen sei winzig – auf dem Niveau von Tausendsteln Kelvin –, aber dies war in den 80er-Jahren fast in Reichweite der Technologie. Um sie zu messen, mussten sehr empfindliche Detektoren entwickelt werden, die hoch über die Erdatmosphäre oder in den Weltraum geschossen wurden. Das Rennen war eröffnet.

1983 wurde ein sowjetischer Satellit namens RELIKT-1 gestartet, um erstmals die Temperaturschwankungen des Mikrowellenhintergrunds zu messen. Die am Projekt beteiligten Forscher kamen der Sache verlockend nahe und behaupteten sogar, ihre Anwesenheit entdeckt zu haben, aber die Resultate waren nicht eindeutig. Erst 1992 erreichte der COBE-Satellit der NASA eine eindeutige Erkennung. Nach der Bekanntgabe der Entdeckung sagte Stephen Hawking: »Es ist die Entdeckung des Jahrhunderts, wenn nicht aller Zeiten.«[76] Die Daten des COBE-Satelliten bestätigten die Vorhersagen von Sachs und Wolfe. Um mehr Informationen zu erhalten, waren allerdings Beobachtungen mit höherer Auflösung erforderlich.

Nach COBE wurden Dutzende von Experimenten durchgeführt, unter anderem mit hoch entwickelten Teleskopen am Boden und getragen von Ballons, die das Vorhandensein der »Silk-Dämpfung« bestätigten. Dann wurde 2001 der Weltraumsatellit WMAP (Wilkinson Microwave Anisotropy Probe) gestartet. WMAP vermittelte ein detailliertes Bild der

76 *Los Angeles Times* vom 10. Mai 1992

Bedingungen, die während dieser ersten paar Hunderttausend Jahre des Universums herrschten und aus denen sich alle Strukturen im Universum entwickelten. 2009 folgte die Planck-Mission der europäischen Weltraumorganisation ESA. Der Planck Surveyor wurde entwickelt, um alle messbaren Informationen aus dem Mikrowellenhintergrund zu extrahieren und die kosmologischen Parameter unseres Universums mit höchstmöglicher Präzision zu messen. Dank ihm konnten Theorien über das sehr frühe Universum und den Ursprung der kosmischen Struktur überprüft werden. Er vermaß mit einer sehr hohen Genauigkeit das kosmische Inventar, die Geometrie unseres Universums, seine Expansionsrate während des frühen Urknalls und vieles mehr. Die endgültigen Ergebnisse wurden 2018 in einer 61-seitigen Zusammenfassung mit 190 Autoren veröffentlicht – ein wahrer Meilenstein in der Präzisionskosmologie, der nur schwer zu übertreffen sein wird.

Die Bedeutung des kosmischen Mikrowellenhintergrunds beim Nachweis des Urknalls darf nicht unterschätzt werden. Es war die Erkennung der Temperaturschwankungen, die uns alle Informationen lieferte, die wir über das frühe Universum brauchten. Der Nobelpreis für Physik wurde 2006 den amerikanischen Astrophysikern George Smoot und John Mather für ihre Rolle bei der Satellitenmission COBE verliehen. Ich bin allerdings der Ansicht, dass die Wissenschaftler, die die Existenz dieser Temperaturschwankungen vorhergesagt haben, ebenfalls einen großen Teil dieser Anerkennung verdient haben. Rainer Sachs und Arthur Wolfe erhielten nie die Preise oder Medaillen, die sie für ihre Arbeit verdient hätten. Joe Silk bekam immerhin die Goldmedaille der Royal Astronomical Society und den Gruber-Preis für Kosmologie verliehen. In beiden Auszeichnungen wurde seine Arbeit an der Entwicklung der Theorie kosmischer Mikrowellen-Hintergrundfluktuationen erwähnt.

25. Marietta Blau (1894–1970)

»für ihre Entwicklung der fotografischen Methode zur Untersuchung nuklearer Prozesse und die Entdeckung des Zerfalls von Atomen durch kosmische Strahlung«

Der Nobelpreis für Physik wurde 1950 an den britischen Physiker Cecil Powell »für seine Entwicklung der fotografischen Methode zur Untersuchung nuklearer Prozesse und seine mit dieser Methode gemachten Entdeckungen über Mesonen« verliehen. Powell hatte 1938 mit seiner Forschungsarbeit begonnen, doch die gleichen Techniken waren bereits im vorangegangenen Jahrzehnt von der österreichischen Physikerin Marietta Blau entwickelt worden. Powell lernte alles, was er über die fotografische Methode wusste, sowie deren Verwendung beim Nachweis hochenergetischer Teilchen, von Blau. Sie wendete diese auch auf die Untersuchung der kosmischen Strahlung an und entdeckte 1937, wie kosmische Strahlung Atome aufbrechen kann. Blau wurde für ihre Forschungen, die auch zum letzten Puzzleteil im Ursprung der Elemente führten, nie ausgezeichnet.

Marietta Blau wurde in Wien in eine wohlhabende jüdische Familie hineingeboren. Ihr Vater gründete einen der bedeutendsten Musikverlage Europas. Sie war Klassenbeste in Mathematik und Naturwissenschaften und begann 1914 ein Physikstudium an der Universität Wien, wo sie 1919 mit nur 24 Jahren zum Thema Strahlenphysik promovierte. Österreich war zu dieser Zeit auch dank seiner Uranbergwerke in Böhmen zu einem Zentrum der Erforschung von Radioaktivität geworden.

1923 trat Blau eine unbezahlte, befristete Stelle am Wiener Institut für Radiumforschung an. Finanziell unterstützt durch ihre Familie, Beratungsaufträge für die Industrie und andere Mittel, begann sie zu untersuchen, wie speziell zusammengesetzte fotografische Emulsionen verwendet werden könnten, um die Spuren hochenergetischer subatomarer Teilchen einzufangen. Als sie sich für eine Dozentenstelle bewarb, wurde ihr offenbar gesagt, dass es zu viel sei, eine Frau und auch noch Jüdin zu sein.[77] Allerdings waren zu dieser Zeit fast ein Drittel der Wissenschaftler am Institut Frauen, was maßgeblich auf den Einfluss von Marie Curie und die Förderung von Frauen durch den Institutsleiter Stefan Meyer zurückzuführen war.

Zu Beginn des 20. Jahrhunderts konnten Wissenschaftler mit Geigerzählern hochenergetische Teilchen nachweisen und mittels einer Nebelkammer die Spuren dieser vorbeirasenden Teilchen sehen. Eine Nebelkammer ist ein versiegelter, mit Gas und Dampf gefüllter Behälter. Wenn ein hochenergetisches Teilchen hindurchfegt, kann es die Elektronen von den Gasmolekülen abschlagen. Die ionisierten Partikel wirken als Kondensationspunkte, und um sie herum bildet sich ein sichtbarer Tropfen. Doch solche Geräte konnten die Spuren der Teilchen nicht aufzeichnen, also wandte sich Blau der Fotografie zu.

Blau experimentierte mit verschiedenen fotografischen Emulsionen und chemischen Mischungen und arbeitete dafür mit den Filmherstellern Ilford und Kodak zusammen. Sie brauchte viele Jahre, um die Chemikalien und die Dicke der fotografischen Emulsionen zu perfektionieren, damit sie als Teilchendetektor verwendet werden konnten. Sie fand heraus, dass hochenergetische Teilchen charakteristische Spu-

77 Peter L. Galison: »Marietta Blau: Between Nazis and Nuclei«. *Physics Today* Vol. 50 No. 11, 1997: 42–47

ren in den Emulsionen hinterließen, die zur Identifizierung der Teilchen und ihrer Energien verwendet werden konnten. 1937 erhielt Blau zusammen mit ihrer Mitarbeiterin Hertha Wambacher den renommierten Lieben-Preis der Österreichischen Akademie der Wissenschaften für den ersten Nachweis von Neutronen mit dieser Methode. Im selben Jahr machte sie sich daran, mittels der gleichen Methode die mysteriösen »kosmischen Strahlen« aufzuzeichnen, die einige Jahrzehnte zuvor vom österreichischen Physiker Victor Hess, damals Assistent von Meyer am Radium-Institut, als außerirdische Teilchen entdeckt worden waren.

Blau und Wambacher platzierten Stapel der Fotoplatten für eine fünfmonatige Belichtung in der Beobachtungsstation am Hafelekar, einem Berggipfel nahe Innsbruck. Als sie die belichteten Platten untersuchte, fand Blau zahlreiche Spuren, die eindeutig von hochenergetischen Protonen – kosmischen Strahlen – stammten. Einige der Spuren waren so lang, dass die Teilchen Energien haben mussten, die höher waren, als irgendjemand zuvor gesehen hatte. Am interessantesten aber war, dass einige der energiereichsten Spuren zu einem Punkt führten, an dem sie aufhörten und eine Explosion neuer Spuren zu beginnen schien, ähnlich wie eine Sternexplosion. Einige der neuen Spuren waren Protonen, andere wiesen auf Alpha-Teilchen hin, die den Kernen von Helium ähneln. Blau spekulierte zu Recht, dass die von ihr sogenannten »Zertrümmerungssterne« dadurch entstanden, dass die energiereichsten kosmischen Strahlen mit Atomen von Silber und Brom in der Emulsion kollidierten und sie in Stücke zerschmetterten.

Der menschliche Körper besteht aus etwa 10^{28} verschiedenen Molekülen, die ihrerseits aus einzelnen Atomen bestehen, die nach Gewicht zu 65 Prozent Sauerstoff, zu 19 Prozent Kohlenstoff, zu 10 Prozent Wasserstoff, zu 3 Prozent Stickstoff und zu 3 Prozent alles andere sind – davon sind über ein Dutzend Elemente in Spurenmengen lebensnotwendig. Mehr als die Hälfte unseres Körpergewichts besteht aus Wasser. Die Wasserstoffkerne im Wasser wurden innerhalb der ersten Sekunde nach dem Beginn des Universums hergestellt. Somit ist ein großer Teil Ihres Körpers 13,8 Milliarden Jahre alt! Der Kohlenstoff und der Sauerstoff in Ihrem Körper wurden in Sternen wie unserer Sonne geschmiedet. Und nicht nur in einem Stern – sie stammen von buchstäblich Tausenden verschiedener Sterne aus der ganzen Galaxie. 90 Prozent Ihrer Körpermasse bestehen aus Sternenstaub; aus Elementen, die in den Kernöfen in den Zentren von Sternen entstanden sind, die lebten und starben, bevor unser eigenes Sonnensystem überhaupt existierte. Einige der selteneren Elemente im menschlichen Körper entstanden in den kosmischen Explosionen sterbender Sterne oder sogar in den Verschmelzungen zwischen Neutronensternen. Unsere Körper bestehen also tatsächlich aus Elementen, die in Sternen geschmiedet wurden, zusammen mit einer großen Dosis Wasserstoff, die in der ersten Sekunde des Urknalls erzeugt wurde.

Außer Bor.

Sie haben vielleicht, wenn Sie mit dem Periodensystem vertraut sind, bemerkt, dass ich, als ich die Produktion von Elementen in Sternen beschrieb, direkt von Helium zu Kohlenstoff ging und einige Elemente übersprang – was ist mit Lithium, Beryllium und Bor? Gerade Bor ist für das Leben auf der Erde essenziell. Bei Tieren unterstützt es das Knochenwachstum. In Pflanzen sorgt es für die strukturelle Stabilität und ist an der Zellteilung beteiligt. Sterne können diese Elemente nicht synthetisieren, da die Fusion von Wasserstoff mit Helium Lithium-5 erzeugen würde, das instabil ist. Durch die Verschmelzung von zwei Heliumkernen würde Beryllium-8 entstehen, das ebenfalls instabil ist. Tatsächlich sind alle Kerne mit einer Gesamtzahl von Protonen und Neutronen, die gleich 5 oder 8 ist, instabil. Innerhalb von Sternen werden diese Atome übersprungen. Wie entstehen also diese Elemente auf der Erde?

Die Antwort liegt in der kosmischen Strahlung – besonders hochenergetischen Protonen oder Atomkernen. Diese Teilchen werden durch extreme Ereignisse im Kosmos, von explodierenden Sternen bis hin zur Akkretion von Materie durch supermassereiche Schwarze Löcher, nahezu auf Lichtgeschwindigkeit beschleunigt. Sie reisen durch die Galaxie und sogar zwischen Galaxien. Einige dieser kosmischen Strahlen kollidieren mit unserer Erde und treffen in unserer Atmosphäre auf Kohlenstoff- und Sauerstoffatome. Wenn die kosmische Strahlung genügend Energie hat, zertrümmert sie diese Atome und erzeugt so leichtere Elemente wie Bor. Pflanzen und Bäume würden ohne supermassereiche Schwarze Löcher vielleicht nicht existieren!

Dank der Arbeit von Marietta Blau, die als Erste zeigte, wie kosmische Strahlung Atome zertrümmern kann, weiß man heute, wie diese leichten Elemente entstehen. Sie veröffentlichte ihre Ergebnisse 1937 in der Zeitschrift *Nature* und begann, Experimente durchzuführen, bei welchen sie ihre fotografischen Emulsionen auf Ballons auftrug, um Messungen der kosmischen Strahlung höher in der Atmosphäre durchzuführen. 1938 musste Blau jedoch aufgrund ihrer jüdischen Abstammung und der nationalsozialistischen Gesinnung einiger Kollegen im Institut aus Österreich fliehen. Dank der Hilfe von Albert Einstein erhielt sie einen Lehrauftrag in Mexiko, wo sie mehrere Jahre unter prekären Bedingungen arbeitete und ihre Forschungen nicht weiterführen konnte. Sie appellierte an Einstein, sie bei der Suche nach einer Forschungsstelle zu unterstützen – egal zu welchem Thema –, und er half ihr, 1944 in die Vereinigten Staaten zu ziehen. 1960 kehrte Blau nach Österreich zurück, wo sie vier Jahre lang an ihrem alten Institut arbeitete – wiederum ohne

Bezahlung. Sie verbrachte ihre letzten Jahre in Armut und lebte von einer mageren Rente aus ihrer Arbeit in den Vereinigten Staaten. 1970 starb sie an Krebs, höchstwahrscheinlich aufgrund ihres langjährigen Umgangs mit radioaktiven Substanzen.

Die Nutzung kosmischer Strahlung als Beschleuniger in der hochenergetischen Teilchenphysik wurde in den folgenden Jahrzehnten zu einem wichtigen Teil der Teilchenphysik-Forschung. Mehrere neue Partikel wurden mit den von Blau mitentwickelten Techniken entdeckt, darunter das Myon und das Pion, für die weitere Nobelpreise verliehen wurden. Blau wurde viermal für den Nobelpreis in Physik und einmal für den Nobelpreis in Chemie nominiert. Cecil Powell erhielt den Preis, den Blau hätte erhalten sollen, ohne sie in seiner Dankesrede ein einziges Mal zu erwähnen. Die Aufzeichnungen des Physik-Nobelkomitees enthüllen ungenaue Einschätzungen von Blaus Forschung, deren Bedeutung geleugnet wird[78]. Es existiert nicht ein wissenschaftlicher Nachruf auf sie, und ihre Beiträge zur Wissenschaft wären fast in Vergessenheit geraten.

Marietta Blau war eine kleine, fast zerbrechliche Frau, die sich im persönlichen Umgang schüchtern und verschlossen gab, aber als Forscherin sehr selbstbewusst auftrat. Unter ihren amerikanischen Kollegen war sie in den 1950er-Jahren auch für ihren eigenwilligen Fahrstil bekannt: »Sie blieb stehen, wann und wo es ihr passte, am allerwenigsten bei roten Ampellichtern und Stopptafeln. Einmal kam sie zwischen geschlossenen Bahnschranken auf den Gleisen zu stehen. Die Situation ging aber glimpflich aus; der Zug hielt an.«[79]

78 *Utredning över Marietta Blaus och Hertha Wambachers till prisbelöning föreslagna arbeten.* A. E. Lindh, Royal Swedish Academy of Sciences, Center for History of Science, Stockholm 1950: 132

79 Robert W. Rosner (Hg.): *Marietta Blau – Sterne der Zertrümmerung.* Böhlau Verlag, Wien 2003: 61

26. Lise Meitner (1878–1968)

»für die Theorie und Entdeckung der Kernspaltung«

Dass Atome miteinander verschmelzen oder Neutronen gewinnen können, um schwerere Atome zu erzeugen, während sie Energie freisetzen, war das Herzstück der berühmtesten Arbeiten von Arthur Eddington, Ralph Alpher, George Gamow und Fred Hoyle. Dass Atome in kleinere Stücke zerfallen können und dabei auch Energie freisetzen, entdeckte Lise Meitner, Deutschlands erste Physikprofessorin.

Lise Meitner wurde in Wien in eine ziemlich wohlhabende jüdische Familie hineingeboren. Ihr Vater war Freidenker, und Religion spielte in ihrer Erziehung keine Rolle. Mit dem Wunsch, das Wirken der Natur zu verstehen, plante sie ein Studium an der Universität Wien. Frauen wurden dort erst ab 1897 zugelassen – dreißig Jahre nach der Zulassung von Frauen an der Universität Zürich in der benachbarten Schweiz, der ersten Universität Mitteleuropas, die offiziell Frauen zuließ. Voraussetzung für die Immatrikulation in Wien war die bestandene Matura. 1899 begann Meitner mit Privatunterricht, um die Maturaprüfung ablegen zu können. Sie bestand 1901 und hatte damit acht ihr fehlende Schuljahre in zwei Jahren absolviert.

An der Universität besuchte Meitner die Vorlesungen des berühmten Physikers Ludwig Boltzmann, die sie später als »die schönsten und anregendsten, die ich je hörte«

bezeichnete.[80] Sie schrieb ihre Dissertation über Wärmeleitung und promovierte als zweite Frau überhaupt in Wien in Physik. Die heißen Forschungsthemen in diesen Jahren waren Radioaktivität und die Beschaffenheit von Materie. Atome waren gerade erst entdeckt worden, und deren Struktur war immer noch ein Rätsel. Meitner begann mit Forschungen zur Radioaktivität und untersuchte, wie Strahlen von dünnen Metallfolien abgelenkt wurden. Ihre ersten wissenschaftlichen Veröffentlichungen zum Thema verfasste sie 1906 und 1907.

Die Möglichkeiten, ihre Arbeit in Österreich fortzusetzen, waren begrenzt, und die Forschungszentren zur neuen Atomtheorie der Materie lagen anderswo in Europa. Von ihrem Vater finanziert, zog Meitner 1907 nach Berlin, um bei Max Planck zu studieren. Sie fragte den Leiter des Instituts für Experimentalphysik, ob sie an Forschungsexperimenten teilnehmen könne, und wurde dem jungen Chemiker Otto Hahn vorgestellt. Hahn war damit beschäftigt, ein Forschungslabor zur Untersuchung von Radioaktivität einzurichten, und benötigte die Hilfe eines Physikers. Der Leiter des Chemischen Instituts, Emil Fischer, ließ aber keine Frauen in seinem Labor zu, also richteten sie für Meitner einen Raum im Keller – eine ehemalige Holzwerkstatt – ein, der einen separaten Eingang hatte. Sie durfte nicht einmal die Toilette im Institut benutzen und musste dafür in ein nahe gelegenes Restaurant gehen.

Erst nachdem Preußen 1908 Frauen zum Studium zugelassen hatte, durfte Meitner auch offiziell im Institut arbeiten. 1912 wurde das Kaiser-Wilhelm-Institut für Chemie in Berlin eröffnet, wo sie 25 Jahre lang mit Hahn zusammenarbeiten würde. Hahn wurde Leiter des radiochemischen Labors, doch Meitner arbeitete weiterhin ohne Gehalt. Max Planck, der

80 Ruth Lewin Sime: *Lise Meitner: A Life in Physics*. University of California, Berkeley 1996: 13

ihre Bedeutung erkannte und befürchtete, sie könnte Berlin verlassen, bot ihr eine Assistenzstelle am Institut für Theoretische Physik an, wo sie Studienarbeiten benoten sollte. Obwohl dies die unterste Stufe auf der akademischen Leiter war, war es ihre erste bezahlte Stelle, und Meitner wurde die erste weibliche wissenschaftliche Assistentin in Preußen. Im folgenden Jahr erhielt sie den gleichen Mitarbeitergrad wie Hahn, und die Abteilung für Radioaktivitätsforschung wurde zum Hahn-Meitner-Labor. Später wurde es in zwei Laboratorien aufgeteilt, von denen jeder der beiden jeweils eines leitete.

Hahn forschte an der Entdeckung neuer Elemente, während Meitner sich mehr für die Physik atomarer Prozesse und der Strahlung interessierte. Zusammen veröffentlichten sie viele Forschungsarbeiten – bis 1914 der Krieg ausbrach. Hahn wurde zum Militärdienst einberufen, und Meitner meldete sich, da sie mit Röntgenstrahlen arbeiten konnte, freiwillig als Krankenpflegerin für das österreichische Bundesheer. Einen Teil ihrer Zeit widmete sie dennoch der Forschung und führte Experimente zum Beta-Zerfall und zur Uran-Zerfallsfolge durch. Unmittelbar nach dem Krieg entdeckte sie das neue Element Protactinium.

1922 stieß Meitner auf einen neuen Prozess, bei dem Atome niederenergetische Strahlung in Form eines Photons und eines Elektrons emittieren, wenn eines der internen Elektronen seine Energie verschiebt, um einen freien Energiezustand einzunehmen. Derselbe Effekt wurde später von dem französischen Physiker Pierre Auger entdeckt und wurde als Auger-Strahlung bekannt, sollte aber in Meitner-Strahlung umbenannt werden. Heutzutage wird Auger-Strahlung zur Behandlung von Krebs eingesetzt. Bis 1922 hatte Meitner bereits über vierzig wissenschaftliche Arbeiten veröffentlicht und wurde zur Privatdozentin befördert. Sie hielt ihre Antrittsvorlesung zum Thema kosmische Physik, was in den

Zeitungen als Vorlesung über »kosmetische Physik« aufgeführt wurde! Meitners Labor wuchs im Laufe des nächsten Jahrzehnts an Größe und Ruhm. Noch bevor sie 1938 ihre berühmteste Entdeckung machte, war sie dreizehn Mal für den Nobelpreis nominiert worden.

Gemeinsam mit Hahn begann sie, den radioaktiven Zerfall von Uran nach dem Beschuss des Atoms mit Neutronen zu untersuchen. Die Ergebnisse waren rätselhaft. Ihre Forschungen wurden abrupt beendet, als 1938 der Anschluss von Österreich an Deutschland erfolgte und Meitner nicht mehr durch ihre österreichische Staatsbürgerschaft geschützt war. Es war nur noch eine Frage der Zeit, bis sie ihre Anstellung verlieren und an der Ausreise aus Deutschland gehindert werden würde. Der niederländische Wissenschaftler Peter Debye arrangierte für sie die Flucht in die Niederlande und brachte sie mithilfe eines Kollegen an der niederländischen Einwanderungsbehörde vorbei, obwohl sie kein Visum und nur einen wertlosen österreichischen Pass hatte.[81] Meitner reiste weiter nach Dänemark, wo sie für eine Weile bei ihrem guten Freund Niels Bohr unterkam, und dann nach Schweden, wo ihr der Flüchtlingsstatus zuerkannt wurde.

1938 wiederholten Hahn und sein Kollege Fritz Strassmann auf schriftliches Drängen von Meitner frühere Experimente zum Zerfall von Uran und stellten fest, dass Barium vorhanden war, wenn Uran mit Neutronen beschossen wurde. Es war, als wären die Uranatome in ein viel leichteres Element zerbrochen. Hahn schrieb an Meitner, »vielleicht kannst Du irgendeine fantastische Erklärung vorschlagen« – da er ja wisse, dass Atome nicht einfach »zerplatzen« können.[82] Dies

81 Otto R. Frisch: »Lise Meitner (1878–1968)«. *Biographical Memories of Fellows of the Royal Society* Vol. 16, 1970: 404–420

82 Otto Hahn: *Erlebnisse und Erkenntnisse*. Econ Verlag, Düsseldorf-Wien 1975: 78

war in der Tat erstaunlich, da alle radioaktiven Zerfallsmechanismen, die damals bekannt waren, die Atommasse eines Elements nur wenig verringerten, indem sie ein oder zwei Protonen aussandten. Meitner antwortete Hahn: »Mir scheint vorläufig die Annahme eines so weitgehenden Zerplatzens sehr schwierig, aber wir haben in der Kernphysik so viele Überraschungen erlebt, dass man auf nichts ohne Weiteres sagen kann: Es ist unmöglich.«[83]

Es war im Winter 1938 in Schweden, als Lise Meitner und ihr Neffe Otto Frisch, der, inspiriert durch seine Tante, ebenfalls Kernphysiker geworden war und bei Niels Bohr in Kopenhagen arbeitete, die Uranexperimente richtig interpretierten und die Theorie der Kernspaltung aufstellten. Frisch erinnerte sich später, wie sie während eines Weihnachtsspaziergangs – er selbst war auf Skiern unterwegs, aber Meitner meinte, sie käme auch ohne gut vorwärts – Zahlen und Gleichungen auf Zetteln notierten, die sie zufällig bei sich trugen.[84] Ein Jahrzehnt zuvor hatte George Gamow ein einfaches Modell für Atomkerne entwickelt, um die Alphastrahlung zu erklären. Er verglich Atomkerne mit einem Flüssigkeitstropfen. Die Energie der emittierten Alphateilchen könnte mit der Oberflächenspannung des Tropfens zusammenhängen. Meitner fragte sich, ob der Tropfen vielleicht in zwei Teile zerbrechen könnte, indem er zuerst verlängert und dann in der Mitte eingeschnürt würde, bevor er sich spaltete. Sie berechnete, dass die Ladung des Urankerns fast ausreichte, um die Oberflächenspannung zu überwinden. Er ähnelte einem wackeligen, instabilen Tropfen, der durch eine kleine Störung, wie den Aufprall eines einzelnen Neutrons, dazu gebracht werden könnte, sich in zwei Teile zu spalten.

83 Ebenda: 79

84 Otto R. Frisch: *What Little I Remember*. Cambridge University Press 1980: 116

Sie berechnete, dass sich die beiden getrennten, geladenen Teile nach der Aufspaltung mit hoher Geschwindigkeit – einer Energie von etwa einem Billionstel Joule – abstoßen würden. Meitner erkannte, dass die Energie letztendlich aus dem Massenunterschied zwischen den beiden Fragmenten stammte. Sie berechnete, dass die beiden neuen Kerne um ein Fünftel der Masse eines Protons leichter sein würden. Das klingt nicht nach viel, aber dank Einsteins berühmter Formel ist Energie gleich Masse multipliziert mit dem Quadrat der Lichtgeschwindigkeit – ganz wenig Masse ist also sehr viel Energie!

Hahn und Strassmann veröffentlichten ihre experimentellen Ergebnisse über den Zerfall von Uran zu Barium, ohne Meitner einzubeziehen. Manche Wissenschaftshistoriker vermuteten später, dass sie ausgeschlossen wurde, weil Hahn sein Labor nicht riskieren wollte, indem er sich mit jemandem jüdischer Abstammung verband. Meitner und Frisch verfassten eine einseitige Abhandlung für *Nature*, in der sie ihre Ergebnisse beschrieben. Der einzige Beweis, den sie hatten, war das Barium. Das Vorhandensein von Barium würde bedeuten, dass der andere Teil des Urankerns zu Krypton werden müsste, was bald von Frisch bestätigt wurde. Sie nannten den Prozess »Fission« – nach demselben biologischen Prozess, der beschreibt, wie sich Zellen durch Aufspaltung in zwei Teile replizieren.

Bald erkannte man, dass ein einziges Kilogramm instabiles Uran fast 100 Billionen Joule Energie freisetzt, würde es zum Zerfall gebracht. Das entspricht der Energie, die 100 Millionen Kilogramm TNT erzeugen! Wissenschaftler erkannten, dass diese Energie, wenn sie genutzt werden könnte, eine Energiequelle für die Menschheit darstellen könnte. Regierungen und das Militär erkannten, dass es als Waffe eingesetzt werden konnte, weitaus mächtiger als alle je zuvor. Meitner lehnte eine Einladung zur Mitarbeit am Manhattan-Projekt in Los Alamos ab und erklärte, dass sie nichts mit dem Bau einer Atombombe zu tun haben wolle.

Als sie von den Atombombenabwürfen auf Hiroshima und Nagasaki erfuhr, war Meitner entsetzt. Letztendlich war es ihre Forschung, die zu dieser zerstörerischen Waffe geführt hatte. Obwohl, so wie es bei vielen der grundlegenden Entdeckungen in der Wissenschaft der Fall ist, früher oder später ohnehin jemand die Kernspaltung entdeckt hätte, selbst wenn Meitner es nicht getan hätte. Der Mechanismus hinter einem Kernkraftwerk oder einer Atombombe ist einfach. Jedes Mal, wenn sich ein Uranatom in zwei Teile spaltet, wandelt es etwas Masse in Energie um und setzt einige Neutronen frei. Diese Neutronen führen dazu, dass nahe gelegene Uranatome ebenfalls in zwei Teile gespalten werden und eine Kettenreaktion stattfindet. Ein Kernkraftwerk nutzt die gleiche Energie wie eine Atombombe, muss aber die Anzahl der freigesetzten Neutronen regulieren, um zu verhindern, dass die Explosion außer Kontrolle gerät. Die Kernspaltung spielt eine wichtige Rolle bei der Entstehung von Elementen in Supernova-Explosionen und Neutronensternverschmelzungen. Fission, also Kernspaltung, wurde spekulativ als möglicher Mechanismus vorgeschlagen, durch den Weiße Zwergsterne explodieren können, und als Mittel, um das Erdinnere heiß zu halten.

Lise Meitner starb im Alter von 89 Jahren in einem Pflegeheim in Cambridge und wurde in einem kleinen Dorf in Hampshire beerdigt. Frisch verfasste die Inschrift auf ihrem Grabstein: »Lise Meitner: a physicist who never lost her humanity« – eine Physikerin, die nie ihre Menschlichkeit verlor. Albert Einstein bezeichnete Meitner auch als »deutsche Marie Curie«. Für ihre Forschung wurde sie mehrfach ausgezeichnet, unter anderem mit der Max-Planck-Medaille und der Leibniz-Medaille. Insgesamt wurde Meitner 19 Mal für einen Nobelpreis in Chemie und 29 Mal für einen Nobelpreis in Physik nominiert. 1944 erhielt Otto Hahn den Nobelpreis für die Entdeckung der Kernspaltung, aber Meitner ging leer aus – ein schockierendes Versäumnis des Nobelkomitees.

27. Jakow Seldowitsch (1914–1987)
»für seine theoretischen Entdeckungen in der physikalischen Kosmologie«

Die Entdeckung der Kernspaltung hat das Leben von uns allen beeinflusst. Sie veränderte in den 1940er-Jahren auch das Leben zahlreicher Wissenschaftler, die am Manhattan-Projekt der Vereinigten Staaten oder am sowjetischen Gegenstück arbeiteten. Unter ihnen war Jakow Seldowitsch, der Letzte der großen Universalisten, der bahnbrechende Entdeckungen in vielen Disziplinen, von der physikalischen Chemie, Kern- und Teilchenphysik bis hin zur Gravitation, Astrophysik und Kosmologie machte. Sein gesammeltes Werk umfasst viele Bände mit über 300 Veröffentlichungen allein in Astrophysik und Kosmologie. Nachdem Stephen Hawking Seldowitsch zum ersten Mal getroffen hatte, schrieb er: »Jetzt weiß ich, dass Sie eine echte Person sind und keine Gruppe von Wissenschaftlern wie die Bourbaki«.[85]

Jakow Seldowitsch wurde in Minsk, damals Teil des russischen Zarenreichs, geboren. Sein Vater war Rechtsanwalt und seine Mutter Übersetzerin. Bemerkenswerterweise durchlief er keine Universitätsausbildung.[86] Nach dem Abitur

85 Rashid A. Sunyaev (Hg.): *Zeldovich: Reminiscences*. CRC Press, Boca Raton 2004: 86
Nicolas Bourbaki war das Pseudonym einer Gruppe mehrheitlich französischer Wissenschaftler, die zusammen Lehrbücher und Artikel verfassten.

86 V. L. Ginzburg: »Yakov Borissovich Zel'dovich«. *Biographical Memoirs of Fellows of the Royal Society* Vol. 40: 430–441

in Leningrad trat er im Alter von 15 Jahren in das Institut für mechanische Aufbereitung mineralischer Rohstoffe ein, um sich zum Laboranten ausbilden zu lassen. Bei einer Exkursion zum Leningrader Physikalisch-Technischen Institut erkannte man aufgrund der Fragen, die er während des Besuchs stellte, sein außergewöhnliches Talent. Er wurde eingeladen, zunächst in seiner Freizeit und bald darauf dauerhaft am Institut für Chemische Physik zu arbeiten. Seldowitsch arbeitete an Verbrennungs- und chemischen Kettenreaktionen und erlangte schnell einen Ruf als brillanter junger Wissenschaftler. 1939 promovierte er über die Stickstoffoxidation und entdeckte die chemischen Wege, auf denen bei Verbrennung Distickstoffoxid entsteht.

Im selben Jahr veröffentlichte Lise Meitner ihre Theorie der Kernspaltung. Seldowitsch schrieb später: »Die Entdeckung der Uranspaltung und die prinzipielle Möglichkeit einer Kettenspaltungsreaktion bestimmten das Schicksal des Jahrhunderts – und auch meines.«[87] Sowjetische Wissenschaftler begannen mit der Forschung an der Kernspaltung – zunächst als Mittel zur Energieerzeugung. Seldowitsch entwickelte die Theorie hinter der Kinetik von Kernreaktionen. Er mutmaßte, dass vor langer Zeit in der Erdgeschichte eine sich selbst erhaltende Kernreaktion in natürlichen Uranlagerstätten stattfand, und erkannte auch, dass sich inzwischen die Konzentrationen der Isotope von Uran-238 und Uran-235 so verändert haben, dass eine solche Reaktion heute nicht mehr möglich ist. 1972 wurde im afrikanischen Gabun ein natürlicher urzeitlicher Kernspaltungsreaktor entdeckt. Tief unter der Erde hatte vor einer Milliarde Jahren eine sich selbst

87 Jeremiah P. Ostriker (Hg.): *Selected works of Yakov Borisovich Zeldovich – Particles, Nuclei, and the Universe* Vol. II. Princeton University Press 1993: 637

erhaltende Reaktion stattgefunden, die Tausende von Jahren andauerte.

1942, während des Zweiten Weltkriegs, wurde Stalin gewarnt, dass britische und amerikanische Wissenschaftler aufgehört hätten, Artikel über Nuklearwissenschaften zu veröffentlichen. Es war offensichtlich, dass ihre Forschung geheim war und sie Atomwaffen entwickelten. Stalin befahl sofort allen sowjetischen Physikern, vom Militärdienst zurückzukehren, um ebenfalls an der Entwicklung einer Atombombe zu arbeiten. Seldowitsch spielte eine Schlüsselrolle in diesem Projekt, und er war auch an der Entwicklung der Theorie hinter der Wasserstoff-Fusionsbombe beteiligt, bei der Wasserstoffisotope fusionieren, angetrieben von einer Kernspaltungsbombe. Ein Großteil seiner Forschung aus dieser Zeit seines Lebens ist bis heute geheim.

1952 begann Seldowitsch mit der Arbeit an den Wechselwirkungen zwischen Teilchen und den fundamentalen Kräften der Natur. Er schlug Gesetze zur Ladungserhaltung von Teilchen vor und spielte eine Schlüsselrolle bei der Entwicklung der Theorie der schwachen Wechselwirkung. Ein Jahrzehnt später, im Alter von 50 Jahren, verlagerte er seinen Forschungsschwerpunkt erneut – auf die Astrophysik und Kosmologie. Zu diesem Zeitpunkt war er bereits ein berühmter sowjetischer Wissenschaftler und wurde mit dem Goldenen Stern des Helden der sozialistischen Arbeit, dem Stalin-Preis und einem Stipendium der angesehenen sowjetischen Akademie der Wissenschaften ausgezeichnet. Wenn Wissenschaftler die Forschungsrichtung komplett ändern, bleiben sie in ihrem neuen Gebiet oft ohne Einfluss. Seldowitsch dagegen revolutionierte die theoretische Astrophysik und war einer der wichtigsten Begründer der relativistischen Astrophysik, der Astroteilchenphysik und der physikalischen Kosmologie.

Es ist unmöglich, seiner Forschung auf diesen Gebieten in

einem so kurzen Text gerecht zu werden. In Band II seiner ausgewählten Werke finden sich 25 Arbeiten über Elementarteilchen und Kosmologie, 38 Arbeiten über die Allgemeine Relativitätstheorie, 30 Arbeiten über Neutronensterne und Schwarze Löcher, 16 Arbeiten über die Wechselwirkung von Materie und Strahlung, 44 Arbeiten über die Entstehung großer Strukturen im Universum und 15 Arbeiten über Beobachtungseffekte in der Kosmologie. Und dies ist nur eine Auswahl von vielen mehr. Ich werde daher nur ein paar seiner wichtigsten Entdeckungen erwähnen.

1962 zeigte er theoretisch, dass Schwarze Löcher nicht nur durch Sternexplosionen entstehen können, sondern durch jeden Mechanismus, der Materie auf eine ausreichend hohe Dichte komprimiert. Seldowitsch und sein Kollege Igor Nowikow wiesen nach, dass unter bestimmten Bedingungen während des frühen Universums Schwarze Löcher von der Größe von wenigen Mikrogramm bis zu Tausenden von Sonnenmassen hätten entstehen können. Solche Objekte sind bis heute Gegenstand der Forschung, da sie die fehlende Dunkle Materie darstellen könnten. Er begann, eine Theorie zu entwickeln, wie Schwarze Löcher Energie ausstrahlen können; eine Arbeit, die Stephen Hawkings berühmteste Forschungsarbeit inspirierte, über die ich später mehr erzählen werde.

In den 1950er-Jahren fanden Radiountersuchungen helle Emissionsquellen in allen Richtungen. Diese erhielten den Namen Quasare, aber es war nicht bekannt, ob es sich dabei um Phänomene in unserem eigenen Sonnensystem, in unserer Galaxie oder im Universum jenseits unserer Galaxie handelte. 1963 erkannte der niederländisch-amerikanische Astronom Maarten Schmidt, dass das Lichtspektrum des Quasars 3C 273 implizierte, dass er massiv rotverschoben war. Nach Hubbles Gesetz war er über eine Milliarde Lichtjahre entfernt. Dies bedeutete, dass er eine Energie ausstrahlte, die der von tausend Galaxien voller Sterne entsprach. 1964 mutmaßte Seldowitsch, dass ein Schwarzes Loch durch seinen Einfluss auf das umgebende Gas entdeckt werden könnte, das sich auf dem Schwarzen Loch ansammeln würde. Er vermutete, dass Schwarze Löcher die Energiequelle hinter den mysteriösen Quasaren seien. Dieselbe Idee wurde im selben Jahr, unabhängig von Seldowitsch, auch vom amerikanischen Astrophysiker Edwin Salpeter entwickelt und ist jetzt die akzeptierte Erklärung für die Energiequelle von Quasaren.

Im Jahr 2019 wurde von einem internationalen Netzwerk von Radioteleskopen, die das supermassereiche Schwarze Loch im Zentrum der Galaxie M87 beobachteten, ein spektakuläres astronomisches Bild gemacht: ein Ring, der die Emission von Radiowellen zeigt, die ein Nichts umgeben. Wissenschaftler glauben, dass diese Photonen die leuchtende Akkretionsscheibe enthüllen, die das Schwarze Loch umgibt. Diese Akkretionsscheibe entsteht aus Materie, die sich um das Schwarze Loch ansammelt, statt in es hineinzufallen. Wir können gleichzeitig die Ober- und Unterseite der Materiescheibe sehen, weil die Pfade der Photonen um das Schwarze Loch herumkurven.

1966 zeigten Seldowitsch und sein Student Semyon Gershtein, dass Neutrinos, falls sie eine Masse haben, einen großen Teil der Materiekomponente des Universums ausmachen könnten. Dies folgte aus der Theorie der schwachen Wechselwirkung. Die Idee, dass beim Urknall Dunkle-Materie-Teilchen entstehen könnten, geht auf eine Zeit zurück, bevor der Beweis für Dunkle Materie akzeptiert wurde. Aus kosmologischen Überlegungen leiteten sie eine Obergrenze für die Neutrinomasse ab, die damals unter den Laborgrenzen lag. Dies war vielleicht das erste Mal, dass demonstriert wurde, dass das Universum als Labor für Teilchenphysik genutzt werden kann. Seldowitschs Student zeigte weiter, wie die

Anzahl verschiedener Arten von Neutrinos durch Messungen der Heliumhäufigkeit im Universum eingeschränkt werden könnte. Das Gebiet der Astroteilchenphysik war geboren.

Als einen seiner wichtigsten Beiträge zur Kosmologie betrachtete Seldowitsch selbst seine Arbeit zum Ursprung großer Strukturen im Universum; insbesondere, wie Galaxien aus anfänglich kleinen Variationen in der Materieverteilung entstehen, und wie sie im Raum verteilt sein sollten. Er zeigte, wie bei der Expansion des Universums Regionen mit einer höheren Dichte als der Durchschnitt zu großen, verbundenen Strukturen zusammenbrechen. Im Gegenzug würden Regionen mit geringerer Dichte als der Durchschnitt zu riesigen leeren Regionen heranwachsen. Dieses Supercluster-Void-Netzwerk von Galaxien ist heute allgemein als »kosmisches Netz« bekannt, das einige Jahrzehnte später mit dem Aufkommen großer Galaxiendurchmusterungen entdeckt wurde.

Für welche dieser Entdeckungen hätte Seldowitsch den Nobelpreis erhalten sollen? Historisch gesehen wurde der Preis nie für ein »Lebenswerk« vergeben, sondern für eine bestimmte Entdeckung. Im Jahr 2019 wurde dem Kosmologen Jim Peebles jedoch der Physik-Nobelpreis »für seine theoretischen Entdeckungen in der physikalischen Kosmologie« verliehen, ohne anzugeben, was diese Entdeckungen waren. Es war eindeutig eine Auszeichnung für seine zahlreichen und brillanten Beiträge zum Verständnis des Ursprungs der Strukturen im Universum. Wäre Seldowitsch noch am Leben gewesen, wäre es sicher eine gemeinsame Auszeichnung gewesen, weshalb ich denselben Anerkennungstext gewählt habe wie bei Peebles.

Seldowitsch lernte Deutsch und Englisch, um all die wissenschaftlichen Zeitschriften aus dem Westen lesen zu können. Er verzweifelte an den westlichen Wissenschaftlern, die sich nicht die Mühe machten, die Veröffentlichungen sowjetischer Wissenschaftler zu lesen, selbst wenn sie ins Englische übersetzt wurden. Erst in seinen letzten Lebensjahren erlangte seine Forschung große Anerkennung im Westen: Er wurde mit der Goldmedaille der Royal Astronomical Society, der Dirac-Medaille und der Goldmedaille der Astronomical Society of the Pacific ausgezeichnet. Drei Jahrzehnte zuvor hatte er bereits den Stalin- und den Lenin-Preis sowie drei Goldmedaillen des Helden der sozialistischen Arbeit, jeweils mit dem Lenin-Orden, erhalten. Seldowitsch verkündete stolz, dass selbst Leonid Breschnew, Generalsekretär der Kommunistischen Partei der Sowjetunion, nur zwei solcher Medaillen hatte.

Angesichts seiner Vielzahl an wissenschaftlichen Veröffentlichungen und über 20 Fachbücher könnte man meinen, Seldowitsch habe sein Büro nie verlassen. Das stimmt im Großen und Ganzen, obwohl er Skifahren, Schwimmen und Literatur mochte. Für Seldowitsch, einen Atheisten, war die Wissenschaft wie eine Religion und das Wichtigste in seinem Leben. Gleichzeitig heiratete er dreimal – zwei seiner Frauen starben – und hatte sechs Kinder, die alle Physiker:innen wurden. Seine Tochter Marina erinnert sich, dass er jeden Tag um fünf Uhr morgens zu arbeiten begann und sieben Tage die Woche arbeitete. Und wie die »Sekretäre« des KGB die Familie überallhin begleiteten, sogar in den Urlaub. Anders als sein Kollege und Freund Andrei Sacharow forderte Seldowitsch den Staat nie offen heraus – vielleicht aus Angst, an der Durchführung seiner Forschung gehindert zu werden. Trotzdem durfte Seldowitsch in seinen letzten Lebensjahren nur zweimal in den Westen reisen. Seine Tochter erinnert sich: »Er war der glücklichste Mensch der Welt, sein ganzes Leben lang verzaubert von der Welt, ihrer Struktur, der Schönheit physikalischer Theorien, erfasst von der Freude am Leben. […] Sie zeigte sich in allem – in seiner Einstellung zu

Wissenschaft, Sport, Literatur, Theater, schönen Frauen und Kindern.«[88]

Seldowitsch widmete sein Leben der Wissenschaft und der wissenschaftlichen Wahrheit und Ehrlichkeit. Er trug immer ein Notizbuch bei sich und füllte es täglich mit seinen Ideen und Gedanken. Sorgfältig geschrieben, wurden sie später in Lehrbücher umgewandelt, oder er verteilte Seiten an einen seiner Schüler, um seine Ideen weiterzuverfolgen. Er war ein kleiner Mann mit einer markanten runden Brille mit dünnem Rand, und mit seiner tiefen, mahnenden Stimme wirkte er mit seinem enormen Wissen und seinen Erwartungen an andere wohl ziemlich einschüchternd. Er wettete mit seinen Kollegen, wenn sie seine Logik oder Lösungen infrage stellten: eine Flasche Cognac für den Gegner, wenn dieser recht hatte, eine Flasche Wasser mit einem unterschriebenen Etikett, das den Fehler des Gegners beschreibt, wenn dieser falschlag. Seine Büroregale waren voller beschrifteter Wasserflaschen.

Im Dezember 1987, im Alter von 73 Jahren, erlitt Seldowitsch überraschend einen Herzinfarkt und starb. Am Tag zuvor hatte er noch ein Seminar über seine neueste Forschung gehalten und war so energisch wie immer gewesen. Im selben Jahr hatte er bereits über ein Dutzend wissenschaftliche Arbeiten publiziert. Zu seinen letzten, nach seinem Tod veröffentlichten Studien, gehören zwei mit den Titeln *Die spontane Erschaffung des Universums* und *Ist die Entstehung des Universums aus dem Nichts möglich?*. Ich frage mich, welche Beiträge zur Wissenschaft er wohl noch geleistet hätte, wäre er hundert Jahre alt geworden.

88 Rashid A. Sunyaev (Hg.): *Zeldovich: Reminiscences*. CRC Press, Boca Raton 2004: 67

28. Fabiola Gianotti (1960) – und 3000 andere

»für die Nachbildung der Bedingungen während der ersten Sekunde des Urknalls und die Entdeckung des Higgs-Bosons«

Die Photonen des Mikrowellenhintergrunds zeichnen ein Bild davon, wie das Universum 380000 Jahre nach Beginn des Urknalls aussah. Sie offenbaren auch die physikalischen Bedingungen im Universum zu dieser Zeit. Herkunft und Häufigkeit von Wasserstoff und Helium liefern uns Informationen über seine ersten Minuten. Die Erforschung noch früherer Epochen musste bis zum Bau riesiger Teilchenbeschleuniger warten, und der größte davon ist der Large Hadron Collider (LHC) am CERN in Genf. 2009 übernahm die italienische Physikerin Fabiola Gianotti die Leitung des größten Teams, einer 3000-köpfigen Forschungsgruppe, die den ATLAS-Detektor konstruierte, der 2012 das mysteriöse Higgs-Teilchen entdeckte. Seit 2015 ist sie Generaldirektorin des CERN.

Als Kind träumte Fabiola Gianotti davon, Ballerina zu werden, und ließ sich dann zur klassischen Pianistin ausbilden. Aber sie träumte auch von der Wissenschaft, nachdem sie eine Biografie von Marie Curie gelesen hatte, und musste sich entscheiden – schließlich kann man im Leben meist nur eine Sache außergewöhnlich gut machen. Sie beschloss, Musik und Tanz als Hobby zu behalten, und promovierte 1989 an der Mailänder Universität in Physik. Sie stieß 1994 als Forschungsphysikerin zum CERN, ein Jahr bevor das Budget für den LHC genehmigt wurde. Die Motivation für den

LHC bestand darin, die Wechselwirkung zwischen Teilchen zu untersuchen, deren Energien mit jenen in den frühesten Momenten des Urknalls vergleichbar sind.

Mit den Gleichungen von Friedmann und Lemaître (die beschreiben, wie sich die Größe des Universums mit der Zeit ändert) lassen sich physikalische Bedingungen wie Dichte oder Temperatur zu jeder Epoche in der Geschichte des Universums berechnen. Wenn der Abstand zwischen Materieteilchen zunimmt, nehmen ihre Relativgeschwindigkeiten ab, und es finden weniger Kollisionen zwischen den Teilchen statt. Folglich nehmen auch Temperatur und Dichte des Universums mit der Zeit ab. Photonen verlieren auch Energie, wenn sich das Universum ausdehnt, weil sich ihre Wellenlängen mit dem Raum ausdehnen. Es ist, als ob Photonen irgendwie an den Raum geheftet wären, und wenn sich der Raum ausdehnt, übertragen die Photonen ihre Energie in den neu geschaffenen Raum.

Wir können auch Milliarden von Jahren zurückrechnen – auf eine Zeit nur einen winzigen Bruchteil einer Sekunde nach dem Beginn des Urknalls. Die Durchschnittstemperatur des Universums beträgt heute etwa 2,7 Kelvin (–270,5 Grad Celsius). Das ist die Temperatur, die Sie messen würden, würden Sie ein Thermometer weit entfernt von einem Stern in den leeren Raum stellen. Es ist die heutige Temperatur der kosmischen Mikrowellenhintergrundstrahlung. Wenn Sie das gleiche Thermometer an der gleichen Stelle im Weltraum im frühen Universum aufstellen könnten, sagen wir, eine Sekunde nach dem Urknall, würden Sie eine Temperatur von zehn Milliarden Kelvin messen. Aber je näher wir dem »Anfang« kommen, desto unsicherer wird unser Verständnis. Der Grund für das Fehlen einer vollständigen Beschreibung des Urknalls liegt darin, dass die Bedingungen so extrem werden, dass wir beginnen, große Lücken in unserem Wissen über grundlegende Physik zu entdecken. Wir haben einfach keine einheitliche Theorie der vier Kräfte (Gravitation, Elektromagnetismus, schwache und starke Wechselwirkung), von denen wir wissen, dass sie in der Natur vorkommen, und wir verstehen nicht, wie Quantenmechanik und Gravitation unter extremsten Bedingungen zusammenarbeiten.

Eine millionstel Sekunde nach dem Urknall war das Universum mit Elementarteilchen wie Quarks, Elektronen, Neutrinos und ihren Antiteilchen gefüllt. Die Temperatur des Universums war immer noch zu hoch, als dass sich die Quarks zu Protonen oder Neutronen verbinden konnten, und der Weltraum war mit einem heißen Quark-Gluon-Plasma gefüllt. Dies ist die Zeit, welche der LHC erforscht, indem er Teilchen mit Energien kollidieren lässt, die den Wechselwirkungen während dieser Epoche ähneln.

Der LHC ist eines der anspruchsvollsten wissenschaftlichen Experimente, die jemals durchgeführt wurden. Es dauerte über ein Jahrzehnt, ihn zu bauen – mit den vereinten Bemühungen von Zehntausenden von Wissenschaftlern und Ingenieuren aus über hundert Ländern. Das Experiment besteht aus einem kreisförmigen, 27 Kilometer langen Tunnel, der unter der Schweiz und Frankreich verläuft und mit supraleitenden Magneten ausgekleidet ist, um Protonen auf eine Geschwindigkeit zu beschleunigen, die nur 3 Meter pro Sekunde unter der Lichtgeschwindigkeit liegt (fast 300 Millionen Meter pro Sekunde).

Der Tunnel selbst ist ungefähr so breit wie ein Eisenbahntunnel, aber die Protonen werden tatsächlich durch ein elektrisches Feld in einer Röhre beschleunigt, die nicht breiter als ein Feuerwehrschlauch ist. Das Strahlrohr enthält ein Ultrahochvakuum – so leer wie der interplanetare Raum. Andernfalls würden die Protonen mit Luftmolekülen kollidieren. Der Protonenstrahl selbst besteht aus etwa dreitausend Paketen mit jeweils hundert Milliarden Teilchen. Die eine Hälfte der Pakete wird im Uhrzeigersinn, die andere

Hälfte gegen den Uhrzeigersinn gesendet. Die eigentlichen Partikelwolken haben einen Durchmesser von etwa einem Millimeter und wiegen weniger als eine einzelne Blutzelle, aber bei voller Geschwindigkeit haben sie die Energie eines 400-Tonnen-Zugs, der mit Höchstgeschwindigkeit fährt – Energie ist Masse. Um die Protonen innerhalb des Rings zu halten, befinden sich entlang der Route über 9000 Magnete, welche die Protonen fokussieren und die Pakete schließlich auf die Breite eines menschlichen Haares konzentrieren, bevor sie kollidieren. Die supraleitenden Magnete wiegen jeweils über 27 Tonnen und werden zur Steigerung ihrer Effizienz auf −271,3 Grad Celsius heruntergekühlt. Sie müssen extrem stark sein, denn während die Teilchen beschleunigen, steigt ihre Trägheitsmasse um das Zehntausendfache. Dies erklärt sich durch Einsteins Allgemeine Relativitätstheorie. Geschwindigkeit, Masse, Energie und Zeit sind voneinander abhängig: Je schneller Sie reisen, desto mehr wiegen Sie und desto mehr verlangsamt sich Ihre Uhr.

Das Space Shuttle würde etwa fünf Sekunden brauchen, um eine Strecke von der Länge des LHC-Tunnels zurückzulegen – es fliegt zehnmal schneller als eine Gewehrkugel. Das ist beeindruckend, aber rein gar nichts im Vergleich zur Höchstgeschwindigkeit, welche die Protonenpakete nach etwa einer Stunde Beschleunigung erreichen: Sie sind dann so schnell unterwegs, dass sie den 27 Kilometer langen Tunnel in einer Sekunde über 11 000 Mal umrunden!

Wenn sie nicht mehr weiter beschleunigt werden können, werden die beiden Pakete dazu gebracht, zusammenzuprallen – in einem der riesigen Detektoren, die eine unterirdische Höhle, so groß wie eine Kathedrale, einnehmen. Wenn zwei Protonenpakete kollidieren, gibt es bei einer Billion sich kreuzenden Teilchen nur etwa 20 Kollisionen. Da sich die Pakete jedoch 11 000 Mal pro Sekunde kreuzen, finden Hunderte Millionen Kollisionen statt. Diese Kollisionen zwischen

Teilchen treten bei den höchsten Energien auf, die jemals auf der Erde erreicht wurden, und sind vergleichbar mit denen, die während der ersten millionstel Sekunde des Universums stattfanden. Der riesige ATLAS-Detektor zeichnet alle Details der Kollisionen auf und generiert 15 Millionen Gigabyte an Informationen pro Jahr.

Der ATLAS-Detektor hat die Größe eines siebenstöckigen Gebäudes. Er enthält konzentrische Schichten von Instrumenten, die die Flugbahn, den Impuls und die Energien der bei den Kollisionen erzeugten Teilchen aufzeichnen. Jede Sekunde finden im ATLAS-Detektor über eine Milliarde Teilcheninteraktionen statt, eine Datenmenge, die 20 gleichzeitig geführten Telefongesprächen jedes Menschen auf der Erde entspricht. Nur eine von einer Million Kollisionen wird als potenziell interessant gekennzeichnet und zur weiteren Untersuchung aufgezeichnet. Der Detektor verfolgt und identifiziert die Teilchen, die bei den Kollisionen entstehen, um ein breites Spektrum der Physik zu untersuchen, von der Erforschung des Higgs-Bosons und des Top-Quarks bis hin zur Suche nach zusätzlichen Dimensionen und Teilchen, aus denen dunkle Materie bestehen könnte. Ein zweites Experiment, das Compact Muon Solenoid (CMS), hat ein ähnliches Design und kann gleichzeitig mit dem ATLAS-Experiment betrieben werden.

Eines der Hauptziele des LHC war die Entdeckung des sogenannten Higgs-Bosons. Bosonen sind subatomare Teilchen, die für die Übertragung der fundamentalen Kräfte der Natur – der elektromagnetischen, schwachen und starken Kräfte – verantwortlich sind. Sie wirken wie Botenteilchen, wenn normale atomare Materie interagiert. Es gibt fünf grundlegende bosonische Teilchen: Photonen, Gluonen und die W-, Z- und Higgs-Bosonen. Alle bis auf das Higgs-Boson waren bereits zuvor in Experimenten nachgewiesen worden. Seine Entdeckung vervollständigte das sogenannte

Standardmodell der Teilchenphysik. Von den Milliarden von Kollisionen, die auftreten, wurde erwartet, dass die Signatur eines Higgs-Bosons nur alle paar Stunden einmal zu sehen ist. Bis 2012 wurden in den ATLAS- und CMS-Experimenten genügend Daten gesammelt, um nachzuweisen, dass das Higgs-Boson existiert, und die Ergebnisse wurden der Welt von Fabiola Gianotti bekannt gegeben.

Gianotti ist Co-Autorin von über 500 begutachteten Veröffentlichungen, und viele davon, wie das Higgs-Entdeckungspapier, haben eine Liste von mehreren Tausend Co-Autoren. Hierin liegt das Problem mit den heutigen Experimenten, die auf Tausende von Technikern, Ingenieuren und Wissenschaftlern angewiesen sind. Ein kleines Forscherteam kann keine neuen Entdeckungen mehr machen – die meisten einfachen Entdeckungen wurden bereits gemacht. Gianotti erhielt viele Ehrentitel und wurde mit mehreren Preisen ausgezeichnet, unter anderem mit dem Premio Enrico Fermi der Italienischen Physikalischen Gesellschaft und dem Special Breakthrough Prize in Fundamental Physics. Es schien klar, dass Gianotti und ihr Team sowie jenes des CMS-Experiments für die Entdeckung des Higgs-Bosons ausgezeichnet werden sollten. Doch der Physik-Nobelpreis von 2013 ging nicht an einen der an der eigentlichen Entdeckung beteiligten Wissenschaftler – er wurde den Physikern François Englert und Peter Higgs für ihre theoretische Vorhersage des Higgs-Teilchens verliehen. Auch diese Auszeichnung war umstritten, da die Theorie hinter dem Higgs-Teilchen von mindestens sechs verschiedenen Physikern entwickelt wurde.

Ob Gianotti ein Nobelpreis verliehen werden sollte oder nicht, ist umstritten, da mit den aktuellen Regeln des Nobelpreises das Team hinter dem Experiment nicht anerkannt würde. Aber das hat solche Auszeichnungen in der Vergangenheit nicht verhindert. 1984 wurde der Nobelpreis an zwei Wissenschaftler, Carlo Rubbia und Simon van der Meer, für ihre Rolle bei der Entdeckung von zwei anderen Teilchen am CERN, den W- und Z-Bosonen, verliehen. An diesen Entdeckungen waren ebenfalls Teams von Hunderten von Forschern beteiligt. Auf die Frage, ob sie enttäuscht sei, den Nobelpreis nicht gemeinsam mit Englert und Higgs erhalten zu haben, sagte Gianotti: »Sicher nicht für mich persönlich, und ich denke, viele meiner Kollegen teilten das gleiche Gefühl. Wenn man etwas entdeckt, wird man vor allem durch die Entdeckung selbst sehr belohnt.«[89] Tatsächlich macht die Verleihung eines Nobelpreises in seiner jetzigen Form für Entdeckungen mit großen Forscherteams wenig Sinn. Oft ist es so, dass nicht ein Wissenschaftler oder nicht einmal drei Wissenschaftler hervorgehoben werden können – solche Forschung ist eine kollektive Aktivität.

Könnten wir noch weiter in der Zeit zurückgehen? Wäre es möglich, einen noch größeren LHC zu konstruieren, um den ersten Augenblick des Universums zu untersuchen? Der nächste Moment, in dem sich »neue Physik« ereignete, wird voraussichtlich etwa 10^{-32} Sekunden nach dem Urknall eingetreten sein. Es wird vermutet, dass zu diesem Zeitpunkt eine Instabilität in der Vakuumenergie die schnelle Expansion des Universums vorantrieb. Ich werde später mehr über die Forscher berichten, die diese Theorie des sehr frühen Universums aufstellten. Das Problem ist, dass man, um frühere Phasen unseres Universums zu testen, Energien erreichen müsste, die weitaus höher sind, als Teilchenbeschleuniger auf der Erde jemals mit der aktuellen Technologie erreichen können. Gianotti hat als Leiterin des CERN angeregt, einen »Future Circular Collider« zu bauen, der weit über 20 Milliarden Schweizer Franken kosten würde. Es gibt jedoch wenig wissenschaftliche Rechtfertigung für ein solches Experiment außer der Hoffnung, etwas Unerwartetes zu

89 Interview mit *Jot Down Cultural Magazine* 12/2017

finden. Die Teilchenbeschleuniger der nächsten Generation könnten die Energie der Teilchenkollisionen nur um etwa den Faktor dreißig erhöhen. Das untersucht immer noch den Zeitabschnitt, in dem sich das Universum in seinem Quark-Gluon-Plasmastadium befand. Wir müssten Teilchenbeschleuniger von der Größe des Sonnensystems bauen, um die Energieskalen zu erreichen, auf denen wir neue Phänomene erwarten könnten.

29. Jocelyn Bell Burnell (1943)

»für die Entdeckung von Neutronensternen«

Ein Weißer Zwergstern ist bei Weitem nicht der dichteste Zustand von Materie. Die Idee, dass Sterne ihr Leben beenden könnten, indem sie in einen neuen Materiezustand namens Neutronenstern kollabieren, wurde 1934 von Walter Baade und Fritz Zwicky formuliert. Entdeckt wurden Neutronensterne erstmals 1967 von der britischen Astronomin Jocelyn Bell. Solche Objekte enthalten mehr als die gesamte Masse unserer Sonne, komprimiert zu einer Kugel mit einem Durchmesser von nur 20 Kilometern. Ein Fingerhut dieses Materials würde eine Milliarde Tonnen wiegen. Das klingt erstaunlich und ist es auch.

Bell wurde 1943 in Nordirland geboren. Als sie elf Jahre alt war, wurden die Mädchen in die Hauswirtschaftsklasse geschickt, wo ihnen Kochen und Handarbeiten beigebracht wurde, während die Jungen im Wissenschaftslabor Physik und Astronomie lernten. Zwanzig Minuten nach Beginn des Unterrichts sagte Bell zur Lehrerin: »Ich glaube, ich bin am falschen Ort«, und bat darum, in den naturwissenschaftlichen Unterricht versetzt zu werden[90]. Am Ende des Jahres erreichte sie als Klassenbeste bei den Prüfungen 97 Prozent

90 Jocelyn Bell im Gespräch mit D. DeVorkin. American Institute of Physics, Oral History Interviews, 2000

der möglichen Punktzahl. Sie hatte nur eine Frage falsch beantwortet, nämlich die Angabe der Lichtgeschwindigkeit. Sie schrieb die richtige Antwort – die sie auswendig gelernt hatte – auf; 186000 Meilen pro Sekunde. Aber dann dachte sie, das sei aber wirklich schnell, strich Sekunde durch und schrieb Stunde. Ihr Vater hatte ihr beigebracht, alles zu hinterfragen und zu überprüfen, ob ihre Antworten Sinn machten.

Später, als sie in York ein Mädcheninternat besuchte, kaufte ihr Vater ihr ein Astronomiebuch von Fred Hoyle, und sie beschloss, Astronomin zu werden. Doch am Armagh-Observatorium, das von ihrem Vater, einem Architekten, entworfen worden war, sagte ihr einer der Astronomen, dass sie, wenn sie Astronomin werden wolle, gut darin sein müsse, die ganze Nacht wach zu bleiben. Bell war ziemlich niedergeschlagen, weil sie als Teenager ihr Bett und ihren Schlaf liebte. Stattdessen beschloss sie, »Radioastronomin« zu werden, weil sich mit solchen Geräten der Kosmos auch tagsüber beobachten ließ. Sie schrieb einen Brief an den berühmten Astronomen Bernard Lovell, der am Jodrell-Bank-Radioobservatorium der Universität Manchester arbeitete, und fragte ihn, was sie an der Universität studieren müsse, um Radioastronomin zu werden. Lovell antwortete: Physik.

An der Universität von Glasgow war sie die einzige Frau in einer Klasse von fünfzig Physikstudenten – ihr wurde oft geraten, sich gar nicht erst die Mühe zu machen, Physik zu studieren, und sie erinnert sich an die Tradition, dass, wenn eine Frau einen Hörsaal betrat, alle Männer mit den Füßen stampften und pfiffen. Doch bei den Prüfungen stach sie heraus und war oft die Beste. So gelang es ihr 1965, eine Doktorandenstelle bei der Cambridge Radioastronomy Group unter der Leitung von Martin Ryle zu erhalten. Ihr Vorgesetzter war Antony Hewish, der neue Instrumente zur Beobachtung von Quasaren baute. Bell half beim Bau, trieb auf einem Feld, das doppelt so groß war wie ein Fußballfeld, Pflöcke in den Boden und verband lange Stränge von Drähten, die die Antenne bilden würden. Nach zweijähriger Bauzeit funktionierte das Radioteleskop gleich beim ersten Einschalten!

Während sich die Erde drehte, maß das Radioteleskop Funksignale von beliebigen Quellen, die am Himmel auftauchten. Ein automatischer Stift zeichnete alle Signale auf einer langen Papierkarte auf, und jeden Tag entstanden so etwa 30 Meter Papiermessungen. Bell bediente tagsüber die Geräte und analysierte nachts die Daten. Bei einem Radioteleskop muss man sich vor künstlichen Störungen in Acht nehmen. Eine ganze Woche lang wurden die Signale von der Polizei überschwemmt, die dieselben Funkfrequenzen benutzte, die Bell beobachtete – dann schaffte sie es, die Polizei dazu zu bringen, eine andere Frequenz zu verwenden. Eines Nachts bemerkte Bell eine ungewöhnliche Funkquelle, die sich im Abstand von etwa einer Sekunde ein- und auszuschalten schien. In den folgenden Nächten tauchte das rätselhafte Signal immer wieder auf.

Bell berichtete Hewish von ihren Ergebnissen, der annahm, dass es ein von Menschen gemachtes Signal sein müsse, da eine astrophysikalische Quelle, die mit einer Frequenz von einer Sekunde pulsiert, viel kleiner als ein Stern sein müsste. Bell erkannte aber, dass das Objekt immer zur selben Sternzeit am Himmel erschien, also musste seine Quelle außerhalb unserer Erde liegen. Nachdem sie etwa fünf Kilometer Papieraufzeichnungen durchgesehen hatte, fand sie ein weiteres seltsam pulsierendes Objekt am Himmel. Diese von Bell entdeckte, pulsierende Radioquelle wurde später von einem Journalisten »Pulsar« genannt. Der Name blieb hängen. Bell hatte einen Neutronenstern entdeckt, der aufgrund seiner Rotation Radiowellenimpulse aussendet.

Bei Sternen mit einer Anfangsmasse zwischen dem 8- und

25-Fachen der Masse der Sonne sind die Zentralregionen heißer und dichter. Wenn ihre Fusion endet und ein Gravitationskollaps folgt, ist die Gravitation stark genug, um die Atome noch dichter zusammenzupressen – so dicht, dass sich die Kerne effektiv berühren. Der Endzustand ist ein Neutronenstern, der die Dichte eines Atomkerns hat, und dessen weiterer Kollaps dank einer neuen Form des quantenmechanischen Drucks durch die Neutronen gestoppt wird. Es wird angenommen, dass Neutronensterne eine Kruste aus Atomkernen haben, aber in ihrem Inneren wurden durch die extremen Bedingungen alle Protonen durch den Einfang von Elektronen in Neutronen umgewandelt. Ein Teelöffel eines Neutronensterns wiegt bis zu 10 Millionen Tonnen. Das ist etwa so, als würde man die gesamte Menschheit in einen Raum von der Größe eines Zuckerwürfels pressen!

Neutronensterne rotieren sehr schnell, bis zu mehreren Hundert Mal pro Sekunde. Dies ist eine Folge der Erhaltung der Rotationsenergie – wenn ein rotierender Stern in einen kleineren Zustand kollabiert, muss seine Rotationsgeschwindigkeit zunehmen, genau wie ein sich drehender Schlittschuhläufer, der sich schneller dreht, wenn er seine Arme nach innen bewegt. Als Galilei beobachtete, wie sich die Sonnenflecken bewegen, erkannte er, dass sich die Sonne etwa einmal im Monat dreht. Wenn sie auf die Größe eines Neutronensterns kollabieren würde, würde sie sich milliardenfach schneller drehen, und tatsächlich wurden Neutronensterne beobachtet, die sich so schnell drehen. Die Geschwindigkeit, mit der sie sich drehen, kann durch die Beobachtung von Pulsaren gemessen werden. Ein Pulsar ist ein Neutronenstern, der regelmäßig Strahlungspulse in unsere Richtung aussendet.

So wie sich die Neutronensterne während des Kollapses immer schneller drehen, werden auch ihre Magnetfelder immer stärker. Die geladenen Teilchen auf der Oberfläche eines Neutronensterns interagieren mit seinem Magnetfeld. Dadurch entsteht elektromagnetische Strahlung – ein Lichtstrahl von seinem Nord- und Südpol wird in unsere Galaxie emittiert. Manche Pulsare wackeln, während sie sich drehen, und wir sehen das Licht nur, wenn es auf uns zeigt, ähnlich wie das Leuchtfeuer eines Leuchtturms. Die Intervalle zwischen den Lichtimpulsen sind so regelmäßig wie unsere Atomuhren. Bell hatte die Hochfrequenz-Lichtpulse eines schnell rotierenden Neutronensterns beobachtet.

Bell erinnert sich, wie sie in Martin Ryles Büro kam und dort ein Treffen vorfand, zu dem sie nicht eingeladen worden war – eine Besprechung darüber, wie die Entdeckung bekannt gegeben werden sollte. Ihre Ergebnisse wurden mit fünf Autoren an die Zeitschrift *Nature* geschickt. Bell wurde als Zweite aufgeführt, ihr Doktorvater Hewish als Erstautor, dann Ryle und zwei weitere. 1974 wurde Hewish und Ryle der Nobelpreis für Physik für ihre Arbeit in der Radioastronomie und die Entdeckung von Pulsaren verliehen. Bell wurde nicht ausgezeichnet – sehr zum Zorn von Fred Hoyle. Hoyle beschuldigte Hewish, Bells Daten gestohlen zu haben, und äußerte sich äußerst kritisch gegenüber dem Nobelpreiskomitee. Aufgrund der britischen Verleumdungsgesetze musste sich Hoyle später öffentlich bei Hewish entschuldigen, und seine Kritik am Nobelkomitee trug wohl dazu bei, dass Hoyle selbst nie den Nobelpreis erhielt. Hoyles Kritik war meiner Ansicht nach dennoch berechtigt – Jocelyn Bell nicht den Nobelpreis zu verleihen, ist sicherlich eines der schockierendsten Versäumnisse in diesem Buch. Sie war es, die das Radioteleskop konstruierte, die Beobachtungen vornahm, die Entdeckung machte, sich mit ihren älteren Kollegen darüber streiten musste und ihre Existenz und Natur als einen neuen Typ eines extremen astrophysikalischen Objekts bestätigte. 1977 kommentierte sie die Tatsache, keinen Nobelpreis bekommen zu haben, so: »Ich ärgere mich nicht darüber – schließlich befinde ich mich in guter Gesellschaft, oder etwa nicht?«[91]

Nach ihrer Entdeckung der Neutronensterne lehrte Bell an der University of Southampton, bevor sie Professorin am University College London wurde. Inzwischen hat sie viele Preise und Auszeichnungen für ihre Forschung erhalten, darunter 2018 den mit drei Millionen Dollar dotierten Special Breakthrough Prize in Fundamental Physics. Bell spendete das gesamte Geld, um damit Frauen, unterrepräsentierte ethnische Minderheiten und Flüchtlingsstudenten in der physikalischen Forschung zu unterstützen, und sagte dazu: »Ich habe Pulsare entdeckt, weil ich einer Minderheit angehörte und mich in Cambridge ein wenig eingeschüchtert fühlte. Ich war sowohl weiblich als auch aus dem Nordwesten, und ich glaube, alle anderen um mich herum waren Südengländer. Deshalb habe ich das Gefühl, dass Minderheiten einen neuen Blickwinkel auf die Dinge mitbringen, und das ist oft eine sehr produktive Sache. Im Allgemeinen kommen viele Durchbrüche ganz unerwartet.«[92]

91 »Petit Four, after dinner speech by J. B. Burnell«. *Annals of the New York Academy of Sciences* Vol. 302, 1977

92 Pallab Ghosh: »Bell Burnell: Physics star gives away £2.3m prize«. *BBC News* Online, 6. September 2018

30. Shiv Kumar (1939)

»für die Vorhersage der Mindestmasse eines Sterns sowie der Existenz von Braunen Zwergen und Sternen der Population III«

Ein Stern ist eine riesige Kugel, die hauptsächlich aus Wasserstoff- und Heliumplasma besteht, das einer anhaltenden Kernfusion unterliegt. Aber viele Astronomen benennen die Dinge lieber nach ihrer Entstehung als nach den physikalischen Prozessen, denen sie unterliegen. Deshalb gibt es Objekte wie Weiße Zwerge, die häufig Weiße Zwergsterne genannt werden, obwohl sie keine Kernfusion durchlaufen. 1963 spekulierte der indische Astronom Shiv Kumar, dass der gleiche Prozess, der aus riesigen Gas- und Staubwolken Sterne erzeugt, auch häufig kleinere Objekte hervorbringt. Er berechnete, dass sich unterhalb einer bestimmten Masse ein Stern bildet, der niemals leuchtet, weil er keine Kernfusion durchläuft.

Shiv Kumar wurde 1939 in Bannu in Britisch-Indien – einer Region, die heute zu Pakistan gehört – geboren. Nach seinem Mathematikstudium an der Universität von Lucknow ging er an die University of Michigan, um über die Atmosphären von Sternen zu promovieren. Anschließend verbrachte er den größten Teil seiner Karriere an der University of Virginia. In den 1940er-Jahren hatte der amerikanische Astronom Henry Russell spekuliert, dass Sterne existieren könnten, die zu klein sind, um eine Kernfusion zu zünden. Es gab kaum eine andere Erwähnung einer solchen Möglichkeit, bis Kumar begann, Berechnungen über die Entwicklung von Sternen mit immer geringerer Masse durchzuführen. Ab 1958 verringerte er die Masse seiner Modelle immer weiter, bis er 1962 entdeckte, dass unterhalb einer bestimmten Masse keine Fusion eintritt. Damit die Fusion von Wasserstoff beginnen kann, sind Temperaturen von mehreren Millionen Grad erforderlich. Die geringste Masse, die ein Stern braucht, um eine Wasserstofffusion zu beginnen, beträgt etwa das 80-Fache der Masse des Jupiters oder etwa acht Prozent der Masse der Sonne.

Kumar veröffentlichte 1963 seine Ergebnisse zur minimalen Masse eines Sterns. Anschließend berechnete er, wie sich ein »failed star« im Laufe der Zeit entwickelt. Durch seinen Gravitationskollaps beginnt er sein Leben heiß. Während er abkühlt, wird er dichter und erreicht schließlich eine Größe, die der des Planeten Jupiter ähnelt, völlig schwarz, da er keine Strahlung mehr aussendet. Spätere Berechnungen zeigten, dass die massereichsten von Kumars gescheiterten Sternen in ihrem Kern Temperaturen erreichen konnten, um Deuterium, ein Wasserstoffisotop, zu verschmelzen. Dies erfordert etwas niedrigere Temperaturen, weshalb Deuterium der Brennstoff der Wahl in experimentellen Fusionsreaktoren ist. Deuterium ist jedoch selten und nur ein kleiner Bruchteil der Materie im Inneren von Sternen, sodass diese Brennstoffquelle nur für kurze Zeit ausreicht.

Warum nennen wir solche Objekte »Braune Zwerge«? Braun ist keine Farbe des Regenbogens, die durch bestimmte Lichtwellenlängen entsteht. Die Farbe Braun entsteht durch die Kombination von Rot, Blau und Gelb. Kumar nannte seine gescheiterten Sterne ursprünglich Schwarze Zwerge, doch das Problem war, dass der Begriff »Black Dwarf« in den 1960er-Jahren bereits anderweitig verwendet wurde. Es war der Name für einen Weißen Zwergstern, der im Laufe der kosmischen Zeit abkühlt und schließlich schwarz erscheint. Dieser Prozess dauert länger als das Alter des Universums, daher gibt es noch keine Schwarzen Zwerge. Da Kumars Objekte im infraroten Wellenlängenbereich leuchten müssten, wäre »Roter Zwerg« ein besserer Begriff gewesen, aber auch dieser wurde bereits verwendet, um Sterne mit geringer Masse zu beschreiben. 1975 schlug die Astrophysikerin Jill Tarter vor, Kumars Objekte »Braune Zwerge« zu nennen, und der Name blieb hängen.

Alle Objekte, die durch den Gravitationskollaps von Materie entstehen, von Planeten bis zu Sternen, werden aufgrund der Umwandlung von potenzieller Gravitationsenergie in kinetische Energie heiß. In einem Planeten wird diese Energie im Laufe der Zeit langsam abgestrahlt. In einem Stern tritt eine neue Energieform in Aktion – die Kernfusion. Ein Brauner Zwerg aber ist eher wie ein Planet, der am Anfang heiß ist und Wärmeenergie im infraroten Wellenlängenbereich ausstrahlt. Wenn er abkühlt, wird das Licht schwächer und bewegt sich zu noch längeren Wellenlängen. Es war deutlich, dass Braune Zwerge schwer zu entdecken sein würden, und trotz vieler Beobachtungssuchen war bis in die 1990er-Jahre hinein kein einziger Brauner Zwerg entdeckt worden. Aus diesem Grund wurde oft spekuliert, dass sie die fehlende Masse in unserer Galaxie ausmachen könnten.

Der entscheidende Beweis, ob ein blasses Objekt ein Brauner Zwerg und kein extrem blasser Roter Zwergstern ist, ist das Vorhandensein des Elements Lithium, das während des Urknalls entstanden ist. Ein Stern, der sich einer Fusion unterzieht, braucht sein ursprüngliches Lithium in etwa 100 Millionen Jahren auf. In Braunen Zwergen bleibt Lithium hingegen bestehen. Ein weiterer Test ist das Vorhandensein von Methan in ihrer Atmosphäre. Dieses wird in den heißen Atmosphären von Sternen meist zerstört. Astronomen machten also Jagd auf Objekte, die viel schwächer als die Sonne sind und Lithium oder Methan in ihrer Atmosphäre enthalten.

1995 fand eine Konferenz über Sterne statt, auf der zwei unabhängige Gruppen von Astronomen ihre Entdeckungen von Braunen Zwergen bekannt gaben. Auf derselben Konferenz gab übrigens Michel Mayor seine Ergebnisse zur Entdeckung eines »extrasolaren« Planeten bekannt, also eines Planeten, der einen anderen Stern umkreist. Das muss eine spannende Konferenz gewesen sein! Einer der entdeckten Braunen Zwerge war Gliese 229B, ein extrem schwacher Begleiter des Roten Zwergsterns Gliese 229. Die Suche nach Braunen Zwergen in der Nähe bekannter Sterne wurde durch die Tatsache motiviert, dass die meisten Sterne in binären Systemen entstehen. Gliese 229B strahlt ein Millionstel der Leuchtkraft unserer Sonne aus, hat eine Oberflächentemperatur von 1000 Kelvin – die Restwärme seiner Entstehung vor mehreren Milliarden Jahren –, und sein Spektrum verrät das Vorhandensein von Methan.

1964 hatte Kumar darauf hingewiesen, dass seine Braunen Zwerge einen beträchtlichen Teil der Masse in unserer Galaxie ausmachen könnten – vielleicht weit mehr als die sichtbaren Sterne. Seit 1995 wurde die Suche nach Braunen Zwergen vorangetrieben, und etwa zweitausend Braune Zwerge wurden inzwischen entdeckt. Da sie so schwach sind, ist es schwierig, ihre Zahl zu schätzen, aber es wird angenommen, dass allein in unserer Galaxie zwischen 25 und 100 Milliarden solcher Objekte existieren. Aufgrund ihrer geringen Masse musste die Theorie, dass sie die fehlende Materie bilden könnten, jedoch verworfen werden.

Beobachtungen bekannter Kandidaten für Braune Zwerge haben variierende Infrarotemissionen offenbart, die auf relativ kühle, undurchsichtige Wolkenmuster hindeuten, die ein heißes, von extremen Winden bewegtes Inneres verdecken. Es wird angenommen, dass das Wetter auf solchen Objekten extrem heftig ist und Jupiters berühmte Stürme bei Weitem übertrifft. Es wird laufend nach Planeten gesucht, die solche Objekte umkreisen – solche Welten würden niemals das Licht empfangen, das die Erde empfängt, und sind höchstwahrscheinlich ohne Leben. Aber in ferner Zukunft, lange nachdem alle Sterne in unserer Galaxie aufgehört haben zu leuchten, weil ihnen der Kernbrennstoff ausgeht, könnten seltene Kollisionen zwischen Braunen Zwergen stattfinden. Etwa alle 10^{18} Jahre könnte eine solche Kollision zu einer Verschmelzung solcher Objekte führen, wodurch ein Überrest mit ausreichender Masse und Temperatur für eine Fusionsreaktion entsteht – ein Roter Zwergstern. Solch ein Stern würde eine Billion Jahre allein in unserer Galaxie leuchten, bevor eine weitere lange Zeit der Dunkelheit folgt.

Was ist der Unterschied zwischen einem Braunen Zwerg und einem Gasriesen-Planeten wie Jupiter? Es gibt kaum einen, nur der Entstehungsmechanismus ist anders. Es ist nicht bekannt, wie klein ein Brauner Zwerg sein könnte. Derzeit erachtet die International Astronomical Union ein Objekt mit mehr als der 13-fachen Masse des Jupiters (der Grenzmasse für die thermonukleare Fusion von Deuterium) als Braunen Zwerg, während ein Objekt unter dieser Masse (das einen Stern oder einen Sternüberrest umkreist) als Planet angesehen wird. Die Mindestmasse, die erforderlich ist, um eine anhaltende Wasserstoffverbrennung auszulösen – etwa die 80-fache Masse des Jupiters –, bildet die Obergrenze der Definition eines Braunen Zwergs.

In einer Reihe von Arbeiten zwischen 1967 und 1974 schrieb Kumar über den Ursprung des Jupiters. Er spekulierte, dass der Jupiter als kleines felsiges Objekt innerhalb der protoplanetaren Scheibe begann, das durch Ansammlung von Staub und Gas auf seine heutige Größe anwuchs. Heute ist dieses sogenannte »Kernakkretionsmodell« die bevorzugte Erklärung dafür, wie Gasriesen wie Jupiter und Saturn entstehen. Kumars frühe Arbeiten dazu scheinen lange vergessen zu sein, ebenso wie seine Vermutung der Existenz einer dritten Sternenpopulation.

In den frühen 1960er-Jahren veröffentlichte Allan Sandage seine Messungen des Alters der Galaxie. Kumar publizierte daraufhin 1962 einen Artikel mit dem Titel *On the age of the galaxy*. Darin weist er darauf hin, dass das von Sandage abgeleitete Alter eine Untergrenze für das Alter der Galaxie ist. Damals hatte Walter Baade die Sterne in sogenannte junge Sterne der Population I und alte Sterne der Population II eingeteilt. Kumar argumentierte, dass die von Sandage beobachteten Sterne der Population II in ihren Spektren Elemente enthielten, die schwerer als Helium seien. Er spekulierte zu Recht, dass diese Elemente in einer noch älteren Generation von Sternen synthetisiert worden sein müssten, die sich aus reinem Wasserstoff und Helium gebildet haben müssten und die er »Sterne der ersten Generation« nannte – denn Wasserstoff und Helium waren die einzigen Elemente, die im Urknall hergestellt wurden. Diese Sterne wären dann als Supernova explodiert und hätten die Galaxie mit neu synthetisierten Elementen angereichert. Er berechnete, dass unsere Galaxie sechs Milliarden Jahre älter sein könnte als von Sandage gemessen. Heute nennen wir solche Sterne »Sterne der Population III«, und sie sind ein heißes Forschungsthema. Berechnungen zeigen, dass sie nur ein kurzes Leben hatten, und wir erwarten, heute keine solchen urzeitlichen Objekte mehr in der Galaxie zu finden. Doch sie spielen eine entscheidende Rolle in der Geschichte der Galaxienentstehung. Sie könnten weiter entfernt aufgespürt werden, aber dazu wäre ein noch größeres Teleskop als das James-Webb-Weltraumteleskop erforderlich.

Obwohl er nie Auszeichnungen oder Preise für seine Arbeit erhalten hat und einige seiner Ideen längst in Vergessenheit geraten sind, wurde zumindest Kumars Forschung zur minimalen Masse von Sternen und Braunen Zwergen anerkannt.

2012 fand auf Schloss Ringberg eine vom Max-Planck-Institut für Astronomie in Heidelberg organisierte internationale Konferenz mit dem Titel *50 years of brown dwarfs* statt, bei der Shiv Kumar als Ehrengast über seine frühen Arbeiten sprach.

31. Aleksander Wolszczan (1946) und Dale Frail (1961)

»für die Entdeckung extrasolarer Planeten«

Die Entdeckung, dass fast jeder Stern, den wir am Nachthimmel sehen, von seinen eigenen Welten – extrasolaren Planeten – umlaufen wird, war eine der umwälzendsten in der Geschichte der Astronomie. Der Nobelpreis für Physik 2019 ging an die Schweizer Astronomen Michel Mayor und Didier Queloz »für die Entdeckung eines Exoplaneten, der einen sonnenähnlichen Stern umläuft«. Er war wohlverdient, aber es war nicht die erste Entdeckung eines extrasolaren Planeten. Die wurde drei Jahre vor jener von Mayor und Queloz vom polnischen Astronomen Aleksander Wolszczan und dessen amerikanischen Astronomenkollegen Dale Frail gemacht. Der einzige Unterschied war, dass die Planeten, die sie entdeckten, keinen Stern umkreisten, sondern die Überreste eines toten Sterns – eines Pulsars.

Aleksander Wolszczan wurde in Polen geboren und studierte Radioastronomie an der Nikolaus-Kopernikus-Universität in Toruń. Er arbeitete an der Cornell University und in Princeton, bevor er Professor an der Penn State University wurde. In einem Interview erklärte er 1997: »Ich glaube, ich war schon immer fasziniert von Zeit und Raum und wie das funktioniert, und wie unsere Beziehung zu Zeit und Raum ist. Darum mag ich Berge. Darum bin ich gerne am Ufer eines großen Ozeans und beobachte ihn einfach. Ich muss nichts tun. Es ist einfach faszinierend und irgendwie fesselnd. Und das Gleiche gilt für den Himmel. Er ist unergründlich.«[93]

Wolszczans erste wissenschaftliche Veröffentlichung von 1974 berichtet von Beobachtungen von Pulsaren. Es war ein Thema, mit dem er seine gesamte Karriere verbrachte. Dies ist eine typische wissenschaftliche Karriere – man spezialisiert sich auf ein, vielleicht zwei Themen. Wissenschaftler wie Silk und Seldowitsch sind die Ausnahme, besonders heutzutage. Aber es war diese Spezialisierung – alles zu wissen, was es über ein bestimmtes Forschungsgebiet zu wissen gibt –, die Wolszczans berühmte Entdeckung ermöglichte.

Ich habe bereits von der Entdeckung der Pulsare durch Jocelyn Bell berichtet. Wenn einem massereichen Stern der Treibstoff ausgeht und er aufhört zu leuchten, zieht die Gravitation die gesamte Materie in Richtung seines Zentrums. Der Kern des Sterns kollabiert innerhalb von Sekunden, die resultierende Schockwelle verursacht eine spektakuläre Explosion – eine Supernova –, und die äußeren Schichten des Sterns werden buchstäblich in den Weltraum gesprengt. Der kollabierende Kern kann einen dichten Neutronenstern oder sogar ein Schwarzes Loch bilden, wenn der ursprüngliche Stern ausreichend Masse hatte. Ein sich drehender Neutronenstern kann regelmäßige Pulse von Radiowellen aussenden, die durch sein starkes Magnetfeld erzeugt und fokussiert werden. Der schmale Strahl von Radiowellen fegt wie das Licht eines Leuchtturms über den Himmel, aber viel schneller – von Sekunden bis Millisekunden, denn so schnell drehen sich diese Überreste toter Sterne. Wenn wir uns auf der Bahn des Strahls befinden, können wir diese Pulse von Radiowellen beobachten.

93 Charles DuBois: »Planets from the Very Start«. *Penn State News*, 1. September 1997

Die Rotation des Neutronensterns oder Pulsars ist so regelmäßig, dass das Intervall zwischen den Impulsen so regelmäßig ist wie eine Atomuhr. Alles, was den Pulsar umläuft, lässt ihn vor- und zurücktaumeln, wodurch sich seine Entfernung von der Erde leicht verändert. Dadurch ändert sich die Ankunftszeit der Pulse, die mit sehr hoher Genauigkeit gemessen werden kann. Die Position des Pulsars kann dann mit einer erstaunlichen Genauigkeit von 300 Metern bestimmt werden, was ausreichend genau ist, um einen umlaufenden Planeten zu erkennen.

Dies beruht auf der gleichen Physik, mittels welcher Mayor und Queloz den ersten Planeten entdeckten, der einen Stern umläuft. Da ein Planet Masse hat, beeinflusst er auch das Objekt, das er umläuft. Nehmen wir zum Beispiel unsere Sonne. Die Anziehungskraft der Planeten zieht auch an der Sonne, wodurch sie im Weltraum »wackelt«. Die Sonne und die Planeten umlaufen tatsächlich den Massenmittelpunkt (das Baryzentrum) des Sonnensystems, der zwischen einem und zwei Sonnenradien vom Zentrum der Sonne entfernt ist. Da Jupiter so massiv ist, ist er für den größten Teil des Wackelns der Sonne verantwortlich. Aber alle Planeten haben einen gewissen Einfluss auf die Sonne, was dazu führt, dass sie sich auf komplexe, aber vorhersehbare Weise bewegt. Eine solche Taumelbewegung eines fernen Sterns mit Planeten kann auf zwei verschiedene Arten nachgewiesen werden: durch Messung seiner Positionsänderung oder durch Messung seiner sich ändernden Geschwindigkeit.

Während die Auflösung von Teleskopen zu gering ist, um die Positionsänderung eines Sterns zu sehen, können Astronomen seine Geschwindigkeitsänderung mit einer Genauigkeit von Metern pro Sekunde messen. Das reicht aus, um den Einfluss eines erdähnlichen Exoplaneten zu erkennen. Aber die Position eines Pulsars kann so genau bestimmt werden, dass Schwankungen in den Intervallen der Radiopulse das Vorhandensein umlaufender Welten offenbaren können. Wolszczan verwendete zunächst das berühmte Radioteleskop in Arecibo auf Puerto Rico, um den 1000 Lichtjahre entfernten Pulsar PSR 1257+12 zu beobachten. Er bemerkte seltsame Unregelmäßigkeiten in den Ankunftszeiten der Funkpulse, konnte jedoch den genauen Standort des Pulsars nicht bestimmen. Wolszczan brauchte diese Informationen aber, um ein Modell zu konstruieren, in dem umlaufende Planeten die Daten erklären konnten. Er kontaktierte Dale Frail, einen Astronomen am National Radio Astronomy Observatory. Dessen Einrichtungen bestehen aus 27 Funkschüsseln, die zusammenarbeiten und Daten mit höherer Präzision liefern können. Frail faxte seine Ergebnisse an Arecibo mit dem Vermerk »Finde bitte keine Planeten!«. Dies, weil es in den vergangenen Jahren mehrere berühmte Ankündigungen von Planetenentdeckungen gegeben hatte, die später zurückgezogen wurden. Wenig später erhielt er jedoch die Antwort: »Zwei Planeten«.

Über den Moment, in dem er einen ersten Blick auf die Daten warf, sagte Wolszczan später: »Ich bin einfach aus dem Büro gelaufen. Ich musste mich ein wenig beruhigen. Bis zu diesem Moment waren so viele Planeten entdeckt und dann zurückgezogen worden, dass man auf jemanden zuging und sagte: ›Hey, ich habe da ein paar Planeten gefunden.‹ Wenn jemand so etwas zu mir sagte, sagte ich: ›Okay, zeig mir deine Daten.‹«[94]

1994 konnte Wolszczan seine Ergebnisse bestätigen, indem er die Gravitationseffekte untersuchte, welche die Planeten aufeinander ausübten. Die beiden Planeten waren nicht viel größer als die Erde, und seine Analyse offenbarte zusätzlich das Vorhandensein eines dritten Planeten, der nicht viel mehr Masse als unser Mond hat! Die »Pulsar Timing«-Technik ist

94 Ebenda

so präzise, dass der von Wolszczan und Frail entdeckte mondgroße Exoplanet immer noch der kleinste bekannte Exoplanet ist.

Es ist ein Rätsel, wie diese Planeten dort hingekommen sind. Wenn nämlich ein massereicher Stern explodiert und seine äußeren Schichten abwirft, wird über die Hälfte seiner Masse in den Weltraum geblasen, und alle ihn umlaufenden Planeten verspüren plötzlich eine schwächere Anziehungskraft. Der verbleibende Rest des Neutronensterns ist nicht massereich genug, um sie in der Umlaufbahn zu halten, die Planeten sollten also in den galaktischen Raum hinaustreiben. Wenn es Leben auf einem Planeten gäbe, würde es eine solch nahe Supernova-Explosion nicht überleben, aber es ist unwahrscheinlich, dass sie jemals Leben beherbergten. Massereiche Sterne verbrauchen ihren Treibstoff viel schneller und leuchten weniger als 30 Millionen Jahre. Dies ist nicht genügend Zeit, damit ein Planet bewohnbar wird und sich auf ihm Leben entwickelt. Vielleicht sind diese Planeten aus den Trümmern der Supernova entstanden – eine kosmische Geburt neuer Strukturen aus alten. Der Pulsar liefert keine Energie, die einfaches Leben ermöglichen könnte. Die Oberflächentemperaturen dieser Planeten sind extrem niedrig, und es könnten dort keine Flüssigkeiten existieren.

Wolszczan und Frail veröffentlichten ihre Ergebnisse 1992 in der Zeitschrift *Nature* unter dem Titel *A planetary system around the millisecond pulsar PSR1257 + 12*. In einer seltsamen Wendung dieser Geschichte reichten sie ihre Ergebnisse 1991 bei *Nature* ein, und Wolszczan sollte dazu auf dem Treffen der American Astronomical Society im Januar 1992 einen Vortrag halten. Das ist eine große prestigeträchtige Konferenz, an der Hunderte von Astronomen und die Presse teilnehmen. Kurz vor Wolszczans Vortrag würde der Radioastronom Andrew Lyne über eine Entdeckung von Pulsare umlaufenden Planeten sprechen, die er 1991 veröffentlicht hatte. Wolszczan dachte also, er wäre nur der zweite Wissenschaftler, der eine solche Entdeckung verkündet. Doch zum Erstaunen der Zuhörer erklärte Lyne während seines Vortrags, dass er sich verrechnet habe und seine Ergebnisse zurückziehe. Lyne hatte die Position des Pulsars nicht genau genug gemessen. Doch sein offenes Eingeständnis wurde als Demonstration wissenschaftlicher Integrität gewürdigt, und das Publikum belohnte ihn mit Standing Ovations. Als Nächstes sprach Wolszczan, der von der Ankündigung ebenfalls schockiert war – aber noch mehr davon, dass er seine neuen Ergebnisse einem nun skeptischen Publikum präsentieren musste.

In einer weiteren Wendung dieser Geschichte hatten 1988 drei kanadische Astronomen unter der Leitung von Gordon Walker und Bruce Campbell die Ergebnisse einer Studie veröffentlicht, in der sie mittels Messung der Taumelbewegung von Sternen nach Exoplaneten gesucht hatten. Sie hatten einen Hinweis auf einen Planeten, der den Stern Gamma Cephei umläuft. Aber sie schlossen die Möglichkeit in einem späteren Artikel aus dem Jahr 1992 grundsätzlich aus und führten die Ergebnisse auf die Rotation und die Oszillationen von Gamma Cephei zurück. Erst im Jahr 2003 bestätigte ein anderes Team von Astronomen, dass Gamma Cephei tatsächlich einen Planeten hat, der ein paar Mal so viel Masse hat wie Jupiter. Und 1989 berichtete ein anderes Team unter der Leitung von David Latham vom Harvard-Smithsonian Center for Astrophysics von Beweisen für einen Planeten mit der 13-fachen Masse des Jupiters, der einen Stern umläuft – stellte jedoch fest, dass es sich wahrscheinlich um einen Braunen Zwerg handelte. Tatsächlich haben wir gehört, dass ein Brauner Zwerg bei dieser Masse eine Deuteriumfusion durchlaufen kann.

Die Entdeckung von Exoplaneten schuf ein neues Gebiet der Astronomie – die Charakterisierung von Planeten, die andere Sterne umlaufen, und der Suche nach Leben, das sie beherbergen könnten. Eines der wichtigsten wissenschaftlichen Ziele der Teleskope der nächsten Generation, wie dem JWST und dem 39-Meter-Teleskop des ESO, ist die Durchführung dieser Suche.

Manchmal beneide ich die Auswahlkommission für den Nobelpreis nicht. Mindestens vier Personen verdienten den Nobelpreis für die Entdeckung extrasolarer Planeten, aber nur drei konnten ausgewählt werden. Da ein Pulsar im Wesentlichen ein toter Stern ist und die Beobachtungen von Gamma Cephei unsicher waren, sprach das Komitee den Nobelpreis Mayor und Queloz zu, deren Daten schnell bestätigt wurden und eindeutig die Existenz eines Planeten belegten, der einen anderen Stern umkreist. Vielleicht hätte Wolszczan den Preis ohne Frail als Dritter erhalten sollen. Schließlich war er es, der die Unregelmäßigkeiten in den Daten entdeckte und die Modellrechnungen durchführte, welche die Existenz von Planeten zeigten. Aber ohne die von Frail bereitgestellte genaue Position des Pulsars wären seine Ergebnisse wertlos gewesen. Und so funktioniert Wissenschaft.

32. Carl Sagan (1934–1996)

»für die Bestimmung der Vergangenheit und der Zukunft der Erde angesichts einer sich entwickelnden Sonne – und dafür, dass er uns alle inspirierte«

Carl Sagan ist besonders bekannt für die Fernsehserie *Cosmos*, die meistgesehene Serie in der Geschichte des öffentlichen US-Fernsehens mit weltweit über einer halben Milliarde Zuschauer. Das gleichnamige Begleitbuch stand 70 Wochen lang auf der Bestsellerliste der *New York Times* und war damals das meistverkaufte Wissenschaftsbuch aller Zeiten. Sagan schrieb noch viele weitere populärwissenschaftliche Bücher, und wenn ich eines empfehlen dürfte, wäre es *The demon haunted world: science as a candle in the dark*[95], in dem er die wissenschaftliche Methode und kritisches Denken erklärt, und wie man Pseudowissenschaft aufdeckt. In dem Buch findet sich auch eines von Sagans bekanntesten Zitaten: »Wissenschaft ist nicht nur mit Spiritualität vereinbar; sie ist eine tiefgreifende Quelle der Spiritualität«[96]. Sein Science-Fiction-Roman *Contact* von 1985 wurde unter dem gleichen Namen verfilmt. Er war ohne Frage der größte Popularisierer der Wissenschaft, den die Welt je gesehen hat. Doch selbst

95 Der Titel lässt sich ungefähr so ins Deutsche übersetzen: Die von Dämonen heimgesuchte Welt: Die Wissenschaft als eine Kerze im Dunkeln. Eine 1997 unter dem Titel *Der Drache in meiner Garage oder die Kunst der Wissenschaft, Unsinn zu entlarven* bei Droemer Knaur erschienene deutsche Übersetzung ist leider vergriffen.

96 Carl Sagan & Ann Druyan: *The demon haunted world: science as a candle in the dark*. Random House 1995: 29

wir Wissenschaftler neigen dazu, seine wichtigen Beiträge zu unserem Verständnis des Sonnensystems zu vergessen. Sagan veröffentlichte über dreihundert begutachtete wissenschaftliche Arbeiten, und in einer davon berechnete er die Vergangenheit und Zukunft unserer Erde und Sonne.

Sagan wurde in einem New Yorker Arbeiterviertel geboren und drückte im Alter von 12 Jahren den Wunsch aus, Astronom zu werden. Nachdem er sich in der Schule hervorgetan hatte, erhielt er ein Stipendium für die Universität von Chicago und schrieb dort auch seine Doktorarbeit in Astronomie. In Chicago lernte er auch seine erste Frau, Lynn Margulis, kennen, die den jungen Sagan so beschrieb: »Er war groß, gutaussehend, außerordentlich wortgewandt … dass er gut reden konnte, faszinierte mich … Seine Liebe zur Wissenschaft war ansteckend.«[97] Margulis wurde später eine berühmte Evolutionsbiologin. Würde ich ein Buch über Biologinnen und Biologen schreiben, die einen Nobelpreis verdient hätten, würde ich Margulis auf jeden Fall ein Kapitel widmen. Sie mutmaßte als Erste, dass das vielzellige Leben mit seinen einzigartigen unterteilten Zellen dank einer Symbiose mikrobieller Zellen entstanden ist – ein Evolutionsschritt, der eines der dramatischsten Ereignisse in der Geschichte des Lebens auf der Erde war.

Sagan wechselte an die Harvard University, wo er fünf Jahre als außerordentlicher Professor verbrachte. Überraschenderweise beförderte ihn Harvard trotz seiner bereits herausragenden Forschungsbeiträge nicht zum ordentlichen Professor, was zumindest teilweise an einem negativen Referenzschreiben des Chemikers und Nobelpreisträgers Harold Urey lag. Später in seiner Karriere wurde Sagan auch die Mitgliedschaft in der National Academy of Sciences

97 Lynn Margulis: *Symbiotic Planet: A New Look at Evolution.* Basic Books 1999: 17

verweigert – für seine Nominierung mussten zwei Drittel der Mitglieder mit Ja stimmen, aber weniger als die Hälfte stimmte für Sagan. Diese Brüskierungen werden weithin der Tatsache zugeschrieben, dass viele Wissenschaftler neidisch auf Kollegen sind, die Bücher schreiben und die Wissenschaft populär machen, und dass sie ungerechtfertigterweise eine geringe Meinung von deren wissenschaftlichen Errungenschaften haben. Dieses Phänomen ist heute übrigens tatsächlich als »Sagan-Effekt« bekannt. Aus eigener Erfahrung kann ich dies zumindest teilweise bestätigen – mein Rat an alle Forscher, die sich in der Populärwissenschaft versuchen wollen, ist daher, mit dem Schreiben eines Buches oder regelmäßigen Fernsehauftritten bis zur ordentlichen Professur zu warten! Sagan wechselte daraufhin an die Cornell University, wo er Direktor des Laboratory for Planetary Studies wurde. Dort wurden sowohl seine Forschungsleistungen als auch seine Öffentlichkeitsarbeit gleichermaßen geschätzt, und er verbrachte den Rest seiner Karriere in Zufriedenheit.

In seiner Doktorarbeit mutmaßte Sagan, dass die Temperaturen auf der Venus dank eines außer Kontrolle geratenen Treibhauseffekts extrem hoch sein könnten. Später verwendete er Radarbeobachtungen der Venus, um zu argumentieren, dass sie eine Oberflächentemperatur von über 400 °C habe. Dies wurde durch die Raumsonde Mariner 2 bestätigt, die 1962 die erste erfolgreiche Nahbeobachtung eines anderen Planeten durchführte, als sie an der Venus vorbeiflog. Sagan nahm die Venus als Beispiel, um vor den Gefahren zu warnen, die auf der Erde auftreten könnten, wenn die globale Erwärmung außer Kontrolle gerät.

Er leistete Pionierarbeit auf dem Gebiet der Exobiologie und der Suche nach Leben auf anderen Welten und führte Experimente durch, um zu zeigen, dass die Bausteine des Lebens, wie Aminosäuren und Nukleotide, synthetisiert werden können, indem man Chemikalien ultravioletter Strahlung aussetzt. Er schrieb auch über die Möglichkeit, dass Leben in der dichten Atmosphäre der Venus existieren könnte, wo 50 Kilometer über dem Boden Temperatur und Druck der Erdatmosphäre entsprechen. Die Idee wurde von der wissenschaftlichen Gemeinschaft weitgehend ignoriert. Im Jahr 2021 entdeckten Astronomen jedoch das Molekül Phosphin in der Atmosphäre der Venus. Seine Häufigkeit ist zu groß, um durch natürliche Ursachen erklärt zu werden, und es kommt nur in der Erdatmosphäre vor, weil es vom Leben produziert wird. Dies belebte das Interesse an der Venus neu, und eine Reihe neuer Forschungsmissionen sind geplant, um ihre Atmosphäre und Oberfläche zu untersuchen.

Sagan war, seit ihrer Gründung in den 1950er-Jahren, Berater der NASA. Er hatte eine führende Rolle bei den Missionen *Mariner, Viking, Voyager* und *Galileo*. Eines der berühmtesten Fotos, die jemals gemacht wurden, ist ein Bild der Erde, das von der Raumsonde Voyager 1 aus einer Entfernung von sechs Milliarden Kilometern aufgenommen wurde. Sagan regte an, die Raumsonde für diese Aufnahme um 180 Grad zu drehen, nachdem sie ihre wissenschaftlichen Ziele erfüllt hatte, und sie zeigt die Erde als »pale blue dot« (blassblauen Punkt), der ein einzelnes Pixel des Bildes einnimmt. In seinem 1994 erschienenen Buch *Pale Blue Dot: A Vision of the Human Future in Space* kommentiert Sagan die Bedeutung des Bildes in fünf Absätzen. Es ist ein Text, der mich so sehr zum Nachdenken angeregt hat wie kaum ein anderer, und ich empfehle Ihnen dringend, Sagan zuzuhören, wie er seine eigenen Worte vorliest – die Aufnahme lässt sich leicht im Internet finden.

Obwohl Sagan als Kind von der Idee fasziniert war, dass der Mars Leben beherbergen könnte, war er es selbst, der seine Hoffnungen später zunichtemachte. In den 1950er-Jahren dachten Wissenschaftler, dass die wechselnden Licht- und Dunkelmuster auf dem Mars, die durch Teleskope beobachtet wurden, auf eine sich mit den Jahreszeiten ändernde Vegetation hindeuteten. Sagan zeigte, dass diese Variationen durch Marsstürme verursacht wurden, die Staub über die Oberfläche trieben. Er war einer der Ersten, der die Hypothese aufstellte, dass die Monde von Jupiter und Saturn Ozeane und Leben beherbergen könnten – ob dem tatsächlich so ist, muss noch erforscht werden. Die ESA plant, 2023 eine Mission zu starten, um die Jupitermonde zu erkunden und dort nach Zeichen von Leben zu suchen.

1972 berechneten Sagan und sein Kollege George Mullen als Erste die Vergangenheit und Zukunft unseres Sterns sowie die Auswirkungen auf das Leben auf der Erde. Während die Sonne Masse in Energie umwandelt, indem sie vier Protonen zu Heliumkernen verschmilzt, verliert ihr zentraler Kern an Masse und hat weniger Partikel, die den nötigen Druck ausüben, um einem Gravitationskollaps zu widerstehen. Infolgedessen zieht sich der Kern der Sonne zusammen und erwärmt sich, während Gravitationsenergie in kinetische Energie umgewandelt wird. Dies führt zu einer höheren Zahl von Kernreaktionen, und die Leuchtkraft oder Leistungsabgabe der Sonne nimmt im Laufe der Zeit langsam, aber stetig zu. Die höhere Innentemperatur wird dazu führen, dass sich die äußeren Regionen der Sonne ausdehnen. Daher wird die Sonne im Laufe der Zeit größer und leuchtender, während sie in der Vergangenheit kleiner und schwächer war.

Sagan und sein Kollege berechneten, dass der Kern der Sonne, als die Fusionsreaktionen vor 4,58 Milliarden Jahren begannen, mit etwa zwei Drittel der heutigen Leuchtkraft leuchtete. Sie schätzten aufgrund der Berechnungen, dass es in den ersten zwei Milliarden Jahren der Erdgeschichte so kalt hätte sein müssen, dass es kein flüssiges Wasser gegeben hätte – die Ozeane wären gefroren gewesen. Doch die geologischen Beweise deuten darauf hin, dass die durchschnittliche

Oberflächentemperatur auf der Erde in den letzten paar Milliarden Jahren trotz der ständig zunehmenden Menge an Sonnenlicht ziemlich konstant war. Und wir wissen heute, dass es vor mindestens dreieinhalb Milliarden Jahren Leben und flüssiges Wasser auf der Erde gab. Dieses Dilemma ist als »faint young sun paradox« (Paradoxon der schwachen jungen Sonne) bekannt. Sagan und Mullen schlugen als Lösung vor, dass die Erde in der Vergangenheit eine dickere Atmosphäre mit einer höheren Konzentration an Treibhausgasen besaß. Dies hätte die Temperaturen auf der Oberfläche viel wärmer halten können.

Sagan und Mullen veranschaulichten, dass es drastische Konsequenzen für das Leben auf der Erde haben wird, wenn die Leuchtkraft der Sonne weiterhin zunimmt. Mit den steigenden Temperaturen auf der Erde sinkt der Kohlendioxidgehalt in der Atmosphäre, da sich die Geschwindigkeit chemischer Verwitterungsprozesse erhöht. Die chemische Verwitterung ist ein natürlicher Vorgang, bei dem sich atmosphärisches Kohlendioxid mit Wasser zu Kohlensäure verbindet. Das Kohlendioxid regnet buchstäblich vom Himmel und verbindet sich mit dem Oberflächengestein. In etwa 500 Millionen Jahren wird der Kohlendioxidgehalt unter das Niveau sinken, das Pflanzen und Bäume für die Photosynthese benötigen, was zu ihrem Aussterben führen wird. In einer Milliarde Jahren wird die Leuchtkraft der Sonne um zehn Prozent höher und die Durchschnittstemperatur auf der Erde auf fast 50 °C gestiegen sein. Der Treibhauseffekt wird außer Kontrolle geraten, wenn die Ozeane in die Atmosphäre verdunsten. Zu diesem Zeitpunkt wird die Plattentektonik wahrscheinlich zum Stillstand kommen, die Erde wird der Venus ähneln, und alles tierische Leben auf der Erde wird zu Ende gehen. Das ist ein ziemlich erstaunlicher Gedanke. Das Leben auf der Erde hatte 4 Milliarden Jahre lang ideale Bedingungen, aber wir können sie nur weitere 500 Millionen

Jahre genießen, bevor sie für Leben wie unseres zu extrem werden. Wenn es unserer Spezies wie durch ein Wunder gelingt, bis dahin zu überleben, muss sie die Erde vermutlich verlassen und ein neues Zuhause finden – aber zumindest hat Sagan uns reichlich im Voraus gewarnt.

Während des Kalten Krieges arbeitete Sagan mit dem sowjetischen Weltraumforschungsinstitut in Moskau zusammen, um eine amerikanisch-sowjetische Mission zur Entsendung von Astronauten zum Mars voranzutreiben. Sagan glaubte, dass ein solches Unternehmen, gemeinsam nach Leben auf dem Mars zu suchen, das Wettrüsten entschärfen könnte. Der Zusammenbruch der Sowjetunion und die Katastrophe des Space Shuttles »Challenger« führten zum Abbruch dieser Mission. Während der letzten Jahre seines Lebens widmete Sagan einen Großteil seiner Zeit dem Kampf für nukleare Abrüstung – er warnte die Welt vor dem nuklearen Winter, der folgen würde, wenn es zu einem Krieg mit solchen Waffen käme.

Sagan erhielt viele Auszeichnungen, aber erst nach seinem 50. Lebensjahr und fast ausschließlich für seine Arbeit als Schriftsteller und die Popularisierung der Wissenschaft. Dazu gehörten mehrere Emmys für die Serie *Cosmos*, der Pulitzerpreis für das beste Sachbuch (1978, für *The Dragons of Eden: Speculations on the Evolution of Human Intelligence*) und der Hugo-Preis für das Buch *Cosmos*. Außerdem wurde er 1981 von der American Humanist Association zum Humanisten des Jahres gewählt. Wahrscheinlich wegen des »Sagan-Effekts« wurde seine wissenschaftliche Forschung nie gebührend gewürdigt. Neben seinen inspirierenden Worten verdient er sicherlich auch Anerkennung für seine Pionierarbeit in der Exobiologie. Sagan starb im Alter von nur 62 Jahren an den Folgen einer seltenen Knochenmarkerkrankung. Sein Andenken wird in Generationen von Wissenschaftlern und der breiten Öffentlichkeit, die er inspiriert hat, weiterleben.

Mein Lieblingszitat von Sagan ist kurz, aber tiefgründig: »We are a way for the cosmos to know itself.«[98]

Sagans Vision vom Leben, das da draußen im Universum existieren könnte, wird wahrscheinlich Milliarden von Jahren überdauern – er entwarf die Plaketten auf den Pioneer-Sonden, die Anfang der 1970er-Jahre von der Erde aus gestartet wurden, und auch die berühmten goldenen Schallplatten, die sich an Bord der beiden Voyager-Sonden befinden. Diese wurden 1977 ins All geschickt und sind derzeit die am weitesten von der Erde entfernten von Menschen gefertigten Objekte. Sie befinden sich auf dem Weg aus dem Sonnensystem und werden die Sterne unserer Galaxie umlaufen. Sie werden höchstwahrscheinlich nie von Außerirdischen entdeckt, aber sie werden über Milliarden von Jahren zwischen den Sternen bestehen, lange nachdem unsere Erde aufgehört hat zu existieren, denn es gibt im Vakuum des Weltraums nur wenig, das sie zerstören könnte.

98 *Cosmos: A Personal Voyage* (Fernsehserie), Episode 1: »The Shores of the Cosmic Ocean«. PBS 1980

33. Emmy Noether (1882–1935)

»für den Zusammenhang zwischen Raum und Zeit und Erhaltungsgrößen«

Descartes und Newton führten die Konzepte ein, dass Größen wie Kreis- oder Winkelbewegung erhalten bleiben. Das bedeutet, dass die Bewegung eines Objekts im Weltraum, wie der Voyager-Sonden, für die Ewigkeit andauert, es sei denn, es trifft auf einen Stern. Es bedeutet auch, dass die Rotation der Erde für immer andauert, es sei denn, eine andere Kraft wirkt auf sie ein, um dies zu verhindern. Das ist gut so, denn sonst könnte sich die Geschwindigkeit, mit der sich unsere Erde entlang ihrer Umlaufbahn bewegt, im Laufe der Zeit ändern – was dazu führen würde, dass sie in die Sonne oder in unsere Galaxie hinauswirbelt. Die Idee, dass Masse erhalten bleibt, findet sich bereits in den Lehren von Mahavira, dem Begründer der Jain-Philosophie um 500 v. Chr. – dass das Universum und sein Inhalt, wie Materie, nicht zerstört oder erschaffen werden können. Aus der antiken griechischen Philosophie stammt die Idee, dass »nichts von nichts kommt«. Im 17. Jahrhundert führte der deutsche Wissenschaftler Gottfried Leibniz das Konzept der Bewegungsenergie ein – er nannte es die »vis viva« oder lebendige Kraft eines Systems und sagte, dass auch sie erhalten bleiben muss. Die Idee, dass Wärmeenergie erhalten bleibt, wurde im 19. Jahrhundert entwickelt. Einstein zeigte schlussendlich, dass Materie und Energie äquivalent sind – und heute sagt man einfach, dass Masse-Energie erhalten bleibt.

Aber warum bringt die Natur diese Erhaltungsgrößen hervor? Sie wurden lange als Axiome hingenommen; Tatsachen, die Tatsachen sind, weil die Natur so funktioniert. Es war die brillante deutsche Mathematikerin Emmy Noether, die den physikalischen Ursprung dieser Gesetze entdeckte. Noether wurde von vielen, einschließlich Einstein, als die wichtigste Frau in der Geschichte der Mathematik bezeichnet. Aber die Unterscheidung zwischen den Geschlechtern ist nicht nötig – Emmy Noether gehört zu den größten Mathematiker:innen aller Zeiten, und ihre berühmteste Arbeit hatte Auswirkungen auf die gesamte Wissenschaft, insbesondere auf die Physik.

Noether wurde im bayerischen Erlangen geboren. Ihr Vater war Mathematikprofessor an der Universität Erlangen, ihre Mutter stammte aus einer wohlhabenden jüdischen Familie. Zunächst wollte sie Sprachlehrerin werden, studierte Englisch und Französisch, und bestand 1900 das Lehramtsexamen. Doch sie entschied sich für eine Laufbahn in der Mathematik. In den nächsten Jahren besuchte sie Vorlesungen in Erlangen und Göttingen, unterrichtet von Persönlichkeiten wie Karl Schwarzschild, David Hilbert und Hermann Minkowski. Frauen mussten damals für den Besuch von Vorlesungen eine Sondergenehmigung einholen, und Noether war eine von nur zwei Frauen unter fast tausend Männern an der Universität. 1904 wurden die Regeln geändert, und Frauen durften sich gleichberechtigt mit den Männern immatrikulieren.

Nach ihrer Promotion 1907 arbeitete sie sieben Jahre lang ohne Bezahlung – Frauen waren von akademischen Ämtern grundsätzlich ausgeschlossen und durften sich nicht dem Habilitationsverfahren unterziehen. Der renommierte Mathematiker David Hilbert war dennoch von ihrer Forschung beeindruckt und wollte sie 1915 als Lehrbeauftragte an die Universität Göttingen holen. Zu skeptischen Kollegen soll er gesagt haben: »Ich sehe nicht, wie das Geschlecht der Kandidatin gegen ihre Zulassung als Privatdozentin sprechen könnte. Schließlich sind wir eine Universität, kein Badehaus.«[99]

Hilberts Anstrengungen waren ohne Erfolg, und Noether lehrte mehrere Jahre ohne offizielle Anstellung und ohne Bezahlung in Göttingen. Während dieser Zeit fand sie den Grund, warum Erhaltungsgrößen existieren. Das Noether-Theorem, wie es heute genannt wird, zeigt, wie jede kontinuierliche Symmetrie der Natur zu einer einzigartigen Erhaltungsgröße führt. Die formale Aussage des Satzes von Noether und seine Ableitung sind ziemlich komplex und lang, aber die Grundidee ist einfach und tiefgründig.

Unter kontinuierlicher Symmetrie versteht Noether eine Transformation, die an einem physikalischen System durchgeführt wird und dessen messbare Größen unverändert lässt. Die Symmetrie einer Schneeflocke ist beispielsweise nicht kontinuierlich, sondern diskret – sie sieht nur gleich aus, wenn man sie um 60 Grad dreht. Die Symmetrie eines perfekten Tischtennisballs ist kontinuierlich – egal wie man ihn dreht, er sieht immer gleich aus, und es ist nicht erkennbar, dass er gedreht wurde. Die Rotationsinvarianz – dass die Richtung im Raum keine Rolle spielt – führt zur Erhaltung des Drehimpulses.

Die Homogenität des Raums – der Raum ist in alle Richtungen gleich, in dem Sinne, dass, wenn Sie sich durch den Raum bewegen, es keine Rolle spielt, in welche Richtung Sie sich bewegen, Ihre physische Beschreibung wird dieselbe sein – führt zur Erhaltung des Impulses und zum wahren Ursprung des ersten Newtonschen Gesetzes – ein Körper in Ruhe bleibt in Ruhe, ein sich bewegender Körper bewegt sich weiter in einer geraden Linie, solange keine Kraft

99 Hermann Weyl: »Emmy Noether«. *Scripta Mathematica III*. Yeshiva University: 207

auf ihn einwirkt. Am schönsten ist: Die Homogenität der Zeit – ob vorwärts oder rückwärts fließend, die Gesetze der Physik ändern sich nicht – führt zur Erhaltung der Energie. Das Noether-Theorem führt auch zu mehreren wichtigen Erhaltungssätzen in der quantenmechanischen Beschreibung von Teilchen.

Nach dem Ende des Ersten Weltkriegs gab es einen signifikanten Wandel im sozialen Gefüge, einschließlich der Frauenrechte. 1919 wurde Noether von der Universität Göttingen habilitiert. Drei Jahre später erhielt sie ein Schreiben des Preußischen Ministers für Wissenschaft, Kunst und Volksbildung, in dem er ihr den Titel »nicht beamtete außerordentliche Professorin« verlieh. Obwohl dies die Bedeutung ihrer Arbeit anerkannte, wurde Noether immer noch nicht bezahlt. Dies änderte sich erst, als sie ein Jahr später in die Sonderposition einer Lehrbeauftragten für Algebra berufen wurde.

Hermann Weyl fasste die Stimmung in Deutschland nach dem Ersten Weltkrieg in seinem Nachruf auf Emmy Noether zusammen: »Sie [Noether] hielt sich in den wilden Zeiten nach der Revolution von 1918 nicht von der politischen Erregung fern, sie stand mehr oder weniger auf der Seite der Sozialdemokraten; ohne eigentlich im Parteileben zu stehen, beteiligte sie sich intensiv an der Diskussion der politischen und gesellschaftlichen Probleme der Zeit. […] Es ist heute kaum noch vorstellbar, wie bereit die junge Generation in Deutschland damals zu einem Neuanfang war, zu versuchen, Deutschland, die europäische Gesellschaft im Allgemeinen, auf den Grundlagen von Vernunft, Menschlichkeit und Gerechtigkeit aufzubauen. Aber leider schlug die Stimmung unter der akademischen Jugend bald um; in den Kämpfen, die Deutschland in den folgenden Jahren erschütterten, und die hier und da die Form von Bürgerkriegen annahmen, finden wir sie [die akademische Jugend; Anm. d. Übers.] meist aufseiten der reaktionären und nationalistischen Kräfte. … In späteren Jahren beteiligte sich Emmy Noether nicht mehr an politischen Angelegenheiten. Sie blieb jedoch immer eine überzeugte Pazifistin, eine Haltung, die ihr sehr wichtig und ernst war.«[100]

In den folgenden Jahren leistete Noether viele wegweisende Beiträge zur Mathematik, insbesondere zur Algebra und Topologie – äußerst technische Arbeiten, die von den prominentesten Mathematikern der Welt sehr geschätzt wurden und werden. Sie war weithin hoch angesehen und wurde zweimal eingeladen, vor dem Internationalen Mathematikerkongress zu sprechen. Ihre Rede vor dem Kongress von 1932 in Zürich trug den Titel *Hyperkomplexe Systeme in ihren Beziehungen zur kommutativen Algebra und zur Zahlentheorie*. Im selben Jahr erhielt sie den Alfred Ackermann-Teubner Gedächtnispreis zur Förderung der mathematischen Wissenschaften.

Wenig später, 1933, gehörte sie zu den zahlreichen Akademikern an deutschen Universitäten, die wegen ihrer jüdischen Abstammung entlassen wurden. Weyl fasste den rapiden Niedergang des weltgrößten mathematischen Forschungszentrums so zusammen: »Im Frühjahr 1933 brach der Sturm der Nationalen Revolution über Deutschland herein. Die Göttinger Mathematisch-Naturwissenschaftliche Fakultät, an deren Aufbau und Festigung Klein und Hilbert jahrzehntelang gearbeitet hatten, wurde in ihren Wurzeln erschüttert. […] Emmy Noether wurde, wie vielen anderen auch, die Teilnahme an allen wissenschaftlichen Aktivitäten untersagt, schließlich wurden ihr die *venia legendi* sowie der Lehrauftrag und das damit verbundene Gehalt entzogen. Eine stürmische Kampfzeit, wie wir sie im Sommer 1933 in Göttingen erlebt haben, schweißt zusammen; so habe ich eine besonders lebendige Erinnerung an diese Monate. Emmy Noether, ihr

100 Ebenda: 207 f.

Mut, ihre Offenheit, ihre Unbesorgtheit gegenüber dem eigenen Schicksal, ihr versöhnlicher Geist waren inmitten von Hass und Gemeinheit, Verzweiflung und Trauer, die uns umgaben, ein moralischer Trost. Es wurde natürlich versucht, das Ministerium und andere verantwortliche und unverantwortliche, aber mächtige Stellen zu beeinflussen, um ihre Position zu retten. Ich nehme an, in keinem anderen Fall hätte es beim Ministerium einen solchen Stapel begeisterter Empfehlungsschreiben geben können, wie sie auf ihren Namen eingeschickt wurden. Damals haben wir wirklich gekämpft; es bestand noch Hoffnung, dass das Schlimmste abgewendet werden könnte. Es war vergebens. [...] Es darf nicht vergessen werden, was Amerika in diesen letzten beiden aufreibenden Jahren für Emmy Noether und für die deutsche Wissenschaft im Allgemeinen getan hat.«[101] Als Weyl diese Worte 1935 schrieb, konnte er das tatsächliche Ausmaß der Schrecken, die nun folgen würden, noch nicht erahnen.

Auch Noethers Bruder Fritz war ein begabter Mathematiker. Da er in Nazideutschland nicht mehr arbeiten durfte, zog er für eine Professur an der Universität Tomsk in die Sowjetunion. 1937 wurde er während Stalins großer Säuberung verhaftet. Er wurde beschuldigt, ein deutscher Spion zu sein, und zu 25 Jahren Gefängnis verurteilt. Fritz verbrachte mehrere Jahre in Gefangenschaft, bevor er erneut der antisowjetischen Propaganda beschuldigt und 1941 von einem Erschießungskommando hingerichtet wurde.

Emmy hatte mehr Glück – sie hatte überlegt, nach Moskau zu ziehen, aber dank eines Stipendiums der Rockefeller Foundation nahm sie eine Stelle am Bryn Mawr College in Amerika an. Sie genoss die letzten zwei Jahre ihres Lebens in den Vereinigten Staaten, wo sie Vorlesungen über Mathematik hielt und eine neue Generation von Mathematikerinnen

101 Ebenda: 210 f.

ausbildete, bis sie 1935 im Alter von nur 53 Jahren nach einer Tumoroperation plötzlich verstarb. Albert Einstein schrieb in der *New York Times*: »In den letzten Tagen ist eine angesehene Mathematikerin, Professorin Emmy Noether, ehemals mit der Universität Göttingen verbunden und seit zwei Jahren am Bryn Mawr College, im 53. Lebensjahr gestorben. Nach dem Ermessen der kompetentesten lebenden Mathematiker war Fräulein Noether das bisher bedeutendste kreative mathematische Genie seit Beginn der höheren Bildung von Frauen. Auf dem Gebiet der Algebra, mit dem sich die begabtesten Mathematiker seit Jahrhunderten beschäftigen, entdeckte sie Methoden, die sich für die Entwicklung der heutigen jüngeren Generation von Mathematikern als von enormer Bedeutung erwiesen haben.«[102]

Aufgrund ihres Geschlechts erhielt Emmy Noether nie eine feste Anstellung an einer Universität. Es gibt keinen Nobelpreis für Mathematik, und die höchste Auszeichnung in diesem Fachgebiet, die Fields-Medaille, wurde erst 1936, ein Jahr nach Noethers Tod, gestiftet. Sie hätte diese Auszeichnung sicherlich verdient. Ihre Entdeckung der Gründe für Erhaltungssätze geht über die Mathematik hinaus und spielte eine entscheidende Rolle für unser Verständnis von der Funktionsweise des Universums – dafür hätte sie sicherlich auch den Nobelpreis für Physik verdient.

102 »The Late Emmy Noether. Professor Einstein Writes in Appreciation of a Fellow-Mathematician«. *New York Times*, 4. Mai 1935

34. Chien-Shiung Wu (1912–1997)

»für den Nachweis, dass die Natur nicht immer symmetrisch ist«

Eines der ungelösten Probleme bei unserem Versuch, das Universum zu verstehen, ist die Frage, warum es überhaupt Materie gibt. Lange dachte man, die Gesetze der Physik seien immer symmetrisch in Raum und Zeit. In diesem Fall wäre das natürliche Ergebnis des frühen Universums eine gleiche Menge an Materie- und Antimaterie-Partikeln gewesen, die während der ersten Sekunde unseres Universums entstanden sind. Nahezu all diese Teilchen wären kollidiert und hätten sich zu Photonen und Neutrinos verdichtet, sodass nichts übrig geblieben wäre, um Sterne oder Leben zu formen. Eine alte Idee war, dass ein Mechanismus die Materie von der Antimaterie trennte, sodass große Regionen unseres Universums aus nur einer Art von Materie bestanden. Dies müsste jedoch an den Grenzen solcher Bereiche, in denen Materie und Antimaterie in Kontakt kommen, ein beobachtbares Signal hinterlassen, das nicht nachgewiesen werden konnte. Eine andere mögliche Lösung wäre, dass die Interaktionen zwischen Teilchen nicht symmetrisch sind, was zu einem Überschuss an Materie gegenüber Antimaterie geführt hätte. Dass die Natur manchmal gegen die Symmetrie verstößt und so Raum für eine Lösung des Problems des Überschusses an Materie im Universum lässt, wurde von der chinesischen Experimentalphysikerin Chien-Shiung Wu entdeckt. Sie zeigte, dass ein Phänomen und sein Spiegelbild nicht immer dasselbe sind; dass das Universum manchmal zwischen links und rechts unterscheidet.

Die Neue Kulturbewegung hatte gerade erst begonnen, als Wu 1912 in China geboren wurde. Der konfuzianische Glaube an die Bedeutung von Männern und deren Dominanz über Frauen war am Verblassen. Es war das Jahr, in dem die jahrhundertealte Praxis, Frauen die Füße zu binden, offiziell verboten wurde. Wus Eltern spielten eine Rolle in der Frauenbefreiungsbewegung, welche die Gleichstellung der Frau und die Bildung chinesischer Frauen förderte. Ihr Vater nahm an der Revolution von Sun Zhongshan teil, die zu dieser Modernisierung Chinas führte. 1919 wurde in Peking die erste unabhängige, von der chinesischen Regierung geführte Frauenuniversität gegründet. Es war ein Anfang, aber der Fortschritt war langsam – und betraf nur eine kleine Anzahl von Frauen aus der Elite. Die große Mehrheit der Frauen auf dem Land hatte nichts von diesen Veränderungen. Erst als Mao Zedong 1949 das Feudalsystem abschaffte und sagte, »Frauen halten den halben Himmel hoch«, begannen sich die Rechte der Frauen in China umfassend zu verbessern.

Wu wurde an einer Mädchenschule unterrichtet, die von ihrem Vater gegründet worden war. Später studierte sie Physik und wurde Klassenbeste an der Nationalen Zentraluniversität (heute Universität von Nanjing). Danach arbeitete sie als Assistentin von Gu Jung-Wei, einer Physikprofessorin, die an der University of Michigan promoviert hatte, und Wu riet, dasselbe zu tun. Beginnend mit der Neuen Kulturbewegung, machten sich junge Frauen der chinesischen Elite auf nach Amerika, um sich ausbilden zu lassen – viele von ihnen wurden später zu Pionierinnen in der chinesischen Frauenbefreiungsbewegung.

Wu bewarb sich an der Universität von Michigan und wurde angenommen. Ein wohlhabender Onkel bezahlte ihre Reise, und so kam sie 1936 mit dem Schiff in San Francisco an und besuchte die Labors in Berkeley, wo sie Ernest Lawrence, den Direktor des Nuklearforschungslabors, traf. Lawrence erhielt 1939 den Nobelpreis für Physik für die Erfindung des Zyklotron-Teilchenbeschleunigers. Das Gespräch mit Wu beeindruckte ihn so sehr, dass er sie ermutigte, ihre Studienpläne zu ändern, und ihr eine Doktorandenstelle anbot. Gleichzeitig erfuhr Wu, dass Frauen die Studentenvereinigung der Universität von Michigan nicht durch den Vordereingang betreten durften, und beschloss auch deshalb, an der liberaleren University of California in Berkeley zu studieren.

Sie machte sich schnell einen Namen als sorgfältige und brillante Experimentalphysikerin. Für ihren Abschluss im Jahr 1940 führte sie Forschungen zur Kernspaltung durch und beteiligte sich bald darauf, aufgrund ihres Fachwissens, am Manhattan-Projekt. Nach dem Krieg nahm sie eine außerordentliche Forschungsprofessur an der Columbia University an. Dort führte sie Experimente zur Quantenverschränkung und Präzisionsexperimente zum Beta-Zerfall durch, die Enrico Fermis neue Theorie der schwachen Wechselwirkung bestätigten. Eigentlich hatte sie 1956 geplant, mit ihrem Mann zurück nach China zu reisen, doch eine verrückte Idee ihres Kollegen Tsung-Dao Lee hielt sie in den USA.

Die Idee begann mit einer Mutmaßung von Richard Feynman, dass bestimmte Wechselwirkungen zwischen Teilchen die weithin angenommenen symmetrischen Naturgesetze verletzen könnten. Ich habe bereits von Poincarés Postulat erzählt, dass die Gesetze der Physik in Raum und Zeit unverändert bleiben sollten. Das bedeutet, dass die Physik dort drüben dieselbe ist wie hier, und dass die Physik dieselbe bleibt, egal ob die Zeit vorwärts oder rückwärts fließt. Ich habe auch von Emmy Noethers Arbeit zu Symmetrien und Erhaltungssätzen berichtet. Aber um einen Überschuss an Materie gegenüber Antimaterie zu erzeugen, muss die Symmetrie gebrochen werden. Eine solche Möglichkeit wurde vom berühmten Teilchenphysiker Wolfgang Pauli für unsinnig erklärt. Zu seiner großen Überraschung und zur Überraschung aller theoretischen Teilchenphysiker bewies Wu jedoch, dass die Natur manchmal unsere Erwartungen verletzt.

Stellen Sie sich vor, Sie betrachten eine Uhr in einem Spiegel – sie scheint sich gegen den Uhrzeigersinn zu drehen. Stellen Sie sich nun vor, Sie bauen eine Uhr so, dass jede Komponente ein Spiegelbild ihrer selbst ist. Die Schraubgewinde wären rechts- statt linksdrehend, die Zahlen würden spiegelverkehrt aufgedruckt. Die Uhrzeiger würden sich gegen den Uhrzeigersinn drehen.

Einige Teilchen, wie Protonen und Neutronen, bestehen selbst aus kleineren Teilchen, den sogenannten Quarks. Quarks und Elektronen werden als Elementarteilchen bezeichnet – das heißt, sie bestehen nicht aus kleineren Einheiten. Wir können die physikalischen Erscheinungen eines Quarks oder eines Elektrons nicht erklären, sie sind nur mathematisch definiert, und jedes hat mehrere Eigenschaften wie Ladung, Masse oder Spin. Es ist der Spin des Teilchens, der ihm eine »Händigkeit« oder Chiralität verleiht. Die Teilchen drehen sich allerdings nicht wirklich; das Wort »Spin« beschreibt das quantenmechanische Gegenstück zum Drehimpuls.

Ein Neutron kann durch die Emission eines Elektrons und eines Anti-Neutrinos zu einem Proton werden. Dies wird als Beta-Zerfall bezeichnet und agiert unter der schwachen Wechselwirkung. Wenn wir ein Spiegelbild der Teilchen machen (indem wir zum Beispiel den Spin des Protons umdrehen), sollte das Spiegelbild der Reaktion stattfinden. Aber das tut es nicht.

Wu untersuchte den Zerfall von Kobalt zu Nickel, bei dem eines der Kobalt-Neutronen zu einem Proton zerfällt, indem es ein Elektron und ein Anti-Neutrino emittiert. Sie kühlte dafür das Kobalt zunächst auf 0,01 Grad über dem absoluten Nullpunkt herab, um seine thermischen Bewegungen zu reduzieren, und legte dann ein starkes Magnetfeld an, das bewirkt, dass sich der Spin aller Kobaltkerne ausrichtet. Dies ist wichtig, da diese Spin-Achse in die neuen Teilchen, die aus dem Zerfall hervorgehen, eingeprägt sein sollte. Wu maß die Richtung, in welche die Elektronen austraten. Dann wiederholte sie das Experiment, änderte aber die Richtung des Magnetfeldes und drehte so die Spins der Kerne um. Wäre die Natur symmetrisch, hätte sie festgestellt, dass die Ausrichtung der Kernspins in eine Richtung zu identischen Ergebnissen führen würde wie die Ausrichtung in die andere Richtung. Stattdessen ergab das Experiment, dass die Richtung der austretenden Elektronen asymmetrisch war – die Elektronen traten mehrheitlich in der entgegengesetzten Richtung zu den Kernspins aus. Wu hatte entdeckt, was wir eine Paritätsverletzung nennen, was bestätigte, dass die schwache Wechselwirkung die Spiegelsymmetrie verletzt und die Natur zwischen links und rechts unterscheidet.

Stellen Sie sich vor, Sie sitzen auf einem sich drehenden Stuhl und lassen einen Ball fallen. Er fällt nach unten. Wenn Sie sich dabei in einem Spiegel betrachten würden, würden Sie sich scheinbar in die entgegengesetzte Richtung drehen, aber der Ball würde immer noch nach unten fallen. Das Überraschende an Wus Experiment war etwa so, als würde der Ball im Spiegel nach oben »fallen«.

Nachdem Wu ihre Ergebnisse bekannt gegeben hatte, kündigte die *New York Times* auf ihrer Titelseite die »Erschütterung eines grundlegenden Konzepts der Kernphysik« an. Bald nach Wus Entdeckung wurden viele weitere Experimente durchgeführt, die den gleichen Effekt in verschiedenen Formen der schwachen Wechselwirkung zeigten.

Wus Experiment war der erste wichtige Schritt zur Beantwortung der Frage, die zu Beginn des Kapitels gestellt wurde – warum Materie in unserem Universum existiert. Sie zeigte, dass die schwache Wechselwirkung die Parität verletzt – dass sich die Regeln ändern, wenn man das System spiegelt. 1964 wurde gezeigt, dass auch eine andere Symmetrie der Natur gebrochen wird – die sogenannte Ladungsparität.[103] In diesem Fall werden Symmetrien gebrochen, wenn Teilchen durch ihre Antiteilchen und Antiteilchen durch ihre Teilchen ersetzt werden.

1967 beschrieb der russische Physiker Andrei Sacharow drei notwendige Voraussetzungen dafür, wie die Natur funktionieren muss, damit beim Urknall ein Überschuss an Materie gegenüber Antimaterie entsteht. Zusätzlich zu den oben diskutierten Symmetrien gibt es eine weitere Symmetrie, die verletzt werden muss, die der sogenannten Baryonenzahl. Dies wurde bisher noch nicht in einem Experiment beobachtet, aber wenn es entdeckt wird, werden zweifellos und zu Recht weitere Nobelpreise vergeben. Und selbst wenn dieses Problem gelöst ist, beantwortet auch das noch nicht die große Frage, warum es etwas gibt und nicht nichts.

1958 wurde Wu zur ersten Professorin in der Geschichte der Columbia University ernannt. Sie führte weiterhin Experimente durch, die dazu beitrugen, das Standardmodell für Teilchenwechselwirkungen zu etablieren. Später erhielt sie die National Medal of Science, den Wolf Prize für Physik und über ein Dutzend Ehrendoktorwürden. Für ihre Vorhersage der Paritätsverletzung wurden Tsung-Dao Lee und Chen Ning Yang 1957 einmal für den Nobelpreis nominiert und erhielten den Preis 1958. Zwischen 1958 und 1965 wurde Wu für ihre Entdeckung siebenmal für einen Nobelpreis nominiert. Danach ist das Archiv nicht mehr verfügbar. Dass sie nicht in die Preisverleihung von 1958 aufgenommen wurde, ist ein weiteres großes Versäumnis des Nobelpreiskomitees.

103 Die Experimentalphysiker, die dies entdeckten, James Cronin und Val Fitch, erhielten 1980 den Nobelpreis für Physik.

In ihrem späteren Leben engagierte sich Wu, lange nachdem sie 1981 in den Ruhestand gegangen war, gegen Geschlechterdiskriminierung und für Menschenrechte. Sie starb 1997 in New York an einem Schlaganfall, und ihre Asche wurde im Hof der von ihrem Vater gegründeten Ming-De-Schule begraben, dem Ort, an dem sie ihre Liebe zur Physik entdeckt hatte.

35. Edward Tryon (1940–2019)

»für die Idee, dass das Universum aus dem Nichts durch eine Quantenfluktuation entstanden sein könnte«

Warum gibt es etwas und nicht nichts? Dies ist die größte Frage von allen und eine, die sich viele gestellt haben. Dass »nichts von nichts kommt«, stellte bereits der griechische Philosoph Parmenides im 5. Jahrhundert v. Chr. fest. Die Frage blieb zweieinhalbtausend Jahre eine der Philosophie und Theologie. Sie wurde von Physikern als nicht zu beantworten betrachtet und wenig diskutiert. Die einzige weithin akzeptierte Lösung war, dass ein ewiges, allmächtiges Wesen das Universum erschaffen hat. Das heißt, bis zur Arbeit von Edward Tryon, einem Physiker, von dem wohl nur sehr wenige meiner Kollegen überhaupt gehört haben.

Tryon studierte an der Cornell University und wurde vom Nobelpreisträger Hans Bethe beeinflusst. Bei einem gemeinsamen Mittagessen sagte dieser zu Tryon: »Unsere Intuition basiert auf unseren Erfahrungen in der makroskopischen Welt. Es gibt keinen Grund, bei mikroskopischen Phänomenen auf unsere Intuition zu vertrauen.« Tryon wurde klar, dass er, wenn er in der Physik irgendetwas von Wichtigkeit erreichen wollte, all seine bisherigen Ansichten über die physikalische Welt über Bord werfen müsste. Anschließend ging er an die University of California in Berkeley und wurde für seine Promotion vom Nobelpreisträger Stephen Weinberg betreut. Seine Doktorarbeit befasste sich mit der Beziehung zwischen Allgemeiner Relativitätstheorie und Quantenfeldtheorie.

Eines Tages im Jahr 1970 kam ihm plötzlich ein Geistesblitz. Es war während eines Vortrages des bekannten britischen Physikers Dennis Sciama, als es plötzlich laut aus Tryon herausplatzte: »Vielleicht ist das Universum eine Vakuumfluktuation!« Alle im Saal, inklusive dreier anwesender Nobelpreisträger, brachen in schallendes Gelächter aus – sie dachten, Tryon hätte einen Witz gemacht![104]

Doch es war ihm ernst mit der Idee, obwohl er sich wegen dieser Begebenheit so schämte, dass er seine Theorie erst Jahre später weiterverfolgte, als er bereits Professor an der City University of New York war. 1973 erschien seine Arbeit mit dem Titel *Is the universe a vacuum fluctuation?* (Ist das Universum eine Vakuumfluktuation?) in der Zeitschrift *Nature*.

Dass etwas nicht aus nichts entstehen kann, ist eine grundlegende Folge der Erhaltungssätze von Masse und Energie. Da das Universum »etwas« ist, hielten es die meisten Physiker für hoffnungslos, einen Mechanismus für seinen Ursprung im Nichts zu finden. Tryon weist in seiner Arbeit zunächst darauf hin, dass ein Universum mit bestimmten Eigenschaften aus dem Nichts auftauchen könnte – eines, in dem die Gesamtenergie null ist. In einem solchen Universum wäre die Raumzeit flach[105]. Er geht weiter auf die Quantenfeldtheorie ein, der zufolge im Prinzip jedes Ereignis, das eintreten kann, auch eintreten wird. Ein Vakuum, das scheinbar partikelfrei ist, ist eigentlich ein schäumendes Meer aus Aktivität und schwankender Energie. Es kann mathematisch mit Teilchen und ihren Antiteilchen beschrieben werden, die auf unmessbar kleinen Zeitskalen ständig auftauchen und wieder verschwinden. Dies wird als Vakuumfluktuation bezeichnet.

104 Barry R. Parker: *Creation: The Story of the Origin and Evolution of the Universe.* Basic, New York 2003: 189

105 Soweit ich weiß, hat der amerikanische Physiker Richard Tolman erstmals 1934 in seiner Monografie *Relativity, thermodynamics and cosmology* darauf hingewiesen.

Tryon argumentiert, dass es keinerlei Begrenzung für das Ausmaß solcher Vakuumfluktuationen gebe, und dass unser Universum aus einer einfachen Quantenfluktuation in einem Vakuum entstanden sein könnte.

In seiner Arbeit über die Entstehung eines Universums aus dem Nichts schreibt Tryon: »Als Antwort auf die Frage, warum es passiert ist, schlage ich bescheiden vor, dass unser Universum einfach eines dieser Dinge ist, die von Zeit zu Zeit passieren.«[106] Er erwähnt, dass das Vakuum zunächst in einem größeren Raum existieren musste, in den unser beobachtbares Universum eingebettet war. Tryon sieht damit die Idee eines Multiversums vorher. Dann diskutiert er die Rolle des Lebens in einem solchen Universum – eines der ersten »anthropischen Argumente«, die jemals vorgebracht wurden. Dass jedes Universum, in dem sich Lebewesen befinden, notwendigerweise lebensfreundlich ist. Er verwendet dieses Argument, um darauf hinzuweisen, dass obwohl Universen, die aus solchen spontanen Schwankungen hervorgehen, wahrscheinlich selten sind, Beobachter eines Universums sich nur in Universen mit lebensfreundlichen Bedingungen entwickeln werden.

Tryon hatte seine Arbeit über den Ursprung des Universums zuerst an die Zeitschrift *Physical Review Letters* geschickt, doch dort hatte man sie abgelehnt. Er schickte sie dann an die Zeitschrift *Nature*, wo man die Theorie so spannend fand, dass man sie zu einem Feature-Artikel machte. Dennoch, obwohl die Presse das Thema aufgriff, geriet Tryons Arbeit in Vergessenheit. Die Diskussion um ein Universum, das aus dem Nichts entsteht, wurde erst 1982 fortgesetzt, nachdem die Inflationstheorie (mehr dazu in Kapitel 41) populär geworden war. Der ukrainische Kosmologe Alexander Vilenkin

106 Edward P. Tryon: »Is the Universe a Vacuum Fluctuation?«. *Nature* Vol. 246, 1973: 397

schrieb eine Arbeit, in der er mathematisch detaillierter beschrieb, wie ein Universum aus einer Quantenfluktuation im Rahmen des neu vorgeschlagenen Inflationsszenarios entstehen könnte. Seine Arbeit trug den Titel *Creation of universes from nothing* (Erschaffung von Universen aus dem Nichts). Die Arbeit von Tryon wurde nur in einer »hinzugefügten Anmerkung«[107] erwähnt.

In den 1970er-Jahren wurde angenommen, dass die Energie unseres Universums von zwei Komponenten herrührt; der positiven Energie der Materie und der negativen Energie der Gravitation. Als Astronomen versuchten, die Energiedichte des Universums zu messen, kamen sie zuerst auf Zahlen, die eine positive Nettoenergie hatten. Das Universum würde sich für immer ausdehnen. Dann kam die Entdeckung der »Dunklen Energie«; im Wesentlichen die kosmologische Konstante, die Einstein verworfen hatte. Sie wirkt wie ein Unterdruck, das Gegenteil der Gravitation, und führt dazu, dass sich das Universum immer schneller ausdehnt. Wenn jedoch diese Energiekomponente mit einbezogen wird und unsere Interpretation von Energie auf kosmischer Ebene korrekt ist, ist die Gesamtenergie unseres Universums tatsächlich null. Dies wird durch Beobachtungen der kosmischen Mikrowellen-Hintergrundfluktuationen gestützt, die zeigen, dass die Raumzeit fast flach ist.

Tryons Spekulation war also korrekt! Unser Universum hätte mit null Energie beginnen können, man hätte nur ein Stück Raumzeit nehmen und es mit positiver und negativer Energie füllen müssen, sodass deren Summe nichts ist, aber es sich auszudehnen beginnt. Aber das ist nicht nichts, es ist etwas, auch wenn es nur ein leeres Stück Raumzeit ist. Tryon

107 Oft weist eine solche Fußnote darauf hin, dass der Autor die Idee unabhängig von früheren Autoren hatte und ein anonymer Gutachter darauf hinwies, dass die Idee nicht originell war.

hat die Frage, warum unser Universum aus dem Nichts entstanden ist, also nicht vollständig beantwortet. Dennoch ist die Idee so tiefgründig, dass er dafür Anerkennung verdient.

Was ist überhaupt nichts? Es gibt keinen Ort in unserem Universum, an dem Sie nichts finden können. Jede zufällig ausgewählten paar Kubikmeter unseres Universums werden eine Menge Zeug enthalten. Vielleicht ein Proton, ein paar Teilchen Dunkle Materie und sicherlich eine Unmenge an Photonen und Neutrinos. Was wäre, wenn Sie ein spezielles kleines Raumvolumen mit keinem dieser Teilchen finden würden – ist das nichts? Es würde immer noch Dunkle Energie enthalten. Es wäre immer noch ein Volumen unserer Raumzeit. Es würde immer noch Quantenfluktuationen unterliegen. Unsere physikalischen Gesetze würden innerhalb dieses leeren Volumens immer noch existieren – wie ich schon viel früher erwähnt habe, resultieren unsere grundlegendsten physikalischen Gesetze der Erhaltung von Energie und Bewegung nur aus der Symmetrie von Raum und Zeit. Aber wenn Sie Raum und Zeit oder Raumzeit entfernen, dann existieren diese Gesetze nicht.

Vielleicht bleibt nichts übrig, wenn man das gesamte Universum mit all seinen physikalischen Gesetzen wegnimmt? Im Kontext der Physik ist es unmöglich, dem absoluten Nichts einen Sinn zu geben. Wir haben keine physikalische Theorie, um zu beschreiben, was außerhalb des Universums und außerhalb des Bereichs seiner physikalischen Gesetze passiert. Das Konzept des Nichts ist physikalisch schlecht definiert. Trotzdem waren einige Kosmologen so kühn zu behaupten, »Nichts« sei instabil und würde natürlicherweise zum spontanen Auftreten von Quantenfeldern führen.

In der Schule wurde uns beigebracht, dass Teilchen die Bausteine von allem sind. Aber das ist nicht richtig – die zugrunde liegenden Bausteine sind »Quantenfelder«. Lassen Sie mich ein Quantenfeld zerlegen: In der Physik ist ein Feld eine Menge von Werten, die an allen Punkten im Raum existieren. Die an allen Punkten in einem Raum gemessene Temperatur könnte als »Temperaturfeld« betrachtet werden. Ein Quantenfeld codiert die Gesetze der Quantenmechanik in ein Feld, das an allen Punkten im Raum Werte hat. Das bedeutet, dass die Energien innerhalb dieses Feldes »quantisiert« sind und nur bestimmte Werte annehmen können. Das ist ganz anders als in unserem Temperaturfeld, in dem die Temperatur ein beliebiger Zahlenwert sein kann.

Ein Quantenfeld beschreibt, wie sich Kräfte ausbreiten und wie sich Teilchen manifestieren. Quantenfelder sind kein physikalisches Objekt, das ich beschreiben kann, sondern ein mathematisches Gerüst, das sehr gut funktioniert. Ich stelle mir ein Quantenfeld als eine ätherähnliche Energie vor, die sich über den ganzen Raum ausbreitet. Die Wellen in diesem Energiefeld erzeugen elektromagnetische Wellen und Licht. Jedes existierende Teilchen, von Elektronen bis zu Quarks, und alle unsere physikalischen Gesetze und Kräfte sind Manifestationen innerhalb eines zugrunde liegenden Quantenfelds. Selbst wenn man ein Volumen ohne Teilchen betrachtet, ein Quantenvakuum (perfektes Vakuum), ist das Quantenfeld immer noch vorhanden. Innerhalb dieses leeren Volumens kann die Mathematik so interpretiert werden, dass sie ein Meer von Teilchen und Antiteilchen beschreibt, die ständig erzeugt und zerstört werden.

Die kühne, aber spekulative Stringtheorie versucht, ein tieferes Verständnis solcher Quantenfelder zu schaffen. Sie ersetzt die punktförmigen Teilchenerscheinungen des Quantenfeldes durch winzige, eindimensional schwingende Saiten. Die Schwingungszustände der Saiten führen zu den Eigenschaften von Teilchen, die wir messen, wie Masse und Ladung. Diese Objekte existieren in einem zehn- oder elfdimensionalen Raum, der so klein zusammengerollt ist, dass wir seine Anwesenheit nicht wahrnehmen. Leider gibt es keinen eindeutigen experimentellen Test, der durchgeführt werden könnte, um die Richtigkeit solcher Theorien zu überprüfen.

Wir können unsere große Frage nach dem Nichts darauf reduzieren, warum es ein Stück Raumzeit gab, ein Quantenvakuum, das möglicherweise zufällig schwankte und unser gesamtes Universum erschuf. Das allein ist eine grundlegende Vereinfachung der Frage. Aber uns bleibt immer noch die Frage, warum dieses Quantenvakuum existierte. Natürlich kann man nun behaupten, dass es von einem übernatürlichen Wesen entworfen und erschaffen wurde. Wenn Ihnen diese Vorstellung Trost spendet, nun gut. Es lässt sich nicht ausschließen, aber es beantwortet die Frage nicht. Ein übernatürliches Wesen, das schlau genug ist, ein Stück Raumzeit mit einer Quantenfluktuation aus dem Nichts zu erschaffen, ist sicherlich kein Nichts. Es ist eine weitaus komplexere Lösung als die Idee, dass es eine ewig existierende leere Raumzeit mit einem Nullenergiezustand gab, die zufällig einer Fluktuation unterzogen wurde. Dass das Universum plötzlich ohne Grund aufgetaucht ist. Viele Wissenschaftler akzeptieren gerne, dass das quantenmechanische Weltbild nicht unbedingt Ursache und Wirkung erfordert. In der quantenmechanischen Welt können Dinge spontan und zufällig passieren, oder zumindest scheinen sie es zu tun. Ich halte dies zwar für eine sehr unbefriedigende Beschreibung davon, wie sich die Dinge verhalten, aber vielleicht ist es eine, mit der wir leben müssen.

Edward Tryon verbrachte den Rest seiner Karriere an der City University of New York. Seine Arbeit wird in Büchern über den Ursprung des Universums nur selten ausreichend gewürdigt. Im populärwissenschaftlichen Buch *Ein Universum aus Nichts* von Lawrence Krauss wird Tryon nicht einmal erwähnt, obwohl seine Ideen im Mittelpunkt des Buches stehen. Er wird auch nicht in Stephen Hawkings *Eine kurze Geschichte der Zeit* erwähnt, in dem seine Ideen ebenfalls enthalten sind. Tryon starb 2019, nachdem er an Alzheimer gelitten hatte. Ein kurzer Nachruf in der *New York Times* erwähnte, dass er gern fischte und Katzen so sehr liebte, dass er oft Streuner aus der Nachbarschaft bei sich aufnahm.

Tryon muss ein sehr bescheidener Mensch gewesen sein, der sich wenig um Ruhm und Anerkennung scherte und sich einfach freute, dass andere seine Ideen später weiterentwickelten. 1985 sagte er in einem Interview: »Ich habe Zeiten des Zweifels durchlebt, und während ich zuschaute, wie Hindernisse überwunden wurden, hat es mir das Gefühl gegeben, dass meine Theorie bestätigt wird.«[108]

108 Gino del Guercio: »Origin of the universe cosmologists: In the beginning was nothing«. *South Florida Sun Sentinel*, 1. Oktober 1985

36. Ludwig Boltzmann (1844–1906)

»für die Interpretation der Thermodynamik und die Richtung der Zeit«

Kein Wissenschaftler mag es, wenn seine Arbeit nicht anerkannt wird. Und Ludwig Boltzmann kämpfte zeitlebens um Anerkennung für seine Theorien. Manche haben spekuliert, dass seine Frustration dazu beigetragen haben könnte, dass er 1906 sein Leben eigenhändig beendete. Obwohl seine Arbeiten über ein Jahrhundert alt sind und vor der Entdeckung der Quantenmechanik und des Urknalls lagen, waren seine Ideen revolutionär, und es überrascht nicht, dass ihre Wichtigkeit missverstanden wurde. Noch heute beeinflusst Boltzmanns Werk die aktuelle Forschung zu grundlegenden Fragen wie der Natur der Zeit und dem Anfang und Ende des Universums.

Boltzmann wurde in Österreich geboren. Sein Vater, ein Zollbeamter, starb, als er 15 Jahre alt war, und seine Mutter nutzte ihr kleines Erbe, um ihrem Sohn eine Hochschulausbildung zu ermöglichen. 1863 begann er ein Studium der Mathematik und Physik an der Universität Wien. Für seine Grundlagenforschung und seine inspirierenden Vorlesungen erhielt er schnell Anerkennung, und wurde bereits 1869 zum ordentlichen Professor an der Universität Graz ernannt.

Im 19. Jahrhundert wurden in der Thermodynamik die Gesetzmäßigkeiten entwickelt, die das Verhalten von Materie beschreiben; wie Wärme und Temperatur mit Energie und Entropie zusammenhängen. Diese empirischen Gesetze wurden durch Experimente entdeckt, die versuchten, die Effizienz von Dampfmaschinen zu verbessern. Der erste Hauptsatz der Thermodynamik ist eine Aussage über die Energieerhaltung – dass Energie nur umgewandelt und niemals zerstört werden kann. Der zweite Hauptsatz der Thermodynamik, dass die Entropie eines geschlossenen Systems nur zunehmen kann, ist schwieriger zu verstehen, aber ebenso grundlegend. Er erklärt, warum es keine Perpetuum-mobile-Maschinen geben kann, und bestimmt letztendlich unser Schicksal in der fernen Zukunft des Universums.

Der zweite Hauptsatz der Thermodynamik wurde Mitte des 19. Jahrhunderts aufgrund der Arbeiten des Franzosen Sadi Carnot und des Deutschen Rudolph Clausius formuliert. Dass die Entropie immer größer wird, ergibt sich aus der Beobachtung, dass Wärme immer von heißen zu kälteren Objekten fließt, dabei aber ein Teil der »nützlichen Wärme« verloren geht. Die verlorene Wärme wurde durch eine Größe namens Entropie charakterisiert. Damals dachten viele Wissenschaftler, Wärme sei eine schwerelose Flüssigkeit, die zwischen Objekten strömt. Erst zu Beginn des 20. Jahrhunderts wurde Wärme als Folge der kinetischen Bewegung von Molekülen akzeptiert. Wir wissen jetzt, dass ein Teil der Wärmeenergie abgestrahlt wird und ein Teil durch Leitung verloren geht, was zu einer Zunahme der kinetischen Bewegungen der umgebenden Luft führt. Der zweite Hauptsatz der Thermodynamik besagt, dass die nutzbare Wärmemenge, die zur Verrichtung von Arbeit genutzt werden kann, stetig abnimmt.

Viele Wissenschaftler dachten, die Gesetze der Thermodynamik seien das Ende der Geschichte, dass es keine tiefere Erklärung gebe; es war nur Materie, die sich wie Materie verhielt. Boltzmann veranschaulichte, wie sich die Gesetze der Thermodynamik aus kollektivem Verhalten von Atomen ergeben, bevor die Existenz von Atomen überhaupt nachgewiesen wurde. Zunächst zeigte er, wie Stöße zwischen Atomen in einem Gas zu einer charakteristischen Geschwindigkeitsverteilung führen. Diese wird heute als »Maxwell-Boltzmann-Verteilung« bezeichnet, da ihre Form vom schottischen Physiker James Maxwell vermutet und von Boltzmann abgeleitet wurde. Sie wird so ziemlich jedes Mal verwendet, wenn ein Gas modelliert wird, von der Erdatmosphäre bis zum Plasma des frühen Universums. Bis 1872 hatte Boltzmann seine berühmte »Boltzmannsche Transportgleichung« hergeleitet, die beschreibt, wie sich eine Ansammlung von Teilchen mit der Zeit entwickelt. Es ist eine Gleichung, die heute zur Untersuchung vieler Phänomene verwendet wird, von der Entwicklung von Sternen in einer Galaxie bis zur kosmischen Mikrowellen-Hintergrundstrahlung. Boltzmann fuhr damit fort, sein berühmtes »H-Theorem« zu formulieren, von dem er glaubte, dass es den zweiten Hauptsatz der Thermodynamik auf der Grundlage der atomaren Behandlung von Materie beweise.

Seine radikalen Ideen stießen auf viel Skepsis, insbesondere bei Wissenschaftlern wie Ernst Mach und Wilhelm Ostwald, die argumentierten, dass es keine Beweise dafür gebe, dass Atome existierten, und dass Wärme als Flüssigkeit behandelt werden sollte. Der problematischste Angriff auf seine Theorien kam von seinem Freund und österreichischen Kollegen Josef Loschmidt.

Loschmidt argumentierte, dass jedes bekannte Gesetz der Physik auf die gleiche Weise funktioniert, wenn man die Zeit umkehrt; dass die Physik in der Zeit rückwärts genauso gut funktioniert wie in der Zeit vorwärts. Wie kann sie also zu einer Größe führen – der Entropie –, die nur in einer Zeitrichtung zunimmt? Als Beispiel können Sie sich vorstellen, ein Pendel zu beobachten und die Zeit umzukehren. Es würde immer noch wie ein schwingendes Pendel aussehen, das sich durch einfache physikalische Gesetze beschreiben lässt – man würde nicht erkennen, dass die Zeit rückwärts fließt. Loschmidts Argumentation war eine gültige Beobachtung, mit der Boltzmann bis an sein Lebensende zu kämpfen hatte, und sie ist auch heute noch kein vollständig widerlegter Einwand.

Boltzmann widersprach den Argumenten von Loschmidt jedoch und zeigte 1877, dass die Entropie eines Systems proportional zum Logarithmus der Anzahl möglicher Zustände (wie Position und Geschwindigkeit) seiner Bestandteile ist. Er argumentierte, dass ein anfänglich wohlgeordneter Zustand von Molekülen zunehmend ungeordnet würde. Der zweite Hauptsatz der Thermodynamik sei einfach das Ergebnis davon, dass solche ungeordneten Zustände am wahrscheinlichsten sind, und dass sich die Natur in Richtung des wahrscheinlichsten Zustands entwickelt. Und weil die Anzahl der möglichen ungeordneten Konfigurationen der Moleküle viel höher ist als die der organisierten Konfigurationen, befindet sich ein System fast immer im Zustand maximaler Unordnung. Aus diesem Grund ist ein Ei leicht zu zerbrechen, aber praktisch unmöglich wieder zusammenzusetzen. Es erklärt, warum, wenn Sie Sahne in Kaffee rühren, beide perfekt vermischt werden, aber die beiden sich nicht wieder »entmischen«, wenn Sie die Richtung Ihres Löffels umkehren. Oder weshalb der Duft einer Kerze einen Raum erfüllt und sich nicht plötzlich wieder in der Kerze konzentriert.

Boltzmann zeigte, dass die Entropie »fast« immer zunimmt, anstatt strikt immer zuzunehmen. Es war das erste Mal, dass Wahrscheinlichkeiten innerhalb eines sogenannten Grundgesetzes der Physik verwendet wurden, wodurch mit der jahrhundertealten Vorstellung gebrochen wurde, dass die Naturgesetze deterministisch seien. Boltzmanns Gegenargument zu Loschmidt wäre gewesen, dass der Unterschied zwischen dem Pendel und dem zerbrochenen Ei darin besteht, dass das Pendel nur ein Körper ist, während das Ei aus vielen Billionen Molekülen besteht. Das molekulare Chaos zahlreicher interagierender Körper macht es praktisch unmöglich, das Ei wieder zusammenzusetzen. Boltzmann hatte recht mit seinen Gegenargumenten, aber sie lösten das von Loschmidt aufgeworfene Rätsel noch immer nicht vollständig.

Dies veranlasste Boltzmann, über die Natur der Zeit nachzudenken. In seinen *Vorlesungen über Gastheorie* bemerkte er: »Aber wie wir an einer bestimmten Stelle der Erdoberfläche die Richtung gegen den Erdmittelpunkt als die Richtung nach unten bezeichnen, so wird ein Lebewesen, das sich in einer bestimmten Zeitphase einer solchen Einzelwelt befindet, die Zeitrichtung gegen die unwahrscheinlicheren Zustände anders als die entgegengesetzte (Erstere als die Vergangenheit, den Anfang, Letztere als die Zukunft, das Ende) bezeichnen.«[109] Mit anderen Worten verband Boltzmann das Vergehen der Zeit mit der Richtung, in der die Entropie zunehmen muss. Dass die Zeit in eine Richtung verläuft, ist uns klar, denn wir erinnern uns an die Vergangenheit und nicht an die Zukunft. Aber die physikalische Deutung dessen, »was eigentlich Zeit ist«, ist bis heute ungeklärt. Dennoch ist Boltzmanns Zusammenhang zwischen dem stetigen Anstieg der Entropie und dem unaufhörlichen Vergehen der Zeit die Grundlage vieler heutiger Theorien über das Wesen der Zeit.

Der nächste Angriff auf Boltzmann zielte in die gleiche Richtung wie Loschmidts Argument. 1890 leitete Poincaré seinen berühmten Wiederkehrsatz ab, der besagt, dass dynamische Systeme wie ein Gas nach einiger Zeit immer zu einer Konfiguration zurückkehren, die jedem Zustand in ihrer Vergangenheit entspricht. Mit anderen Worten: Der Duft einer Kerze, der einen Raum erfüllt, muss irgendwann zurückkommen, um sich in der Kerze zu konzentrieren! Der Mathematiker Ernst Zermelo nutzte diesen Wiederkehrsatz, um Boltzmanns Ideen zu kritisieren. In der Tat war Poincarés

109 Ludwig Boltzmann: *Vorlesungen über Gastheorie Bd. 2.* Leipzig 1898: 257

Mathematik korrekt, aber Boltzmann konterte, indem er zeigte, dass die Zeitskala für die Rückkehr eines Systems in seinen ursprünglichen, geordneten Zustand unglaublich lang war. Boltzmanns probabilistische Behandlung der Materie schließt also nicht aus, dass sich ein zerbrochenes Ei spontan wieder zusammensetzt, es ist nur äußerst unwahrscheinlich, dass dies passieren wird.

Die Argumente wandten sich dann dem gesamten Universum zu. Kurz nachdem der zweite Hauptsatz der Thermodynamik aufgestellt wurde, legte William Thomson (Lord Kelvin) dar, dass, wenn man ihn auf das Universum als Ganzes anwendet, es in Zukunft einen sogenannten »Wärmetod« erleiden müsse. Aus dem zweiten Hauptsatz folgt, dass zwei Objekte mit unterschiedlichen Temperaturen Wärme übertragen, bis sie sich im Gleichgewicht befinden. Wenn alles im Universum die gleiche Temperatur hat, hat die Entropie ihren Maximalwert erreicht, und es kann keine nützliche Energie mehr aus irgendetwas gewonnen werden. Jahrzehnte vor der Entdeckung des expandierenden Universums machte Thomson die offensichtliche, aber ziemlich tiefgreifende Beobachtung, dass das Universum nicht unendlich alt sein kann, da der Wärmetod noch nicht eingetreten ist.

Boltzmann schlug Lösungen für unsere Existenz in einem solchen Universum vor. Er legte dar, dass unser sichtbares Universum in einem Zustand niedriger Entropie begonnen haben muss, daher der Zeitverlauf in Richtung seines Untergangs in einem Zustand hoher Entropie. Er schlug einen Mechanismus vor, durch den der Zustand niedriger Entropie zufällig auftreten könnte – aufgrund zufälliger Schwankungen von Stellen eines Universums mit hoher Entropie, die Materie in einen Zustand niedriger Entropie zurückbringen. In seinen zuvor erwähnten Vorlesungen über Gastheorie schrieb er: »Diese Methode scheint mir die einzige, wonach man den 2. Hauptsatz, den Wärmetod jeder Einzelwelt, ohne eine einseitige Aenderung des ganzen Universums von einem bestimmten Anfangs- gegen einen schliesslichen Endzustand denken kann.«[110]

Dass statistische Schwankungen einen Zustand mit hoher Entropie in einen Zustand mit niedriger Entropie zurückführen können, ist sicherlich möglich, aber die Zeitskalen dafür sind riesig. Heute wissen wir aus Beobachtungen des kosmischen Mikrowellenhintergrunds, dass das frühe Universum tatsächlich einen Zustand niedriger Entropie hatte – ein gleichmäßig verteiltes Meer aus Materie und Strahlung. Im Laufe der Zeit bildete die Gravitation Strukturen im Universum – Sterne, Planeten und Leben. Aber warum es in einem solchen Zustand war, ist nicht bekannt. Theorien wie die Inflation und das Multiversum, die ich in den letzten Kapiteln dieses Buches beschreiben werde, könnten einen Teil der Antwort liefern.

Boltzmanns Schriften umfassten viele Themen. Er benutzte den Begriff der negativen Entropie, um die Natur des Lebens zu erklären: »Der allgemeine Daseinskampf der Lebenswesen ist daher nicht ein Kampf um die Grundstoffe – die Grundstoffe aller Organismen sind in Luft, Wasser und Erdboden im Überflusse vorhanden –, auch nicht um Energie, welche in Form von Wärme leider unverwandelbar in jedem Körper reichlich enthalten ist, sondern ein Kampf um die Entropie, welche durch den Übergang der Energie von der heißen Sonne zur kalten Erde disponibel wird.«[111] Dass Lebewesen scheinbar dem zweiten Hauptsatz der Thermodynamik trotzen, indem sie geordneter werden, liegt daran, dass sie keine isolierten Systeme sind. Solche idealisierten Konfigurationen existieren in unserem vernetzten Universum nicht. Das Leben interagiert mit seiner Umgebung, und

110 Ebenda

111 Ludwig Boltzmann: *Populäre Schriften*. J. A. Barth 1905: 50

wenn Lebewesen geordnet werden, wenn ein Samen zu einer Pflanze keimt oder wenn wir eine Erinnerung schaffen, nimmt die Entropie des Universums als Folge davon zu.

Boltzmanns Arbeit markierte den Übergang von der klassischen Physik zur Quantenphysik. Er sah die Ideen der Quantenmechanik voraus, indem er Energie lange vor Max Planck quantisierte. Seine Arbeit beeinflusste Planck, Einstein und viele der in diesem Buch erwähnten Wissenschaftler. Er schrieb und lehrte auch ausführlich über Philosophie. Dies fand so großen Anklang, dass ihm zwei Lehrstühle an der Universität Wien angeboten wurden, die er beide annahm – einer in Physik und einer in Philosophie.

Boltzmann war ein leidenschaftlicher Mann. In Debatten von Kollegen als Bulldogge bezeichnet, weinte er öffentlich am Bahnhof, wenn er seine Frau für längere Zeit verlassen musste. Er hatte psychische Probleme und war wegen seiner »Nervenschwäche« mehrfach in psychiatrischer Behandlung – manchmal verfiel er unter Gästen in ein langes Schweigen, aus dem er nicht herausgeholt werden konnte. Er beschrieb, wie seine Stimmung zwischen intensiver Freude und tiefer Trauer schwankte. Später in seinem Leben litt Boltzmann zudem unter schweren Asthmaanfällen, Kopfschmerzen und Kurzsichtigkeit. Trotz seines sich verschlechternden Gesundheitszustands reiste er 1904 und 1905 noch nach Amerika und schrieb über seine Reisen nach Kalifornien einen äußerst humorvollen Essay mit dem Titel *Reise eines deutschen Professors in Eldorado*, der in seinen *Populären Schriften* veröffentlicht wurde. 1906 hatte sich sein geistiger Zustand so sehr verschlechtert, dass er seine Universitätsvorlesungen nicht fortführen konnte. Er beging 1906 während eines Urlaubs mit seiner Familie in Triest Suizid. Vor seinem Tod wurde Boltzmann fünfmal für einen Nobelpreis in Physik nominiert, zweimal vom Nobelpreisträger Max Planck. Er hätte diese Ehre sicherlich verdient.

Einige Autoren haben Boltzmanns Suizid auf die mangelnde Akzeptanz seiner Theorien und die ständigen Angriffe seiner Kollegen zurückgeführt. Dies wird umso dramatischer, weil im Jahr nach Boltzmanns Tod Beweise für Atome entdeckt wurden. Andere haben allerdings darauf hingewiesen, dass Boltzmann weltweit hoch angesehen und berühmt war – ihm wurden zahlreiche prestigeträchtige Professuren angeboten, und er bekleidete Positionen an vielen Universitäten in Deutschland und Österreich – und sein Suizid wohl von seiner manischen Depression herrührte. Vielleicht war es ein bisschen von beidem. Berühmt zu sein, hindert Menschen nicht daran, sich das Leben zu nehmen, es kann sogar ein Grund dafür sein, insbesondere wenn man sich ignoriert fühlt, auch wenn man es nicht ist.

Boltzmanns Ruhm wird in seinen Theoremen und Methoden und den vielen Forschungsinstituten und Stiftungen, die seinen Namen tragen, weiterleben. Und während wir immer noch versuchen, die Bedeutung der Zeit und den Ursprung und das Schicksal unseres Universums zu entschlüsseln, wird sein Name derzeit jedes Jahr in den Titeln von über 1000 wissenschaftlichen Publikationen erwähnt. Seine berühmte Entropieformel: S=k. log W, ist auf seinen Grabstein in Wien eingemeißelt.

37. Pier Giorgio Merli (1943–2008), Gianfranco Missiroli (1945) und Giulio Pozzi (1945)

»für das schönste Experiment, das je durchgeführt wurde«

In einer 2002 von *Physics World* abgehaltenen Umfrage wurden die Leser gebeten, das schönste Physikexperiment zu nennen, das jemals durchgeführt wurde. Unter den Top-Antworten waren auch einige Experimente, die ich bereits erwähnt habe: Galileis Experimente mit fallenden Objekten, Newtons Zerlegung des Sonnenlichts mit einem Prisma, Eratosthenes' Messung der Erdgröße und Cavendishs Drehwaagenexperiment. Ganz oben auf der Hitliste stand jedoch das »Einzelelektronen-Interferenzexperiment«. Wann immer Sie ein Buch oder eine Forschungsstudie über Quantenmechanik lesen, werden Sie unweigerlich auf dieses Experiment stoßen, das die Essenz und Geheimnisse der Theorie erfasst. Es verwirrt jeden, der zum ersten Mal davon hört. Weniger bekannt ist, wer dieses Experiment tatsächlich durchgeführt hat.

Das Einzelelektronen-Interferenzexperiment wurde 1974 von drei italienischen Physikern durchgeführt. Giulio Pozzi und Gianfranco Missiroli waren Professoren für Physik an der Universität von Bologna, Pier Giorgio Merli war von 1984 bis 1987 Präsident der Italienischen Gesellschaft für Elektronenmikroskopie und arbeitete am LAMEL-CNR-Institut in Bologna. Missiroli hatte eine Leidenschaft für die Lehre und neuartige Wege, Physik zu unterrichten, was ihn dazu veranlasste, ein Experiment zu initiieren, das die Geheimnisse der Quantenmechanik aufklären sollte.

Die Quantenmechanik ist eine mathematische Beschreibung des Verhaltens von Teilchen, von Atomen bis zu Photonen. Sie entstand aus dem Versagen klassischer Materie- und Lichttheorien, gewisse Beobachtungen zu erklären. Einige Experimente, beginnend mit dem berühmten Doppelspaltexperiment von Thomas Young zu Beginn des 19. Jahrhunderts, zeigten, dass sich Licht auf seiner Reise durch den Raum wie eine Welle verhalten muss. Andere Experimente wie der fotoelektrische Effekt – die Emission von Elektronen beim Auftreffen von Licht auf ein Material – erforderten, dass sich Licht wie ein Teilchen verhält.

Viele Wissenschaftler arbeiteten an der Entwicklung des theoretischen Rahmens der Quantenmechanik. Größen wie Energie und Impuls haben in der Quantenmechanik diskrete Werte, und es gibt strenge Grenzen dafür, wie genau die Werte dieser Größen vorhergesagt werden können, bevor sie gemessen werden. Während seines Studiums an der Universität Zürich von 1921 bis 1927 leitete Erwin Schrödinger seine berühmte mathematische »Wellenfunktion« ab, die Informationen über die Wahrscheinlichkeit der Messung einer dieser Größen liefert. Das bedeutet, dass Sie nicht mit Sicherheit vorhersagen können, was passieren wird, sondern nur eine Wahrscheinlichkeit zuordnen. Die Wellenfunktion, die ein Elektron oder einen Menschen beschreibt, beschreibt zu jedem Punkt im Raum eine Wahrscheinlichkeitsamplitude. Ein Elektron – oder ein Mensch – ist im Wesentlichen eine Wolke im Wahrscheinlichkeitsraum, bis es oder er beobachtet oder gemessen wird. Schrödinger erhielt 1933 den Nobelpreis für seine Arbeiten zur Quantenmechanik.

Es ist dieser probabilistische Aspekt der Natur, der es Teilchen ermöglicht, in Regionen zu quantentunneln, die ihnen nach den Regeln der klassischen Physik nicht erlaubt wären. Er impliziert auch die seltsame Welle-Teilchen-Dualität der Materie. Wenn sich Teilchen, Moleküle oder Licht durch den

Raum bewegen, können sie nicht allein als Teilchen oder Welle beschrieben werden. Sie sind eine seltsame Mischung aus beidem gleichzeitig. Dies trotzt all unseren physischen Erfahrungen von der Welt um uns herum. Doch die Theorie der Quantenmechanik ist mit unglaublicher Präzision verifiziert und erklärt jedes Experiment, das jemals durchgeführt wurde, um sie zu testen.

Dass ein Elektron ein Teilchen ist, ein winziges punktförmiges Objekt mit Masse und Energie, lässt sich in einem Nebelkammerexperiment gut erkennen. Dies ist eine versiegelte Dampfflasche, die als Teilchendetektor verwendet wird. Wenn sich ein Proton oder Elektron mit hoher Energie durch die Kammer bewegt, kann ein sichtbarer Streifen seines punktförmigen Pfades mit dem Auge gesehen werden. Wenn man dagegen einen Partikelstrahl auf einen Doppelspalt feuert, wird man Zeuge seines wellenartigen Verhaltens. Richard Feynman nannte das Doppelspaltexperiment »ein Phänomen, das auf klassische Art zu erklären *absolut* unmöglich ist« und sagte, dass es »in sich den Kern der Quantenmechanik birgt. In Wirklichkeit enthält es das *einzige* Geheimnis.«[112]

Der Doppelspalt ist genau das, was der Begriff besagt – ein Stück undurchsichtiges Material mit zwei schmalen Schlitzen, die dicht beieinanderliegen. Wenn man einen Lichtstrahl auf die Schlitze richtet und das Muster an der Wand dahinter betrachtet, sieht man eine Reihe von hellen und dunklen Bändern. Wenn man im klassischen Verständnis von Teilchen einen Strahl von Teilchen auf die Schlitze schießt, bewegen sich diejenigen, die durch die Schlitze hindurchgehen, weiter in einer geraden Linie, um auf den Detektor zu treffen. Man sollte also dort, wo die Partikel die Wand treffen, nur zwei

112 Richard P. Feynman, Robert B. Leighton, Matthew Sands (Hg.): *Feynman-Vorlesungen über Physik. Band III: Quantenmechanik. Definitive Edition*, 5. Auflage. Oldenbourg Verlag 2007: 2

Bänder sehen – nicht zahlreiche Bänder jenseits der Bereiche, in denen sie möglicherweise auftreffen könnten.

Dies lässt sich allerdings perfekt erklären, wenn Licht eine Welle ist. Wenn die Lichtwellen aus jedem Schlitz austreten, breiten sie sich aus und interferieren miteinander. Wenn die Wellen kollidieren und synchronisiert werden, summieren sie sich in der Helligkeit. Wenn sie um eine halbe Wellenlänge außer Synchronisation sind, heben sie sich gegenseitig auf. Das ist das Experiment, das der englische Wissenschaftler Thomas Young 1801 durchführte, um die Korpuskulartheorie des Lichts von Isaac Newton zu widerlegen. Sie können einen analogen Effekt selbst beobachten, indem Sie zwei kleine Steine in einen stillen Teich fallen lassen und beobachten, wie die Wellen interferieren, wenn sie die Wasseroberfläche überqueren.

Doch Isaac Newton lag nicht falsch – und Thomas Young auch nicht. Wenn Sie einen Detektor, beispielsweise eine Fotoplatte, hinter die beiden Schlitze stellen, treffen die Lichtphotonen an diskreten Punkten auf den Bildschirm und verteilen sich nicht über den Detektor. Es ist, als ob sich die Photonen auf ihrer Reise wie eine Welle verhalten, aber wenn sie auf einen Detektor treffen, werden sie zu lokalisierten Energiepaketen. Das gleiche Experiment wurde 1927 mit einem Elektronenstrahl durchgeführt und bewies, dass sich Teilchen, wie von der Quantentheorie erwartet, wie Wellen verhalten, genau wie Licht, bis sie auf den Detektor oder die Wand hinter den Schlitzen treffen.

Um das wahre Geheimnis der Quantenmechanik zu lüften, beschrieb Richard Feynman 1965 in seinen berühmten *Feynman-Vorlesungen über Physik* ein Gedankenexperiment: Wenn Elektronen einzeln auf einen Doppelspalt zugeschickt würden und man mit einem Detektor messen könnte, wo sie auftreffen, würde immer noch ein Interferenzmuster entstehen.

Jetzt werden die Dinge wirklich bizarr: Wenn ein einzelnes

Elektron in Richtung des Schlitzes geschossen wird, hat es eine physikalische Größe, die viel kleiner ist als der Schlitz, sodass es sich leicht durch einen Schlitz hindurch bewegen kann. Wie kann es beide Schlitze gleichzeitig passieren, sodass es sich selbst stört? Sie belieben wohl zu scherzen, Mr Feynman![113]

Feynman erklärte, dass ein solches Experiment aufgrund seiner Komplexität unmöglich wäre, doch Pier Giorgio Merli, Gianfranco Missiroli und Giulio Pozzi beschlossen, dies zu ignorieren und genau so ein Experiment zu konstruieren, um diesen bizarrsten Aspekt der Natur zu überprüfen. 1974 entwickelten sie die Ausrüstung, die notwendig ist, um einzelne Elektronen auf eine Vorrichtung zu feuern, die eine Interferenz des Elektrons mit sich selbst verursachen würde.[114] Sie entwickelten auch einen Detektor, der die Ankunft und die Positionen der Elektronen einzeln aufzeichnen und auf einem Fernsehmonitor anzeigen konnte. Als sie das Experiment starteten, beobachteten sie einzelne Punkte auf dem Monitor, als jedes Elektron den Detektor traf. Im Laufe der Zeit baute sich das vollständige Bild auf – eine Reihe von Punktbändern, zwischen denen nichts angezeigt wurde. Irgendwie passierte ein einzelnes Elektron gleichzeitig beide Schlitze, interferierte mit sich selbst und wurde dann zu einem Teilchen, wenn es aufgezeichnet wurde. Wie bizarr ist das denn!

Merli, Missiroli und Pozzi veröffentlichten ihre Ergebnisse 1976 im *American Journal of Physics* unter dem Titel *On the*

113 *Sie belieben wohl zu scherzen, Mr. Feynman* (im englischen Original *Surely you're joking, Mr. Feynman*) ist der Titel eines Buchs mit gesammelten Erinnerungen von Richard Feynman, einem der Begründer der Quantenelektrodynamik. Deutsche Ausgabe bei Piper 2018

114 Obwohl das von ihnen verwendete Interferenzgerät kein Doppelspalt war, sondern ein Elektronenbiprisma, hat es genau den gleichen Effekt. Das erste Einzelelektronenexperiment mit einem echten Doppelspalt wurde später von Pozzi und Kollegen durchgeführt.

statistics aspect of electron interferences. Sie produzierten auch einen Kurzfilm über ihr Experiment, den sie 1976 zum 7. Internationalen Festival des wissenschaftlichen und technischen Kinos in Brüssel schickten. Er gewann den ersten Preis in der Sektion Physik. Es war in der Tat das schönste und zum Nachdenken anregendste Experiment, das jemals durchgeführt wurde.

Wie wäre es, einen Detektor an einem der Schlitze zu platzieren, um zu messen, durch welchen Schlitz sich das Teilchen bewegt? Dies erwies sich als schwierig. Wenn man ein Photon oder Elektron nachweisen will, muss man irgendeine Interferenz mit Materie haben, die es in seinen Bahnen stoppt. Experimente, die darauf abzielen zu erkennen, durch welchen Spalt ein Teilchen geht, identifizieren unweigerlich seine »Teilchennatur«, und dann verschwindet das Interferenzmuster. Und es spielt keine Rolle, was man in Richtung der Schlitze schickt, ein Photon, ein Atom oder sogar eine Katze. Ja, Sie haben richtig gelesen – wenn man ein Experiment aufstellen könnte, bei dem eine Katze auf einen Doppelschlitz gefeuert wird[115], würde man feststellen, dass die Katze irgendwie durch beide Schlitze geht und sich selbst stört, als wäre sie eine Welle. Erst beim Blick auf die Wand würde aus der Katze tatsächlich eine Katze. Wenn man die Katze auf ihrer Reise zu irgendeinem Zeitpunkt betrachten würde, würde man sie als Katze sehen, aber dann würde das Interferenzmuster verloren gehen. Obwohl die Einrichtung eines Experiments mit Katzen derzeit unmöglich und außerdem Tierquälerei ist, wurde ein solches Experiment mit Molekülen durchgeführt, die aus 2000 Atomen bestehen.

115 Ich nehme hier eine Katze als Beispiel – als Hommage an Erwin Schrödinger. Falls Sie noch nie etwas von »Schrödingers Katze« gehört haben, werden Sie im nächsten Kapitel von diesem Gedankenexperiment erfahren.

Die Experimente von Merli, Missiroli und Pozzi brachten nichts Neues über die Quantenmechanik ans Licht, denn sie waren durch die Theorie vorhergesagt worden. Aber die drei Italiener waren die Ersten, die dieses bemerkenswerte Verhalten einzelner Teilchen nachwiesen und auf einfache Weise die bizarre Komplexität des uns umgebenden Universums demonstrierten. Kein anderes Experiment hat die Essenz der Quantenmechanik auf so einfache Weise erfasst und die Vorstellungskraft von Wissenschaftlern und Nichtwissenschaftlern gleichermaßen beflügelt. Unser italienisches Trio verdient daher voll und ganz die Anerkennung, hier unter den großen Entdeckern der Wissenschaft des 20. Jahrhunderts genannt zu werden.

Die häufigste Erklärung für das Einzelelektronen-Doppelspaltexperiment ist, dass sich das Elektron als Welle durch den Raum bewegt und zu einem Teilchen wird, wenn es entdeckt wird. Außerdem können wir nicht genau vorhersagen, wo es sich auf der Reise befindet, wir können seinem Standort nur eine Wahrscheinlichkeit zuordnen. Dass alles um uns herum durch eine Theorie beschrieben wird, die auf Wahrscheinlichkeiten beruht, und die wir nicht verstehen können, ist gelinde gesagt unbefriedigend. Dies hat zu einem weiteren berühmten Zitat von Richard Feynman geführt: »Ich denke, ich kann mit Sicherheit sagen, dass niemand die Quantenmechanik wirklich versteht.«[116] Das heißt, abgesehen von Hugh Everett, der uns eine deterministische Interpretation der Quantenmechanik gab, die als Konsequenz etwas noch Bizarreres impliziert: dass wir in einem Paralleluniversum leben.

116 *Probability and Uncertainty – the Quantum Mechanical View of Nature.* Auf Video aufgezeichnete Vorlesung von Richard Feynman an der Cornell University 1964

38. Hugh Everett (1930–1982)

»für die Viele-Welten-Interpretation der Quantenmechanik und der Realität«

Dass jedes Mal, wenn man einen Gedanken hat, ein anderes Paralleluniversum existiert, in dem man sich vielleicht anders entschieden hätte, klingt wie eine Idee aus einer Science-Fiction-Geschichte. Aber es ist eine Interpretation der Quantenmechanik, die Hugh Everett in seiner Doktorarbeit entwickelte. Damals belächelt, gilt sie heute als eine der führenden Interpretationen der Quantenmechanik.

Hugh Everett wurde in Washington, D. C. geboren. Im Alter von 12 Jahren schrieb er Briefe an Albert Einstein, in denen er die Frage aufwarf, ob es etwas Zufälliges oder Vereinigendes sei, das das Universum zusammenhalte. Einstein antwortete: »Lieber Hugh, es gibt weder eine unwiderstehliche Kraft noch einen unbeweglichen Körper. Aber es scheint einen sehr sturen Jungen zu geben, der sich erfolgreich gegen seltsame Schwierigkeiten, die er selbst zu diesem Zweck geschaffen hat, durchgesetzt hat. Mit freundlichen Grüßen, A. Einstein.« Nach seinem Abschluss in Chemieingenieurwesen erhielt Everett 1953 ein Stipendium für seine Promotion an der Princeton University unter der Anleitung des bedeutenden Physikers John Wheeler. Mehrere von Wheelers Doktoranden, wie zum Beispiel Richard Feynman und Kip Thorne, würden später einen Nobelpreis gewinnen. Ich finde, dass auch Everett diese Ehre verdient hätte.

Die Standardinterpretation der Quantenmechanik wird Kopenhagener Interpretation genannt, einfach weil Niels Bohr und sein Assistent Werner Heisenberg in Kopenhagen arbeiteten. Bohr und Heisenberg erhielten 1922, beziehungsweise 1932, Nobelpreise für ihre Beiträge zur Theorie der Quantenmechanik. Sie interpretierten die Theorie auch auf ganz besondere Weise. Bohr befürwortete die These, dass Materie in einer Mischung aller möglichen Quantenzustände existiert, bis sie beobachtet wird – an diesem Punkt kollabiert die sogenannte Wellenfunktion von Schrödinger und wählt einen Zustand gemäß einer zufälligen Wahrscheinlichkeit aus. Diese Dualität wird Superposition genannt. Ich mag die Idee, dass die Natur einen eingebauten Zufallsgenerator hat, genauso wenig wie Einstein – ein berühmtes Zitat, das oft als »Gott würfelt nicht« umschrieben wird, illustriert seine Einstellung.[117]

Die Kopenhagener Interpretation des im letzten Kapitel beschriebenen Doppelspaltexperiments besagt, dass das Elektron eine inhärente Wahrscheinlichkeitswelle mit sich trägt. Die Wellen- und Partikelnatur von Objekten können als komplementäre Aspekte einer einzigen Realität betrachtet werden, wie die zwei Seiten einer Münze. Ein Elektron beispielsweise kann sich mal als Welle und mal als Teilchen verhalten, aber nie beides gleichzeitig. Es verhält sich wie eine Wahrscheinlichkeitswelle, bis es beobachtet oder gemessen wird. Solange es nicht gemessen oder beobachtet wird, hat es keine Realität. Die Wahrscheinlichkeitswelle, die das Elektron beschreibt, bewegt sich durch beide

117 1926 schrieb Einstein in einem Brief an Max Born: »Die Quantenmechanik ist sehr achtung-gebietend. Aber eine innere Stimme sagt mir, daß das doch nicht der wahre Jakob ist. Die Theorie liefert viel, aber dem Geheimnis des Alten bringt sie uns kaum näher. Jedenfalls bin ich überzeugt, daß der nicht würfelt.«

Schlitze und interferiert mit sich selbst. Im Wesentlichen ist die Teilchenreise eine Überlagerung aller möglichen Wege; das Teilchen nimmt gleichzeitig alle möglichen Wege und passiert beide Schlitze. Bei der Messung bricht der Möglichkeitsraum zu einer einzigen Realität zusammen. Es ist ein nicht-deterministisches Universum, da es keinen Weg gibt, genau vorherzusagen, wo ein bestimmtes Elektron landen wird. Die Überlagerung der möglichen Wege des Teilchens verschmilzt mit der einzigen Zeitachse der Realität des Beobachters. Seine Position wird erst beim Auftreffen auf den Detektor eindeutig. An diesem Punkt, so die Interpretation, kollabiert die Wellenfunktion, und es wird als Teilchen lokalisiert.

Schrödinger leitete die berühmte Wellenfunktion ab, die im Grunde alles im Universum beschreibt. Ihm gefiel die Idee des Zusammenbruchs seiner Wellenfunktion nicht – in seiner Theorie stand nichts über einen solchen Zusammenbruch –, und er machte folgendes Gedankenexperiment, um seine philosophischen Probleme zu veranschaulichen: Man stelle sich ein Szenario mit einer Katze in einer verschlossenen Stahlkiste vor, in der das Leben oder der Tod der Katze vom Zustand eines radioaktiven Atoms abhängt – davon, ob dieses Atom zerfallen ist und Strahlung abgegeben hat oder nicht. Der zufällige Zerfall dieses Atoms führt dazu, dass aus einem Fläschchen Zyanid freigesetzt wird, was alles in der Kiste töten würde. In einem von der Außenwelt abgeschlossenen System befinden sich die Katze und das radioaktive Atom in einer Quantenüberlagerung von Zuständen. Der radioaktive Zerfall ist ein reiner Quantenprozess, und bis er beobachtet wird, existiert er in einer Überlagerung von Zuständen, in denen er sowohl zerfallen als auch nicht zerfallen ist. Die Katze befindet sich auch in Überlagerung mit dem radioaktiv zerfallenden Teilchen. Die Kopenhagener Interpretation impliziert, dass die Katze sowohl lebendig als auch tot bleibt, bis die Kiste geöffnet und ihr Zustand beobachtet wird. Hier ist unter »der Beobachter« alles zu verstehen, was mit dem Inhalt der geschlossenen Box interagiert, beispielsweise ein Lichtphoton oder ein menschlicher Beobachter.

Dies wirft einige offensichtliche Fragen auf. Wie kann die Katze sowohl lebendig als auch tot sein, wenn man nicht nachschaut? Was bricht eigentlich zusammen, und warum verschwinden die anderen Zustände einfach? Warum sollte Messung oder Beobachtung die Realität bestimmen? Und warum müssen Katzen in Quanten-Gedankenexperimenten so leiden?![118] Hugh Everett ging dieses Problem in seiner Doktorarbeit an und lieferte einen radikalen Vorschlag, den Erwin Schrödinger bestimmt gutgeheißen hätte. 1952 hielt Schrödinger in Dublin einen Vortrag, in dem er seine Zuhörer scherzhaft warnte, dass das, was er sagen würde, verrückt wirken könnte. Er erklärte, dass wenn seine Gleichungen mehrere verschiedene Geschichten zu beschreiben schienen, dies keine Alternativen seien, sondern alle wirklich gleichzeitig passierten. Aber er führte diese Idee nie weiter. Unabhängig von Schrödinger entwickelte Hugh Everett eine mutige Interpretation der Quantenmechanik, welche die Realität alternativer Wege durch die Zeit beschreibt.

Everett schloss 1957 seine Doktorarbeit mit dem Titel *On the foundations of quantum mechanics* ab, die er danach als einzelne kurze Abhandlung, *›Relative state‹ formulation of quantum mechanics*, veröffentlichte. Der Herausgeber der Zeitschrift *Reviews in Modern Physics*, in welcher die Abhandlung veröffentlicht wurde, war der bekannte Physiker Bryce DeWitt, der die Arbeit positiv bewertete. Everett hatte zuvor bereits einen längeren Text mit dem Titel *Wave mechanics without*

118 Schrödingers Tochter wird oft mit den Worten zitiert: »Ich glaube, mein Vater mochte einfach keine Katzen.«

probability (Wellenmechanik ohne Wahrscheinlichkeit) eingereicht, der aber erst viel später veröffentlicht wurde. Wheeler hatte Everett gesagt, dass sein langer Text zu kontrovers sei, um ihn zu veröffentlichen.

Everett dachte, die einfachste Interpretation der Quantenmechanik sei, der Mathematik zu folgen. Er behauptete, die Wellenfunktion sei real und breche niemals zusammen, um die anderen möglichen Quantenzustände auf mysteriöse Weise verschwinden zu lassen. Er ging davon aus, dass die Wellenfunktion die Realität vollständig und exakt abbildet und immer der von Schrödinger niedergeschriebenen Form gehorcht. In Everetts Beschreibung der Quantenmechanik ist Schrödingers Katze in einem Universum lebendig und in einem Paralleluniversum tot. In dem Moment, in dem man die Kiste öffnet und hineinschaut, verzweigt sich das Universum in zwei Pfade. In einem Universum sieht man eine lebende Katze, in einem anderen bedauerlicherweise eine tote.

In Everetts Interpretation ist das Universum deterministisch und vollständig durch die Wellenfunktion bestimmt. Es impliziert, dass wir in nahezu unendlich vielen Universen leben, die sich alle im selben physischen Raum überlagern, aber voneinander isoliert sind und sich unabhängig voneinander entwickeln.

Wheeler schickte einen Entwurf von Everetts Arbeit an Niels Bohr in Kopenhagen und besuchte ihn persönlich, um die Ideen zu besprechen. Er berichtete, dass Bohr für die Ideen von Everett nicht sehr empfänglich war. Entmutigt bewarb sich Everett um eine Stelle beim Pentagon. Wheeler schrieb in der Zwischenzeit einen Brief an Everett, in dem er ihm riet, Bohr zu besuchen: »Solange Sie die Fragen der Interpretation nicht einzeln mit Bohr ausgefochten haben, bin ich nicht glücklich über die Schlussfolgerungen, die aus einer so weitreichenden Arbeit wie der Ihren gezogen werden.« Er fügte hinzu: »In gewisser Weise ist Ihre Doktorarbeit fertig;

andererseits fängt der schwierigste Teil der Arbeit gerade erst an.«[119]

Nachdem er seine Arbeit im Pentagon aufgenommen hatte, fuhr Everett 1959 für sechs Wochen zu Bohr. Später sagte er über diesen Besuch: »[...] es war eine Hölle [...] von Anfang an zum Scheitern verurteilt.«[120] Bohrs Kollege in Kopenhagen, Léon Rosenfeld, beschrieb Everetts Besuch 1972 in einem Brief an den niederländischen Physiker Frederik Belinfante: »Weder ich noch Niels Bohr konnten mit ihm Geduld haben, als er uns vor mehr als zwölf Jahren in Kopenhagen besuchte, um die hoffnungslos falschen Ideen zu verkaufen, zu deren Entwicklung er, in höchst unkluger Weise, von Wheeler ermutigt worden war. Er war unbeschreiblich dumm und konnte die einfachsten Sachverhalte der Quantenmechanik nicht verstehen.«[121]

Everetts Ideen gerieten über ein Jahrzehnt lang in Vergessenheit. Ein Großteil seiner Arbeit für das Pentagon wurde als geheim eingestuft, aber er veröffentlichte zusammen mit George Pugh eine einflussreiche Studie mit dem Titel *The Distribution and Effects of Fallout in Large Nuclear Weapon Campaigns*. Diese wurde sogar in der Nobelpreisrede von Linus Pauling erwähnt. Everett und Pugh schätzten, dass innerhalb der ersten sechzig Tage nach einem groß angelegten Atomkrieg 90 Prozent der Amerikaner sterben würden. Pauling erklärte: »Das Schicksal der noch Lebenden wird durch die folgende Aussage von Everett und Pugh nahegelegt: ›Schließlich muss darauf hingewiesen werden, dass die Gesamtzahl der Verluste nach sechzig Tagen möglicherweise nicht auf

119 Stefano Osnaghi et. al.: »The origin of the Everettian heresy«. *Studies in the history and philosophy of science* 40 2, 2009: 111

120 Hugh Everett im Gespräch mit Charles Misner. American Institute of Physics, Oral History Interviews 1977

121 Stefano Osnaghi et. al.: »The origin of the Everettian heresy«. *Studies in the history and philosophy of science* 40 2, 2009: 113

die endgültigen Verluste hinweist. Verzögerte Auswirkungen wie die Desorganisation der Gesellschaft, Unterbrechung der Kommunikation, Aussterben von Nutztieren, genetische Schäden und die langsame Entwicklung von Strahlenvergiftungen durch die Aufnahme radioaktiver Materialien können die endgültige Zahl der Opfer erheblich erhöhen.«[122] Nach seiner Tätigkeit für das Pentagon gründete Everett mehrere Unternehmen, um militärische Modellierungslösungen auf zivile Probleme anzuwenden.

Everetts Arbeit wurde 1973 weltbekannt, als Bryce DeWitt ein Buch mit dem Titel *The many-worlds interpretation of quantum mechanics* (Die Viele-Welten-Interpretation der Quantenmechanik) veröffentlichte, das Everetts ursprünglichen und lange unveröffentlichten Text aus der Doktorarbeit enthielt. DeWitt schrieb darin kurz und bündig: »Jeder Quantenübergang, der in jedem Stern, in jeder Galaxie, in jedem entfernten Winkel des Universums stattfindet, spaltet Ihre lokale Welt auf der Erde in Myriaden von Kopien ihrer selbst.«[123] Das Buch war schon bald ausverkauft, und die Idee der vielen Welten oder Paralleluniversen begann in Science-Fiction-Geschichten aufzutauchen. 1977 lud Wheeler Everett ein, seine Theorien auf einer Konferenz vorzustellen – das erste Mal, dass Everett vor einem großen Publikum über seine Forschung sprechen konnte. Everett kam der Einladung nach, und Wheelers Schüler David Deutsch, der ebenfalls anwesend war, fand die Ideen von Everett so inspirierend, dass er die Theorie erweiterte und weitherum bekannt machte.

Wheeler ermutigte Everett, seine Karriere als Physiker wieder aufzunehmen, aber Everett wollte nichts mehr mit

122 Linus Pauling: *Nobelpreis-Rede*, 11. Dezember 1963

123 Bryce Seligman DeWitt & Neill Graham (Hg.): *The many-worlds interpretation of quantum mechanics*. Princeton University Press 1973: 161

der Wissenschaft zu tun haben. Später machte Wheeler, der Everetts Ideen ursprünglich unterstützt hatte, einen Rückzieher. 1979 erklärte er, dass er seine Unterstützung für die Theorie nur widerwillig aufgegeben habe, da sie eine zu große Menge metaphysischen Ballasts schaffe.

Heute wird Everetts Viele-Welten-Interpretation unter Philosophen und Quantenphysikern sowie in der Öffentlichkeit heiß diskutiert. Seine einzige Veröffentlichung zu diesem Thema wurde inzwischen in wissenschaftlichen Arbeiten über 4000 Mal zitiert. Auf einer 1997 abgehaltenen Konferenz theoretischer Physiker wurde eine Umfrage darüber durchgeführt, welche der vielen Interpretationen der Quantenmechanik zu bevorzugen sei. Die Kopenhagener Interpretation machte das Rennen, dicht gefolgt von Everetts vielen Welten. Vielen Physikern ist die Viele-Welten-Interpretation einfach zu bizarr. Andere, wie der Stringtheoretiker Brian Greene, der theoretische Physiker Sean Carroll und der verstorbene Stephen Hawking, sehen in ihr die einzig plausible Interpretation der Quantenmechanik.

Einige Wissenschaftler und Philosophen argumentieren, dass die Viele-Welten-Theorie wertlos ist, weil sie nicht getestet werden kann. Dass eine wissenschaftliche Theorie überprüfbar sein muss, wurde vom britischen Philosophen Karl Popper vertreten. Popper selbst war jedoch sechs Jahrzehnte lang ein lautstarker Kritiker der Kopenhagener Interpretation. In seinem Text *Quantum Theory and the Schisma in Physics* von 1982 befürwortete Popper Everetts Interpretation und entwickelte Ideen, wie die Realität der Kopenhagener Interpretation überprüft werden könnte. Und es gibt auch Ideen, wie die Existenz von Paralleluniversen getestet werden könnte. David Deutsch argumentiert, dass ein intelligenter Quantencomputer in der Lage wäre, sich an die Erfahrung zu erinnern, vorübergehend in parallelen Realitäten zu existieren.

In seiner Arbeit schrieb Everett, dass seine Formulierung der Quantenmechanik ein fruchtbarer Rahmen für die Quantisierung der Allgemeinen Relativitätstheorie sein könnte. Einige Kosmologen haben dies inzwischen einen Schritt weitergeführt, indem sie das gesamte Universum durch eine einzige Wellenfunktion beschreiben, die alle möglichen Universen zu allen möglichen Zeiten darstellt. In einem solchen Universum existieren alle physikalischen Möglichkeiten gleichzeitig als in der Zeit eingefrorene Momentaufnahmen. Die Zeit selbst fließt nicht, vielmehr existieren vergangene und zukünftige Ereignisse einfach zu allen Zeitpunkten.

Everett starb mit 51 Jahren an einem Herzinfarkt. Es wird angenommen, dass sein Kettenrauchen und sein übermäßiger Alkoholkonsum zu seinem frühen Tod führten. Er bat darum, dass seine Asche nach seinem Tod in den Müll geworfen werde; ein Wunsch, dem seine Frau nachkam. Seine Tochter Elizabeth beging 1996 Suizid. In ihrem Abschiedsbrief erwähnte sie, dass sie im selben Paralleluniversum wie ihr Vater landen wolle. Everetts Sohn Mark ist der Frontmann der Band *Eels*. Deren berühmtes Album *Electro-Shock Blues* wurde in der Zeit nach Elizabeths Suizid geschrieben und enthält Songs wie *Elizabeth on the bathroom floor* und *Going to your funeral*. In einer der Arbeit seines Vaters gewidmeten BBC-Dokumentation aus dem Jahr 2007, *Parallel Worlds, Parallel Lives*, erwähnt Mark, dass sein Vater ein brillanter Physiker war, sei ihm erst nach dessen Tod bewusst geworden.

39. Stephen Hawking (1942–2018)
»für den Beweis, dass selbst Schwarze Löcher nicht ewig bestehen werden«

In ferner Zukunft wird von unserer Galaxie nur noch ein supermassereiches Schwarzes Loch übrig sein. Wird dieses für eine Ewigkeit allein in der Dunkelheit existieren, die über unser Universum hineinbrechen wird? Schließlich kann, so sagt man, nichts aus einem Schwarzen Loch entkommen. Ganz so ist es allerdings nicht: Energie entweicht langsam aus Schwarzen Löchern, sodass selbst sie in ferner Zukunft verschwinden werden. Dass Schwarze Löcher sich langsam verflüchtigen, war eine der wichtigsten Entdeckungen des englischen theoretischen Physikers Stephen Hawking: Er bewies, dass nichts ewig währt.

Ich traf Stephen Hawking zum ersten Mal während meines Physikstudiums an der Universität von Newcastle. Ich war mit einem Freund in der Bibliothek, und wir hörten eine seltsame Roboterstimme, die aus dem Korridor auf uns zukam. »Was zum Teufel ist das?«, riefen wir beide. »Stephen Hawking«, antwortete die seltsame Roboterstimme, während er in den Raum rollte und wir peinlich berührt dastanden. Es war 1987, und Hawking war zu Besuch, um einen Ehrentitel zu erhalten. Zwei Jahre zuvor hatte Hawking eine lebensrettende Tracheotomie benötigt, die ihm das Sprechen unmöglich machte. Er war sehr stolz auf seinen computergestützten Sprachgenerator, der ihm die Kommunikation erlaubte und zu einem seiner erkennbarsten Merkmale wurde, aber wir waren uns dessen damals nicht bewusst. Hawking war unter Wissenschaftlern bereits berühmt für seine Arbeiten zu Singularitäten und Schwarzen Löchern, aber er nahm sich trotzdem gerne die Zeit, mit uns aufgeregten jungen Studenten zu sprechen. Im folgenden Jahr explodierte Hawkings Ruhm, nachdem sein Buch *Eine kurze Geschichte der Zeit* zum Bestseller wurde und sich über 25 Millionen Mal verkaufte. Wegen seiner knappen Komplexität wird es manchmal als das erfolgreichste Buch bezeichnet, das nie gelesen wurde. Ein Jahrzehnt später traf ich Hawking mehrmals, als wir an einem Forschungscomputer an der Universität von Cambridge zusammenarbeiteten, um das Universum zu simulieren. Bei einem Abendessen fragte ich ihn, ob er sich daran erinnere, vor etwa zehn Jahren mit zwei unhöflichen Studenten an der Universität von Newcastle gesprochen zu haben. Eine lange Pause folgte – und ich war unheimlich erleichtert, als die mir inzwischen vertraute Computerstimme endlich »nein« sagte.

Stephen Hawking wurde am 8. Januar 1942 geboren, am selben Tag, an dem 300 Jahre zuvor Galilei gestorben war. Während seiner ersten Schuljahre war Hawking ein eher durchschnittlicher Schüler, obwohl seine Klassenkameraden ihm den Spitznamen »Einstein« gaben. An der High School war es sein Mathematiklehrer, der Hawking dazu inspirierte, Mathematik und Physik zu studieren. Er erhielt ein Stipendium an der Oxford University, wo er, wie er sagte, mit wenig Arbeitsaufwand seinen Abschluss machte und nur eine Stunde am Tag lernte, weil er das Studium lächerlich einfach fand. Gegen Ende seines Universitätsstudiums bemerkte er, dass er immer ungeschickter wurde, und während seiner Doktorarbeit in Cambridge wurde bei ihm amyotrophe Lateralsklerose (ALS), eine Motoneuron-Erkrankung, diagnostiziert. Ihm wurde gesagt, dass er nur noch wenige Jahre zu leben habe.

Es war die Begegnung mit seiner ersten Frau, die ihm etwas

gab, wofür es sich zu leben lohnte. Er beschloss, zum ersten Mal in seinem Leben hart zu arbeiten, und stellte überrascht fest, dass es ihm Spaß machte. Obwohl er, als er nach Cambridge kam, anfangs enttäuscht war, dass sein Doktorvater nicht Fred Hoyle war, stellte er mit seiner ersten Veröffentlichung im Alter von 23 Jahren Hoyles alternative Gravitationstheorie infrage. In Hoyles kosmologischem Steady-State-Modell dehnt sich, wie wir bereits erfahren haben, das Universum ewig aus, wobei ständig neue Materie erschaffen wird. Hawking zeigte mathematisch, dass diese Theorie widersprüchlich war.

Hawking untersuchte weitreichende Probleme der Kosmologie, die mathematisch komplex sind: Hat das Universum einen Anfang, und eine anfängliche Singularität? Dass das Universum zum Zeitpunkt t=0 unendlich dicht und heiß wäre, war ein Merkmal, das vielen Wissenschaftlern nicht gefiel. Hawking zeigte in seiner Doktorarbeit, dass Singularitäten in solchen Modellen unvermeidlich sind – dass die Zeit selbst mit dem Urknall beginnen musste.

Hawking brachte unser mathematisches und physikalisches Wissen an seine Grenzen, um zu zeigen, wo es versagte. Er demonstrierte die Notwendigkeit einer einheitlichen Beschreibung der Allgemeinen Relativitätstheorie und der Quantenmechanik. Seine theoretische Arbeit über Schwarze Löcher führte zu grundlegenden Gesetzen und Regeln, die ihr Verhalten in Zeit und Raum beschreiben. Sein Ziel war es, das gesamte Universum, seine Vergangenheit und Zukunft, wissenschaftlich zu verstehen. Als er Mitte der 1970er-Jahre seine Hände nicht mehr gebrauchen konnte, entwickelte er die erstaunliche Fähigkeit, komplexe Gleichungen und geometrische Konstrukte in seinem Kopf zu visualisieren und zu manipulieren, und es folgten viele seiner größten Forschungsarbeiten.

Seine bekannteste Arbeit, die 1974 veröffentlicht wurde,

stellte eine Verbindung zwischen der Quantenwelt, die Teilchen und Atome beschreibt, und der gekrümmten Raumzeit, die Schwarze Löcher umgibt und von der Allgemeinen Relativitätstheorie beschrieben wird, her. Hawking war selbst überrascht davon, was die Gleichungen ergaben. Schwarze Löcher sind keine schwarzen, zeitlosen Gebilde. Vielmehr strahlen sie Energie aus und verlieren infolgedessen langsam an Masse, bis sie in einem abschließenden, intensiven Lichtblitz vollständig verschwinden.

In der fernen Zukunft, in etwa 10^{22} Jahren, wird sich unsere Galaxie aus toten oder gescheiterten Sternen und kalten Planeten verflüchtigt haben – gravitative Begegnungen zwischen diesen Objekten stoßen sie entweder aus den Gravitationsgrenzen der Galaxie heraus oder schicken sie in das zentrale, supermassereiche Schwarze Loch, das letzte verbleibende Objekt in unserer Galaxie. Wenige Jahre später zeigte Hawking, dass die Lebensdauer eines Schwarzen Lochs von der Kubikzahl seiner Masse abhängt. Würde die Sonne zu einem Schwarzen Loch kollabieren, würde sie ihre Masse auf einer Zeitskala von etwa 10^{61} Jahren abstrahlen. Wenn bis zum Ende unserer Galaxie ihr zentrales Schwarzes Loch durch Akkretion toter Sterne und Planeten auf eine mögliche Masse vom 10^{11}-Fachen der Sonne angewachsen ist, wird es sich in etwa 10^{100} Jahren verflüchtigen. Das wars.

Wie kann ein Schwarzes Loch, das die Raumzeit so stark krümmt, dass selbst Licht nicht entweichen kann, an Masse verlieren? Hawking beschrieb diesen Prozess in relativ einfachen Worten. Der Raum um uns herum oder um ein Schwarzes Loch herum ist nicht leer. Wie ich in Kapitel 35 über Tryon erklärt habe, ist das Vakuum des Weltraums mit Energiefeldern gefüllt, und das lässt ein Meer an Aktivität entstehen. Virtuelle Teilchen und ihre virtuellen Antiteilchen erscheinen und verschwinden auf Zeitskalen, die so kurz sind, dass sie keine Erhaltungsgesetze verletzen. Wenn dies jedoch nahe am Rand eines Schwarzen Lochs geschieht, kann ein virtuelles Teilchen in das Schwarze Loch eindringen, und eines kann entkommen. Wenn ein Teilchen in das Schwarze Loch fällt und ein anderes Teilchen entweicht, klingt es so, als würde die Masse des Schwarzen Lochs nicht abnehmen. Hawking erklärte dies damit, dass das entweichende Teilchen eine positive Energie hat, während das eingefangene Teilchen eine negative Energie hat. Letztendlich verliert das Schwarze Loch so an Masse und verflüchtigt sich schließlich.

Jahrzehntelang wurde dieses Bild verwendet, um zu beschreiben, wie sich Schwarze Löcher im Laufe der Zeit entwickeln. Aber es ist nur eine Analogie, und sie ist ziemlich dürftig. Virtuelle Teilchen sind keine realen Gebilde, sondern mathematische Werkzeuge zur Berechnung des Verhaltens von Quantenfeldern. Und der größte Teil des vorhergesagten Masseverlusts des Schwarzen Lochs entsteht durch Photonen und nicht durch Teilchen wie Elektronen. Darüber hinaus tritt der größte Teil der Strahlungsemission in großer Entfernung vom Schwarzen Loch und bei sehr niedrigen Energien auf. Die physikalische Interpretation davon, wie Schwarze Löcher an Masse verlieren, wird unter theoretischen Physikern immer noch diskutiert. Sie stimmen alle darin überein, dass die Gleichungen dies zeigen und was passieren muss, aber sie sind sich nicht einig darüber, wie es passiert. Eine Interpretation besagt, dass dieses Entweichen von Materie durch Quantentunneln geschehen kann – diese seltsame Tatsache der Quantenmechanik, die besagt, dass man nicht genau feststellen kann, wo sich ein Teilchen befindet, und dass es sich plötzlich in einer Region befinden kann, von der die klassische Physik sagt, dass es dort nicht sein kann.

Trotz seiner körperlichen Verfassung hatte Hawking eine positive Lebenseinstellung. Er machte das Beste aus seinem Ruhm, von einem Gastauftritt bei Star Trek bis hin zu einem Ausflug in die Schwerelosigkeit. 1979 wurde er der siebzehnte

Professor, der den Lucasian Chair in Cambridge innehatte, über drei Jahrhunderte, nachdem Isaac Newton sein zweiter Inhaber geworden war. Seine Forschung wurde weithin anerkannt, und er erhielt viele Auszeichnungen und Preise, von dem mit drei Millionen Dollar dotierten Breakthrough Prize bis hin zu den Einstein-, Eddington- und Dirac-Medaillen. Doch trotz seiner vielen Beiträge zur Wissenschaft und zu unserem Verständnis des Universums hat er – und das überrascht Sie vielleicht – für seine Arbeit nie einen Nobelpreis erhalten.

Hawking-Strahlung hat eine so niedrige Energie und ist ein so langsamer Prozess, dass es unwahrscheinlich ist, sie in den nächsten Jahrhunderten bestätigen zu können – schließlich müssten wir dafür einem Schwarzen Loch sehr nahe kommen. Vielleicht war Hawking aus diesem Grund immer ein eher unwahrscheinlicher Kandidat für den Nobelpreis. Wie ich bereits im Vorwort erwähnt habe, vergibt das Komitee Preise in den allermeisten Fällen nur an experimentell bestätigte Theorien.

Hawking starb im Alter von 76 Jahren. Seine Asche ruht in der Westminster Abbey, zwischen den Gräbern von Isaac Newton und Charles Darwin. Sein Gedenkstein ist mit den Worten »Here lies what was mortal of Stephen Hawking 1942–2018« beschriftet. Auf ihm findet sich auch die Gleichung, die er für die Temperatur eines Schwarzen Lochs abgeleitet hat. Hawking hatte allerdings darum gebeten, dass sein Grabstein seine berühmte Gleichung für die Entropie eines Schwarzen Lochs $S=\frac{kc^3A}{4\hbar G}$ (ähnlich wie Boltzmanns Grabstein, der seine Formel für die Entropie $S=k.\ \log W$ trägt) tragen solle. Die korrekte Inschrift wurde auf seinem Denkmal im Gonville & Caius College in Cambridge angebracht, zusammen mit Hawkings eigenen Worten »Denkt also daran, zu den Sternen zu schauen und nicht auf eure Füße«. In seinem Buch *Kurze Antworten auf große Fragen* fährt er fort:

»Versucht zu verstehen, was ihr seht, und fragt euch, wie das Existieren des Universums möglich ist. Seid neugierig! Und ganz egal, wie schwierig euch euer Leben vorkommt: Es gibt immer etwas, das ihr tun – das ihr erfolgreich tun könnt. Gebt nie auf, das ist am wichtigsten!«[124]

124 Stephen Hawking: *Kurze Antworten auf große Fragen*. Klett-Cotta 2018: 235

40. Freeman Dyson (1923–2020)

»für seine Beiträge zur Quantenfeldtheorie und seine visionäre Arbeit über die Zukunft des Lebens im Universum«

Die Quantenfeldtheorie wurde in den 1950er-Jahren entwickelt. Sie ist das tiefste Verständnis der Funktionsweise der Natur, das wir haben, und wurde hauptsächlich von vier theoretischen Physikern entwickelt – von denen nur der Brite Freeman Dyson keinen Nobelpreis erhielt.

Im Alter von vier Jahren versuchte Freeman Dyson, die Anzahl der Atome in unserer Sonne zu berechnen, und mit acht Jahren schrieb er eine Science-Fiction-Geschichte über eine Reise zum Mond. Diese Interessen würden während seiner gesamten wissenschaftlichen Karriere bestehen bleiben. Auf dem Internat wollte er Iwan Winogradows *Einführung in die Zahlentheorie* lesen, aber das Buch war nur auf Russisch erhältlich. Also brachte er sich mit 15 Jahren selbstständig Russisch bei und übersetzte den Text ins Englische.

Dyson erhielt ein Stipendium für den Besuch der Cambridge University, aber sein Studium wurde durch den Zweiten Weltkrieg unterbrochen. Er wurde beauftragt, seine mathematischen Fähigkeiten anzuwenden, um die Wirksamkeit verschiedener militärischer Strategien für die Royal Air Force zu analysieren. Aufgrund dieser Erfahrung fühlte er sich während seines ganzen Lebens dazu verpflichtet, dafür zu sorgen, dass sich ein solcher Krieg nie wieder ereignen würde. Nach dem Krieg kehrte er ans Trinity College zurück und erwarb einen Abschluss in Mathematik. Er blieb drei weitere Jahre in

Cambridge und schrieb mehrere Arbeiten zur Zahlentheorie. Anschließend erhielt er ein Commonwealth-Stipendium, um mit Hans Bethe an der Cornell University arbeiten zu können – dem Ort, an den viele der brillantesten Wissenschaftler von Los Alamos nach dem Krieg gingen. Dort traf er auch auf Richard Feynman.

1948 propagierten die theoretischen Physiker Julian Schwinger und Richard Feynman zwei unterschiedliche Ansätze, um die Natur der Teilchen zu verstehen. Im Jahr zuvor hatte der Experimentalphysiker Willis Lamb präzise Messungen der Energieniveaus eines Wasserstoffatoms durchgeführt, deren Ergebnisse die bestehende Quantentheorie nicht erklären konnte. Es stellte sich heraus, dass man die Wechselwirkung zwischen Vakuumenergiefluktuationen und dem Wasserstoffelektron berücksichtigen muss. Lamb erhielt 1955 den Nobelpreis für Physik für seine Experimente, die zu den Theorien der Quantenelektrodynamik und der Quantenfeldtheorie führten.

Feynman schlug einen einfachen Satz von Diagrammen vor, welche die Wechselwirkungen von Teilchen beschreiben, während sie sich durch Raum und Zeit bewegen. Schwinger entwickelte einen komplexen mathematischen Formalismus, den nur wenige Wissenschaftler verstanden. Ein dritter Ansatz wurde unabhängig davon zur gleichen Zeit vom japanischen Physiker Sin-Itiro Tomonaga entwickelt, der eine mathematische Methode zum Umgang mit den Unendlichkeiten entwickelte, die in solchen Theorien immer wieder auftauchen. Dyson erkannte, wie man die drei Ansätze in Einklang bringen konnte – er übersetzte Feynmans Diagramme in Mathematik und zeigte, dass sie die Essenz von Schwingers abstrakter Algebra erfassten, die wiederum Tomonagas mathematischen Tricks entsprach. Es war die Geburtsstunde der Quantenelektrodynamik und der modernen Teilchenphysik. Quantenelektrodynamik ist die relativistische

Quantenfeldtheorie der Elektrodynamik, die beschreibt, wie Licht und Materie interagieren. Sie ist eine Untergruppe der Quantenfeldtheorie, die ich im Kapitel über Tryon beschrieben habe.

1965 wurde der Nobelpreis für Physik an Feynman, Schwinger und Tomonaga verliehen, aber Dyson ging leer aus – vielleicht aufgrund der Regel der drei Empfänger. Später würde Dyson sagen: »Es ist besser, gefragt zu werden, warum man keinen Nobelpreis bekommen hat, als warum man einen bekommen hat!«[125]

Immer noch ohne Doktortitel, wurde Dyson 1949 eine Professur an der Columbia University angeboten, aber er musste, gemäß den Regeln der Commonwealth Fellowship, wieder nach Großbritannien. 1951 kehrte er als Professor nach Cornell zurück, obwohl er nie promoviert hatte, und zwei Jahre später wurde ihm eine lebenslange Stelle am Princeton Institute for Advanced Study angeboten, wo er weitere sechs Jahrzehnte blieb. Er genoss die Freiheit, »ein ständiger Student« zu sein, und schrieb, dass ihm das gesamte Promotionssystem missfalle. Dyson war der Ansicht, dass das Doktorat Studenten dazu zwingt, Jahre ihres Lebens zu verschwenden, um danach ein bedeutungsloses Stück Papier zu erhalten, das besagt, dass sie Wissenschaftler sind – und dass dieses System Frauen auf tragische Weise davon abhält, Wissenschaftlerinnen zu werden. Ich finde, er hat recht damit – es ist ein Relikt des deutschen Universitätssystems des 19. Jahrhunderts, das nur für jenen kleinen Teil der Studenten nützlich ist, die tatsächlich Professoren werden.

Dyson war einer jener Wissenschaftler, die sich wie Gamow und Zwicky von einem Problem zum nächsten bewegten, auch wenn es sich um ein anderes Forschungsgebiet

125 Freeman Dyson 2010 in einem Videointerview mit Austin Allen für *Big Think*.

handelte. Dyson hatte jedoch die mathematischen Fähigkeiten, ein Problem anzugehen und seine vollständige Lösung auszuarbeiten. Seine einzigen Anforderungen waren, dass das Problem interessant und einfach formuliert sein musste. So interessierte er sich zum Beispiel für die friedliche Nutzung der Kernenergie und spielte eine Schlüsselrolle bei der Konstruktion eines selbstregulierenden Kernreaktors, der nicht explodieren würde. Dieses Design ist heute einer der am weitesten verbreiteten Kernforschungsreaktoren der Welt.

Einige Probleme scheinen einfach, erweisen sich jedoch als unglaublich schwer zu beweisen. Eine der komplexesten Berechnungen, die Dyson in Zusammenarbeit mit Andrew Lenard durchführte, war der mathematische Beweis, dass feste Objekte existieren können. Die beiden berechneten, dass feste Objekte zu einem unglaublich dichten Zustand kollabieren sollten, wenn nur die Anziehungs- und Abstoßungskräfte zwischen Elektronen und Kernen berücksichtigt würden. Sie zeigten weiter, dass es das »Pauli-Prinzip« ist, das es Objekten ermöglicht, ihre Struktur beizubehalten. Dieses wurde 1925 vom Österreicher Wolfgang Pauli formuliert und besagt, dass identische Elektronen nicht zur gleichen Zeit am gleichen Ort sein können. Das ist der Grund, warum Objekte sich für uns fest anfühlen, obwohl Atome größtenteils leerer Raum sind.

Enttäuscht vom bescheidenen Ehrgeiz der NASA, nur den Mond besuchen zu wollen, arbeitete Dyson für das Projekt Orion im Los Alamos National Laboratory. Aufgabe der Mission war es, ein Raumschiff zu entwerfen, das Menschen zu fernen Planeten und den dahinterliegenden Sternen befördern könnte. Orion sollte von einer Reihe nuklearer Explosionen hinter einem speziell konstruierten Raumschiff angetrieben werden. Eine riesige, stoßdämpfende Stahl- oder Bleiplatte würde den Aufprall der Bombentrümmer abfedern, der innerhalb weniger Nanosekunden auftritt, und den Impuls über einige Sekunden verteilen. Das Raumschiff würde buchstäblich durch die Druckwelle von Partikeln, die von der nuklearen Explosion kommen, vorwärtsgeschoben. Nach etwa tausend Explosionen wäre das Raumschiff auf zehn Prozent der Lichtgeschwindigkeit beschleunigt. Unter Berücksichtigung von Beschleunigung und Verlangsamung würde die Reise zum nächsten Stern so nur 50 Jahre dauern; sie könnte also in einem einzigen Menschenleben gemacht werden. Dyson entwarf Missionen verschiedener Größen, bis hin zum Raumschiff Super Orion, einem 400-Meter-Schiff, das eine kleine Stadt beherbergen könnte. Das Interesse am nuklearen Impulsantrieb ging jedoch zurück, nachdem die Vereinigten Staaten, die Sowjetunion und das Vereinigte Königreich einen Vertrag über das Verbot von Atomtests unterzeichnet hatten. Dieses Abkommen verbot Atomwaffentests in der Atmosphäre, unter Wasser und im Weltraum.

Dyson dachte während seiner gesamten Karriere über das Leben im Kontext des Universums nach. 1959 erkannten Giuseppe Cocconi und Philip Morrison, dass die von Astronomen verwendeten Radioteleskope leistungsfähig genug wären, um künstliche Funksignale zu erkennen, die von außerirdischen Zivilisationen auf anderen Welten gesendet werden. Dies inspirierte Frank Drake, das SETI-Projekt zu starten – die Suche nach außerirdischer Intelligenz – und seine berühmte »Drake-Gleichung« aufzuschreiben, welche die Anzahl potenzieller Zivilisationen schätzt, mit denen wir per Funk kommunizieren könnten.

Dyson fragte sich außerdem, ob es möglich wäre, fortgeschrittene Zivilisationen zu erkennen, die keine Funkkommunikation verwenden. Er argumentierte, dass jede Zivilisation, die viel Energie verbraucht, nicht in der Lage wäre, Abwärme einzudämmen, und dass diese nachweisbar sei. 1960 veröffentlichte er in der renommierten Zeitschrift *Science* einen kurzen Artikel mit dem Titel *Search for Artificial*

Stellar Sources of Infrared Radiation. Dyson beschreibt darin einen Weg, um die Anwesenheit hoch entwickelter außerirdischer Zivilisationen zu erkennen. Er stellte sich vor, dass der Energiebedarf einer Zivilisation unweigerlich immer größer werde. Schließlich werde mehr Energie benötigt, als aus dem Sternenlicht gewonnen werden könne, das den Planeten erleuchtet. Früher oder später müsste eine fortgeschrittene außerirdische Zivilisation daher mehr Energie ihres Sterns einfangen. Um dies zu erreichen, würde sie ihren Stern mit riesigen künstlichen Strukturen umgeben. Solche Konstruktionen, die Sterne teilweise oder vollständig umgeben, um ihre Energie zu sammeln, sind heute als »Dyson-Sphären« bekannt. Dyson selbst räumte jedoch ein, dass die Idee ursprünglich aus Olaf Stapledons Science-Fiction-Roman *Star Maker* von 1937 stammt, und schlug vor, sie sollten stattdessen »Stapledon-Sphären« heißen.

Dyson erkannte, dass alle Strukturen, welche die Energie eines Sterns sammeln, warm werden und Abwärme ausstrahlen. Er berechnete, dass sie mit Infrarot-Teleskopen leicht zu erkennen sein sollten. Da aber der Wasserdampf in unserer Atmosphäre Licht bei diesen Wellenlängen absorbiert, musste die Suche nach Dyson-Sphären warten, bis Teleskope auf hohen Berggipfeln oder im Weltraum platziert wurden. Seitdem wurden mehrere Suchen nach Dyson-Sphären durchgeführt. Alle Dyson-Sphären, die ihre Sterne vollständig umhüllen, wären bis zu einer Entfernung von 1000 Lichtjahren von der Sonne sichtbar. Innerhalb dieser Entfernung gibt es eine Million Sterne wie unsere Sonne. Die Weltraumteleskope IRAS und WISE kartierten den gesamten Himmel in den Infrarotfrequenzen. Bisher wurden keine Dyson-Sphären entdeckt.

1979 wandte sich Dyson philosophischen Fragen zu und dachte über das endgültige Schicksal des Lebens in einem Universum, das sich für immer ausdehnt, nach – eine der ersten ernsthaften eschatologischen Studien. Wenn alle Sterne gestorben sind und alle Schwarzen Löcher sich verflüchtigt haben, was passiert dann mit dem Leben? Bewusstes Denken braucht Energie, und es sind keine Energiequellen mehr zu finden. Je weiter die Zeit fortschreitet, desto schwieriger wird es für das Leben, zu funktionieren – auch wenn das Leben in der fernen Zukunft einer Rechenmaschine gleicht. Dyson entwickelte eine clevere Methode, mit der ein intelligentes Wesen in einem offenen Universum mit einer endlichen Menge an Energie unendlich viele Gedanken denken könnte. Die intelligenten Wesen würden damit beginnen, eine bestimmte Energiemenge zu speichern, und sie würden dann einen Bruchteil, sagen wir, die Hälfte dieser Energie, verwenden, um ihre Gedanken anzutreiben. Wenn der Energiegradient, der durch die Freisetzung dieses Bruchteils des gespeicherten Brennstoffs erzeugt wurde, erschöpft wäre, würden die Wesen in einen Zustand des Nullenergieverbrauchs – ein Art Winterschlaf – eintreten, während das Universum um sie herum abkühlte. Sobald das Universum ausreichend abgekühlt wäre, würde ein Wecker das Leben wecken. Die Hälfte der verbleibenden Hälfte (ein Viertel der ursprünglichen Energie) der Treibstoffreserven der intelligenten Wesen würde freigesetzt, was wiederum eine kurze Denkperiode antreiben würde. Dies würde sich fortsetzen, wobei immer weniger Energie freigesetzt würde. Die Zeit zwischen den Gedanken würde immer länger werden, aber es gäbe immer noch unendlich viele davon. Das einzige Problem, das ich bei dieser Idee sehe, ist, dass jeder Wecker aufgrund von quantenmechanischen Schwankungen, die seine Bestandteile zufällig neu arrangieren, letztendlich zum Scheitern verurteilt ist.

Nebst den vielen Auszeichnungen für seine wissenschaftliche Arbeit erhielt Dyson im Jahr 2000 auch den *Templeton Prize for Progress in Religion* für seine Schriften über die Beziehung zwischen Religion und Wissenschaft. Mehrere meiner

Kollegen, darunter Richard Dawkins, kritisierten ihn dafür, diese Auszeichnung – die einen höheren Geldwert hat als der Nobelpreis – angenommen zu haben. Sie argumentierten, dass der Preis dafür verwendet wird, die klar definierte Grenze zwischen Wissenschaft und Religion zu verwischen. Dyson nannte sich selbst einen Christen, war aber in seiner Ablehnung traditioneller Ansichten über einen Gott ziemlich agnostisch und schrieb: »Ich habe keine Verwendung für eine Theologie, die behauptet, die Antworten auf tiefgreifende Fragen zu kennen, aber ihre Argumente auf den Glauben eines einzelnen Stammes stützt. Ich bin ein praktizierender Christ, aber kein gläubiger Christ. Gott anzubeten, bedeutet für mich, zu erkennen, dass Geist und Intelligenz auf eine Art und Weise in das Gewebe unseres Universums eingewoben sind, die unser Verständnis insgesamt übersteigt.«[126]

2006 veröffentlichte Dyson eine Sammlung seiner Essays unter dem Titel *The scientist as a Rebel* (Der Wissenschaftler als Rebell). Darin schrieb er: »Wir sollten versuchen, unsere Kinder heute an die Wissenschaft heranzuführen, als eine Rebellion gegen Armut und Hässlichkeit und Militarismus und wirtschaftliche Ungerechtigkeit.«[127] Dyson zog sich 1994 vom Princeton Institute for Advanced Study zurück. Bis zu seinem Tod 2020 im Alter von 96 Jahren blieb er in seinen Gedanken und Ideen aktiv.

126 Freeman Dyson: »Science & Religion: No Ends in Sight – a review by Freeman Dyson of The God of Hope and the End of the World by John Polkinghorne«. *The New York Review of Books*, 28. März 2002

127 Freeman Dyson: *The Scientist as Rebel.* New York Review Books 2006: 7

41 Erast Gliner (1923)

»für die Theorie der Inflation«

Dass unser gesamtes Universum vor dem heißen Urknall materieleer war und sich schnell vom Volumen eines subatomaren Teilchens auf die Größe eines Fußballs ausdehnte, nennt man »Inflation«. Die Theorie eines inflationären Universums, die von 1965 bis 1983 entwickelt wurde, wird von vielen Kosmologen als der größte Fortschritt in unserem Verständnis des frühen Universums seit der Arbeit von Lemaître und Gamow angesehen. Die Theorie wurde entwickelt, um das anfängliche Singularitätsproblem zu lösen, um die Geometrie der Raumzeit zu erklären und warum das Universum in alle Richtungen gleich aussieht. Sie führte auch zu einer Möglichkeit, um Unregelmäßigkeiten in der Materieverteilung zu erzeugen, die letztendlich Sterne und Leben entstehen ließen, sowie zum Konzept des Multiversums führten. Die Inflation gilt heute als Teil des Urknallmodells für das Universum. Einige Wissenschaftler sind jedoch der Meinung, sie würde keine Probleme lösen und sollte nicht als Theorie behandelt werden, da sie zu Vorhersagen führt, die nicht überprüft werden können.

Was ist die Inflationstheorie, wer hatte die Idee, und warum ist sie wichtig? Alles Fragen, die sich nur schwer kurz und bündig beantworten lassen, aber lassen Sie es mich versuchen.

Die Inflationstheorie wird vor allem den amerikanischen

Wissenschaftlern Alan Guth und Andrei Linde zugeschrieben, die für diese Theorie 2004 den mit einer Million Dollar dotierten Gruber-Preis sowie 2012 den mit drei Millionen Dollar dotierten Breakthrough Prize erhielten. Kein schlechter Nebenverdienst für einen Forscher! Die ganze Geschichte ist jedoch komplexer, hat auch mit vielen anderen Wissenschaftlern zu tun und beginnt mit der sowjetischen Renaissance der Kosmologie. Von allen Wissenschaftlern, welche die Inflationstheorie mitentwickelt haben, sticht einer besonders hervor – der Erste, der eine solche Theorie vorschlug und dabei weitgehend ignoriert wurde – Erast Gliner.

Die Idee eines Universums mit einem Anfang entsprach nicht den kommunistischen Ideologien der Sowjetunion. Die auferlegte Wissenschaftsphilosophie war der dialektische Materialismus, der auf den Schriften von Marx, Engels und Lenin basierte. Dass das Universum einen Anfang hatte, implizierte eine kosmische Schöpfung, die als religiös angesehen wurde. Die Ansicht des Materialismus war, dass das Universum ewig und unendlich sein sollte. In der Volksrepublik China, die ihre eigene Version des dialektischen Materialismus hatte, wurde die Kosmologie unter Mao Zedong sogar zu einer verbotenen Wissenschaft. Die relativistische Kosmologie wurde für reaktionär und zu einer antisozialistischen Pseudowissenschaft erklärt. Trotz früher Beiträge zur Theorie, zum Beispiel von Alexander Friedmann, arbeiteten sowjetische Wissenschaftler daher lange nicht an der Weiterentwicklung der Urknalltheorie. Erst in den 1960er-Jahren, nach dem Tod Stalins, begannen sowjetische Forscher wieder mit der Arbeit an kosmologischen Modellen.

Erast Gliner wurde 1923 in Kiew, in der heutigen Ukraine, geboren. Er begann ein Chemiestudium an der Leningrader Universität, das jedoch durch den Zweiten Weltkrieg unterbrochen wurde. Über eine Million Zivilisten wurden für den Bau von Befestigungsanlagen der Stadt mobilisiert, darunter Gliner, der wie viele andere körperlich unter der Anstrengung litt. Er entwickelte eine schwere Dystrophie und wurde aufgrund seines Zustands vom Militärdienst freigesprochen – aber er meldete sich trotzdem freiwillig für die Armee. Gliner wurde zweimal verwundet und erhielt zwei Ehrenmedaillen. Nach der erneuten Rückkehr in den Einsatz wurde er ein drittes Mal verwundet und verlor seinen rechten Arm. Daraufhin kehrte er an die Leningrader Universität zurück und begann ein Physikstudium. 1945 wurde er wegen »Beteiligung an der Aktivität einer antisowjetischen Gruppe« (einem studentischen Literaturkreis zur Wertschätzung russischer Poesie) verhaftet. Gliner wurde in den berüchtigten sowjetischen Gulag geschickt – eines der Zwangsarbeitslager, in denen Millionen politischer Gefangener, intellektueller Dissidenten und aller, die der KGB dorthin schickte, festgehalten wurden. Gliner verbrachte zehn lange Jahre im Gulag. Nach dem Tod Stalins wurden die Gulags langsam aufgelöst, und Gliner kehrte 1955 zu seinem Studium zurück.

Während seiner Zeit in Leningrad in den frühen 1960er-Jahren schrieb Gliner mehrere Arbeiten über relativistische Physik und Kosmologie. Er reichte seine Arbeiten als Dissertation ein, aber um sich für den russischen Doktortitel zu qualifizieren, brauchte es drei Mitglieder der Akademie, welche die Arbeit genehmigten. Trotz der starken Unterstützung durch zwei Wissenschaftler, unter ihnen der theoretische Physiker Andrei Sacharow, der später den Friedensnobelpreis erhalten sollte, weigerte sich Jakow Seldowitsch aus Kapitel 27, damals der wichtigste Wissenschaftler in Russland, seine These zu unterstützen – sie war ihm zu revolutionär. Gliners Kollegen sorgten jedoch heimlich dafür, dass seine Dissertationsunterlagen an die Universität von Tartu in Estland (zu dieser Zeit eine Sowjetrepublik) gebracht wurden, die ihm 1972 den Doktortitel verlieh. Später, in den 1980er-Jahren, als die Inflationstheorie wiedergeboren wurde, räumte Seldowitsch ein, damals einen Fehler gemacht zu haben.

Was also enthielt Gliners These?

Zu dieser Zeit war allgemein bekannt, dass die Gleichungen, die von Forschern wie Friedmann und Lemaître entwickelt worden waren, um unser Universum zu beschreiben, ein Problem aufwiesen – wenn man sie immer wieder rückwärts extrapoliert, erreicht man zum Zeitpunkt t=0 eine Singularität. Die Singularität – eine Unendlichkeit – entsteht, weil die Größe des Universums null und seine Energiedichte unendlich wird. Wir Forscher glauben nicht, dass dies der Zustand des Universums war – es deutet eher darauf hin, dass wir nicht verstehen, was während der ersten Momente des Universums vor sich ging. Gliner fand eine mögliche Lösung für dieses Problem.

Er erkannte, dass, wenn man in der Zeit rückwärts extrapoliert, das Universum eine Dichte erreichen würde, die durch ein relativistisches Vakuum beschrieben werden könnte. Er holte Einsteins kosmologische Konstante zurück und brachte sie mit der Energiedichte des Vakuums in Verbindung. Einsteins Konstante wirkt wie eine abstoßende Gravitationskraft und könnte dazu führen, dass ein Universum ohne Materie eine unglaublich schnelle und möglicherweise enorme exponentielle Expansion erfährt. Gliner argumentierte, dass unser gesamtes Universum als winziges Stück Raumzeit ohne Materie begann, in der Größe eines winzigen Bruchteils eines Atoms, das sich dann schnell – schneller als die Lichtgeschwindigkeit – ausdehnte.[128]

128 Dass physikalische Objekte nicht über Lichtgeschwindigkeit hinaus beschleunigt werden oder dass Informationen nicht schneller als Licht reisen, ist die zentrale Forderung von Einsteins Relativitätstheorie. Die Ausdehnung des Raums erfolgt viel schneller als mit Lichtgeschwindigkeit, aber das ist in Ordnung, da sich nur der Raum ausdehnt.

Gliner spekulierte, dass das Universum irgendwann von einem »leeren«, von Vakuumenergie dominierten Universum in die Phase übergeht, die wir Urknall nennen. An diesem Punkt wird die Energie im Vakuum in Materie und Strahlung umgewandelt. Die Dynamik eines materieleeren Universums war zuvor vom niederländischen Physiker Willem de Sitter gelöst worden. Während der schnellen Expansion bleibt die Energiedichte des Vakuums konstant, egal wie weit man in der Zeit zurückgeht. In einem solchen Universum gäbe es keine unendliche Materiedichte, keine Singularität und keinen zeitlichen Ursprung[129].

Gliner veröffentlichte seine Ergebnisse in einer Reihe von Arbeiten zwischen 1965 und 1975, teilweise in Zusammenarbeit mit seiner Schülerin Irina Dymnikova. Er verließ Russland 1980 und arbeitete einige Zeit am McDonnell Center for Space Science an der Washington University St. Louis und am Institute of Theory Studies in San Francisco.

Laut dem theoretischen Physiker und Nobelpreisträger Witali Ginsburg war Gliner ein erfolgreicher Forscher, bis er offenbar 1987 ein Seminar zur Inflation an einer nicht näher bezeichneten weltberühmten Universität in Amerika gab. Ginsburg war Chefredakteur der englischen Ausgabe einer russischen Zeitschrift für Physik. Im Vorwort zu einer von Gliner im Jahr 2002 veröffentlichten Arbeit schrieb er: »Seine Ideen, die denen in der folgenden Veröffentlichung nahekommen, erwiesen sich offenbar als anstößig gegenüber einigen wohlhabenden kosmologischen Autoritäten in den USA. Das kostete Gliner leider seinen Job und auch seine Rente, denn durch seine Entlassung fehlte ihm ein Jahr der dafür erforderlichen Dienstzeit. […] so hat E. B. Gliner keine Angliederung, kann nicht an wissenschaftlichen Konferenzen

129 Wenn man eine exponentielle Expansion rückwärts in der Zeit extrapoliert, erreicht man niemals ein Nullvolumen.

teilnehmen und hat keinen Zugang zu den Online-Diensten der Universität.«[130] Seit 1987 lebt Gliner in San Francisco, ohne Anerkennung für seine Beiträge zur Kosmologie des frühen Universums.

Gliner nannte die schnelle Expansion des frühen Universums eine »Blow-up«-Phase. Später wurde dies von Alan Guth »Inflation« genannt. Gliner wusste nicht, dass er mit einem solchen Modell noch mehrere andere Probleme in der Kosmologie hätte lösen können, zu denen ich noch kommen werde. Auch war Gliners Modell ein wenig ad hoc, vor allem weil der Übergang von einer inflationären Phase in den von Materiestrahlung dominierten Urknall ohne physikalische Grundlage einfach vermutet wurde.

Alexei Starobinski, ein Schüler von Jakow Seldowitsch, führte die Ideen von Gliner weiter. 1978 begann er, darüber nachzudenken, wie sich Entwicklungen in der aufkommenden Theorie der Quantengravitation auf das frühe Universum auswirken würden. Starobinski erkannte, dass das frühe Universum mit einer exponentiellen Expansion hätte beginnen können – einer sogenannten De-Sitter-Phase –, bevor es Oszillationen durchlief, die zu einem expandierenden Universum überleiteten, das von Materie und Licht erfüllt war. Er erkannte auch, dass diese frühe exponentielle Expansion eine Beobachtungssignatur hinterlassen würde – Gravitationswellen mit einem bestimmten Satz von Frequenzen. Diese wären schwer zu entdecken, könnten sich aber als wichtiger Test der Theorie erweisen.

Inspiriert von der Arbeit von Starobinski, veröffentlichten die russischen Kosmologen Wjatscheslaw Muchanow und Gennadi Chibisow 1981 eine Studie, die zeigte, wie eine schnell expandierende Phase frühen Universum zu

130 E. B. Gliner: »Inflationary universe and the vacuumlike state of physical medium«. *Physics – Uspekhi* 45, 2002: 213–220

den im kosmischen Mikrowellenhintergrund beobachteten Schwankungen führen könnte. Das Quantenfeld, das den Raum aufblähen ließ, würde wie jedes Quantenfeld Schwankungen unterliegen. Der Weltraum würde von winzigen Energieschwankungen auf der Quantenskala durchzogen sein. Wenn sich der Raum aufblase, würden auch all die winzigen Energieschwankungen verstärkt. Am Ende der Inflation würden die Quantenfluktuationen zu viel größeren Unregelmäßigkeiten im Energiefeld verstärkt, die später zu Unregelmäßigkeiten in der Materieverteilung wurden. Quantenfluktuationen im frühen Universum würden aufgrund der unglaublichen Ausdehnung des Weltraums von mikroskopischen auf makroskopische Skalen ausgedehnt. Diese Fluktuationen sehen wir im Mikrowellenhintergrund, den ich zuvor beschrieben habe, und sie haben sich letztendlich zu Galaxien, Sternen, Planeten und Leben entwickelt. Was für eine schöne Idee, dass alles, was wir in unserem Universum sehen, als Quantenfluktuation begann!

Eine der wichtigsten Beobachtungen mithilfe des Hubble-Weltraumteleskops zeigte, dass sich das Universum im Laufe der Zeit entwickelt hat – dass diese anfänglichen Quantenfluktuationen dank der Gravitation gewachsen sind. Wenn man sich die entferntesten Bereiche des Universums ansieht, findet man jüngere, weniger entwickelte und kleinere Galaxien, die viel mehr Sterne bilden als heute. Indem das Hubble-Weltraumteleskop über eine Million Sekunden lange Belichtungen von ein und derselben Stelle am Nachthimmel machte, hat es winzige Galaxien entdeckt, die sich vor 13,4 Milliarden Jahren gebildet haben – zu einer Zeit, als das Universum nur drei Prozent seines heutigen Alters hatte. Dieselben Beobachtungen haben gezeigt, dass die Häufigkeit, mit der sich Sterne bildeten, vor etwa 10 Milliarden Jahren ihren Höhepunkt erreichte und seitdem zurückgegangen ist.

Die meisten Sterne, die entstehen könnten, sind bereits vor langer Zeit entstanden. Diese beobachtete zeitliche Entwicklung der kosmischen Struktur ist der vierte Beweispfeiler für den Urknall.

Die Inflationstheorie wurde in den frühen 80er-Jahren gleichzeitig, aber unabhängig voneinander von Demosthenes Kazanas, Alan Guth und Katsuhiko Sato weiterentwickelt. Sie spekulierten, dass die Inflation etwa 10^{-34} Sekunden nach dem Erscheinen unseres Universums stattfand, als drei fundamentale Kräfte der Natur (der Elektromagnetismus und die schwachen und starken Wechselwirkungen) als ein einziges, symmetrisches, einheitliches Quantenfeld wirkten. Während das Universum expandierte, verlor das Feld an Energie – bis es einen Wert erreichte, an dem es sich spontan in mehrere neue Felder aufteilte, ein sogenannter »symmetriebrechender Phasenübergang« (symmetry breaking phase transition), der zu getrennten, unterschiedlichen Kräften führte. Sie nahmen an, dass das Quantenfeld, das die Inflation antrieb, dasselbe Feld sei, welches das Higgs-Teilchen hervorgebracht hat. Die meisten Wissenschaftler sehen in Guth den Erfinder der modernen Inflationstheorie. Tatsächlich war es Kazanas, der 1980 als Erster veröffentlichte, obwohl klar ist, dass die Autoren ihre Ideen unabhängig voneinander entwickelt haben. Und keiner von ihnen bezog sich dabei auf die Arbeiten von Gliner oder Starobinski. Kazanas und Guth erkannten jedoch, dass ein inflationäres frühes Universum zwei große Rätsel lösen würde – das sogenannte »Horizontproblem« und das »Flachheitsproblem«.

Die Inflationstheorie bietet einen Mechanismus zur Erklärung des kosmologischen Prinzips – warum das Universum an allen Orten und in alle Richtungen gleich erscheint. Dies ist als »Horizontproblem« bekannt. Ohne die Inflation wären zwei weit voneinander entfernte Regionen im beobachtbaren Universum einander nie nahe genug gewesen, um die

Anwesenheit der anderen zu spüren. Schwerkraft und Licht hätten einfach keine Zeit gehabt, sich zwischen den beiden auszubreiten. Im frühen Universum hätten zwei getrennte Regionen mit unterschiedlichen Mengen an Energie und Materie enden können. Der kosmische Mikrowellenhintergrund zeigt jedoch, dass die Temperatur des Universums überall gleich war, mit einer Genauigkeit von 1:100000. Die Inflation löst dieses Problem, da die Region, aus der unser gesamtes sichtbares Universum hervorgegangen ist, einst eine winzige Region war, die »kausal verbunden« war – eine winzige Region, die klein genug war, dass Informationen Zeit hatten, sie zu durchqueren. Eine kausal verbundene Region wird gleichmäßig in der Temperatur, da Photonen durch die gesamte Region fließen können. Es war dieses winzige Stückchen Raum, von der Größe eines subatomaren Teilchens, das sich zu allem aufblähte, was wir heute beobachten.

Die Energiedichte des Universums bestimmt seine Geometrie, und wie sich diese Geometrie im Laufe der Zeit verändert. Heute messen wir, dass das Universum annähernd – oder vielleicht gar exakt – flach ist. Dies ist als das »Flachheitsproblem« bekannt – warum begann das Universum mit einer fast exakt flachen Geometrie?

Die Inflation stellt einen Mechanismus bereit, der zu einer vollkommen flachen Raumzeit führen kann, unabhängig von ihrer vorherigen Krümmung. Stellen Sie sich die Oberfläche eines Ballons vor, der nicht aufgeblasen ist – faltig und unregelmäßig und alles andere als glatt. Wenn Sie den Ballon aufblasen, wird seine Oberfläche gedehnt. Stellen Sie sich nun vor, Sie blasen den Ballon auf, bis er eine Quadrillion Mal größer ist – die Oberfläche um jeden Punkt auf dem Ballon wird extrem glatt und flach. Jeder Fleck des Universums, der »faltig« war – eine gekrümmte Geometrie hatte –, würde auf eine enorme Größe aufgebläht und am Ende der Inflation fast, aber nicht exakt, flach sein.

Viele der Wissenschaftler, welche die Inflationstheorie mit entwickelten, sind für ihre Beiträge ausreichend anerkannt und ausgezeichnet worden, andere weniger, und Gliner überhaupt nicht. Von 2002 bis 2017 war ich Mitglied des wissenschaftlichen Beirats der Tomalla Foundation – und somit einer von drei Professoren, die einen mit 100000 Schweizer Franken dotierten Preis für Grundlagenforschung in der Gravitation und Kosmologie vergeben. Im Jahr 2009 verliehen wir den Tomalla-Preis an Wjatscheslaw Muchanow für seine Beiträge zur inflationären Kosmologie und die Vorhersage des Ursprungs primordialer Schwankungen, und an Alexei Starobinski für seine Beiträge zur inflationären Kosmologie und die Vorhersage des Spektrums der daraus resultierenden Gravitationswellen. Damals war mir die Arbeit von Gliner nicht bekannt, und ich bedauere, seinen Beitrag zu dieser faszinierenden Geschichte übersehen zu haben.

Aber die Geschichte der Inflation ist noch nicht zu Ende erzählt. Die Ideen waren unvollständig, denn es stellte sich heraus, dass die Theorien von Sato, Guth und Kazanas ein grundlegendes Problem aufwiesen – eines, das von Andre Linde und Paul Steinhardt gelöst wurde und zur heutigen Inflationstheorie sowie ihrer unvermeidlichen Konsequenz führte: dem Multiversum.

42. Andrei Linde (1948) & Paul Steinhardt (1952)
»für die ewige Inflation und die Theorie des Multiversums«

Das sichtbare Universum – alles, was wir sehen können – ist ein riesiger Raum, der sich über 90 Milliarden Lichtjahre erstreckt und eine Billion Galaxien sowie eine Quadrillion Sterne beherbergt. Die verblüffende Idee, dass all dies nur ein winziger Fleck ist, der in ein nahezu unendliches Meer von Universen eingebettet ist, hat eine lange Geschichte, sowohl in der Religion als auch in der Literatur und der Wissenschaft. Von der altgriechischen stoischen Philosophie über hinduistische Kosmologie und buddhistische Architektur bis hin zum ersten wissenschaftlichen Argument für ein Multiversum, das Ludwig Boltzmann bei der Diskussion des Entropieparadoxons vorbrachte. Dass wir in einem Multiversum leben könnten, wurde nach der Erforschung des inflationären frühen Universums auf eine solide theoretische Grundlage gestellt.

Der an der Stanford University ansässige russisch-amerikanische theoretische Physiker Andrei Linde und der an der Princeton University ansässige amerikanische theoretische Physiker Paul Steinhardt behaupten beide, die erste Arbeit über die Theorie des Multiversums geschrieben zu haben. Das Multiversum, das ein Ergebnis inflationärer Modelle ist, unterscheidet sich stark von den Paralleluniversen von Hugh Everett. Das Multiversum beruht auf der Idee, dass Teile des Universums weiterhin neue Inflationsschübe erfahren, wobei jeder Teil ein neues Universum erzeugt, das in den bestehenden Raum eingebettet ist. Das führt zu einer nahezu unendlichen oder vielleicht tatsächlich unendlichen Anzahl von Universen. Während einige dieser Universen unserem eigenen sehr ähnlich sein mögen, könnten andere sehr unterschiedlich sein.

Andrei Linde promovierte 1975 am Lebedew-Institut in Moskau in theoretischer Teilchenphysik. Er beschreibt sich selbst als intuitiven Wissenschaftler, der ein Problem zuerst visualisiert, bevor er es mathematisch darstellt. Etwa fünf Jahre nach seiner Dissertation kam er auf seine Theorie des Multiversums, während er mit einem Kollegen am Telefon über das frühe Universum diskutierte – im Badezimmer, weil er seine Familie nicht aufwecken wollte. Nachdem sich seine Ideen herauskristallisiert hatten, weckte er seine Frau und sagte: »Es scheint, als wüsste ich, wie das Universum entstanden ist!«[131] 1990 wechselte Linde an die Stanford University, wo er Professor für Physik wurde.

Paul Steinhardt wurde in New York geboren, seine Eltern waren Anwälte. Er erinnert sich daran, dass sein Vater ihm in seiner Kindheit wundervolle Gutenachtgeschichten über Wissenschaftler erzählte, die große Entdeckungen machten. Dies inspirierte ihn zu dem Wunsch, etwas Neues zu entdecken, das noch niemand zuvor erkannt hatte. 2001, als Professor an der Princeton University, sagte er eine neue Struktur von Materie vorher, die in der Natur existieren könnte und »Quasikristall« genannt wird. Quasikristalle wurden wenige Jahre später tatsächlich in einem Kristall aus der mineralogischen Sammlung der Universität Florenz entdeckt. Bis dahin war immer angenommen worden, dass sich Kristalle aus einem regelmäßigen Gitter von Atomen bilden, während

131 Andrei Linde im Gespräch mit Alan Lightman. American Institute of Physics, Oral History Interviews 1987

Quasikristalle eine geordnete, aber nicht periodische Struktur haben.

Linde erwähnt, dass er seine Ideen zum Multiversum vor der Veröffentlichung mit Stephen Hawking diskutierte, als dieser 1981 Moskau besuchte. Er glaubt, dass Hawking seine Ideen in Amerika verbreitete, und diese dann von Steinhardt aufgegriffen wurden. Steinhardt behauptet jedoch, er habe unabhängig von Linde an demselben Problem gearbeitet. Nachdem er 1982 einen Vorabdruck von Lindes Arbeit erhalten hatte, veröffentlichte er schnell seine eigene Arbeit und ließ Linde Ehre zuteilwerden, wo Ehre gebührte.[132]

Viele der Einzelheiten der Inflation wurden während eines dreiwöchigen Workshops erläutert, der von Stephen Hawking mitorganisiert wurde und vom 21. Juni bis 9. Juli 1982 in Cambridge stattfand. Dieser führte zum »Tod« und zur »Wandlung« der Inflation – Ausdrücke, die auch im Titel der Besprechung des Workshops[133] verwendet wurden. Die Inflation »starb«, da detaillierte Berechnungen der Dichtestörungen, die während einer inflationären Ära erzeugt wurden, zeigten, dass das mit dem Higgs-Teilchen in Verbindung gebrachte Quantenfeld die Inflation nicht wie ursprünglich angenommen antreiben konnte. Die im letzten Kapitel beschriebenen Theorien zur Inflation waren also falsch. In diesen Modellen gab es keine Möglichkeit, das Universum wieder aufzuheizen, um Strahlung und Materie zu erzeugen und Lemaîtres heißen Urknall zu starten. Die alte Theorie der Inflation hätte zu einem kalten und leeren Universum geführt. Die »Wandlung« war auf die Erfindung eines neuen Quantenfeldes durch Steinhardt und Linde zurückzuführen, das als

132 Paul Steinhardt im Gespräch mit David Zierler. American Institute of Physics, Oral History Interviews 2020

133 John Barrow & Michael Turner: »The inflationary universe – birth, death and transfiguration«. *Nature* 298, 1982: 801–805

»Inflatonfeld« bezeichnet wird und die Expansion des Raums im frühen Universum antreibt. In seinem Vortrag bei diesem Workshop zeigte Steinhardt erstmals, wie die Inflation ewig andauern und zu einem Multiversum führen könnte. Diese Idee wurde sowohl in Steinhardts als auch in Lindes schriftlichen Beiträgen zu den Workshop-Protokollen entwickelt.

Die Inflation beruht darauf, dass das Inflatonfeld eine charakteristische Form hat, in der seine potenzielle Energie auf ihren niedrigsten Energiezustand abfallen kann, der als wahres Vakuum bezeichnet wird. Bevor die schnelle Expansion auftritt, bleibt die potenzielle Energie der Raumzeit in einem instabilen Minimalzustand hängen, der als falsches Vakuum bezeichnet wird. Es ist die Änderung der potenziellen Energie zwischen dem falschen und dem wahren Vakuum, die die schnelle Expansion des Weltraums antreibt. Wenn das Inflatonfeld dann versucht, sein minimales Energieniveau zu erreichen, erfährt es eine Reihe von Schwingungen, und die enorme Energie, die im Vakuum vorhanden ist, wird in Strahlungsenergie und gravitative Materie umgewandelt. Linde und Steinhardt zeigten, dass dieser Prozess niemals endet. Quantenfluktuationen führen dazu, dass Teile des Universums wieder in einem falschen Vakuumzustand eingeschlossen werden, und in diesen Regionen geht die Inflation immer weiter und weiter. Dies wird oft als »ewige Inflation« bezeichnet und ist ein generisches Ergebnis inflationärer Modelle.

Der Weltraum wird mit Blasenuniversen gefüllt, die ineinander eingebettet sind – sich kontinuierlich aufblähende Regionen, die jeweils ein brandneues Universum erschaffen – das Multiversum. Solche eingebetteten Mini-Universen entstehen immer weiter bis in die Ewigkeit, und es ist nicht bekannt, wann der gesamte Prozess begann – wenn er überhaupt einen Anfang hatte. Auf den größten Skalen sieht das inflationäre Multiversum der Steady-State-Kosmologie von

Hoyle ziemlich ähnlich. Aber das Innere jeder Blase entwickelt sich so, wie es das Standard-Urknallmodell beschreibt. Jeder Fleck des Universums beginnt von vorne, und zwar mit einer niedrigen Entropie, da die Expansion eine glatte Landschaft aus Partikeln erzeugt, die dann durch die Gravitation neue kosmische Strukturen bilden können. Die Zahl solcher Universen ist unfassbar groß, vielleicht unendlich. In der neuen Inflationstheorie ist ein Multiversum eine allgemeine und unvermeidliche Konsequenz.

Über 10000 Forschungsarbeiten wurden von Tausenden verschiedenen Wissenschaftlern zur Inflation verfasst. Sie wurde zum Standardparadigma für die Phase vor dem Urknall im frühen Universum. Aber nicht alle Wissenschaftler sind dieser Meinung. Schließlich wurde die Inflation ursprünglich entwickelt, um zu erklären, warum die Raumzeit flach ist und warum die Mikrowellen-Hintergrundtemperatur in alle Richtungen nahezu denselben Wert hat. Man könnte argumentieren, dass das Universum einfach mit solchen Anfangsbedingungen begonnen hat. Das Heraufbeschwören eines neuen Inflaton-Quantenfeldes mit spezifischen Eigenschaften könnte als zusätzliche und willkürliche Komplikation bezeichnet werden. Mit oder ohne Inflation brauchen wir immer noch eine Anfangsbedingung, und bis wir eine Theorie der Quantengravitation haben – eine Theorie von allem – können wir nicht vorhersagen, welche Anfangsbedingung wahrscheinlicher ist.

Dass wir in einem Multiversum leben, hat die Fantasie von Science-Fiction-Autoren und der Öffentlichkeit gleichermaßen angeregt. Unter Kosmologen wird es jedoch gemischt aufgenommen – viele finden die Idee schön und das Multiversum unvermeidlich, andere verabscheuen die Vorstellung. Und ausgerechnet Paul Steinhardt ist heute einer der lautstärksten Gegner der von ihm selbst entwickelten Idee eines inflationären Multiversums! Steinhardt argumentiert, dass das

Multiversum, da es jedes mögliche Ergebnis zulässt, keine Vorhersagekraft hat und seine Existenz nie überprüft werden kann. Er argumentiert: »Wissenschaftliche Ideen sollten einfach, erklärend und voraussagend sein. Das inflationäre Multiversum, wie es derzeit verstanden wird, scheint keine dieser Eigenschaften zu haben«, und sagt, dass die Inflation »nichts erklärt und nichts vorhersagt«.[134]

Gespräche mit Steinhardt erinnern mich immer an meine Gespräche mit Fred Hoyle. Beide sind und waren wissenschaftliche Rebellen wie Freeman Dyson oder Fritz Zwicky. Steinhardt gehört zu einer Minderheit theoretischer Kosmologen, welche die mittlerweile etablierte Inflationstheorie infrage stellen und eine neue Klasse von Theorien über das frühe Universum entwickelt haben, die den »Big Bang« durch einen »Big Bounce« ersetzen. Seine neue Theorie sieht einen reibungslosen Übergang von einer früheren Kontraktionsperiode in die aktuelle Expansionsperiode vor, wobei jegliche Notwendigkeit einer Inflation vermieden und auch das berüchtigte Problem der kosmischen Singularität, das mit einem Urknall verbunden ist, umgangen wird. Eine natürliche Erweiterung dieser Ideen ist ein nie beginnendes und nie endendes zyklisches Universum, in dem sich Epochen des Rückpralls, der Expansion und der Kontraktion in regelmäßigen Abständen wiederholen.

Im Januar 2017 veröffentlichten Paul Steinhardt und zwei Kollegen einen Artikel in *Scientific American* mit dem Titel *Pop goes the universe*, in dem sie argumentierten, dass die Inflationstheorie nicht mit wissenschaftlichen Methoden überprüft werden könne. Ein Grund dafür, dass es so viele Veröffentlichungen zur Inflationstheorie gibt, liegt darin, dass die Form des Inflatonfeldes beliebig variiert werden kann, was zu

134 John Hogan: *Physicist Slams Cosmic Theory He Helped Conceive*. Scientific American Blog 2014

völlig unterschiedlichen Ergebnissen führt. Sie argumentieren, dass nie ein Experiment entworfen werden kann, das die Theorie bestätigen oder widerlegen könnte. Dies führte im Juni 2017 zu einem Antwortartikel in derselben Zeitschrift, der von 33 prominenten Wissenschaftlern verfasst und unterzeichnet wurde, unter ihnen Guth, Linde, Starobinski, Weinberg und Hawking. Darin weisen diese die Kritik zurück und argumentieren, dass alle Beobachtungsdaten derzeit die Theorie stützen.

Das alles ist ziemlich faszinierend und rückt die Philosophie in den Mittelpunkt der Debatte. Ich vermute, dass wir nicht miterleben werden, wie ein Nobelpreis für die Inflationstheorie oder das Multiversum verliehen wird. Außerdem befürchte ich, dass es dem Nobelkomitee bei den derzeitigen Regeln schwerfallen würde, zu bestimmen, wer einen solchen Preis erhalten sollte. Dennoch glaube ich, dass die Theorie der Inflation und insbesondere des Multiversums elegant und inspirierend ist und Anerkennung verdient. Außerdem bietet das Multiversum eine Lösung für eines der größten Geheimnisse der Kosmologie – das Problem der Feinabstimmung.

Dass wir in einem Multiversum leben, liefert eine natürliche Erklärung für die scheinbare Feinabstimmung der fundamentalen Naturkonstanten. Der Wert der Gravitationsstärke, die Größe der Lichtgeschwindigkeit, die Masse eines Protons oder die Ladung des Elektrons lassen sich aus keiner tieferen Theorie vorhersagen. Sie sind nur Zahlen, die wir messen. Es gibt über zwei Dutzend solcher Konstanten, und ihre Werte bestimmen die Eigenschaften unseres Universums. Seit den 1960er-Jahren wurde festgestellt, dass Sterne, Planeten, Moleküle und Leben nie entstanden wären, wenn einige dieser Konstanten andere Werte hätten, selbst wenn es nur ein winziger Unterschied wäre. Nehmen wir zum Beispiel die Ladung des Elektrons. Wenn sie auch nur ein wenig anders wäre, würden die Reaktionen, welche die Bildung von

Kohlenstoff und schwereren Elementen in Sternen ermöglichen, nicht auftreten. In einem solchen Universum gäbe es vermutlich kein Leben, da sich aus Wasserstoff und Kohlenstoff allein kaum Leben bilden könnte.

Die Feinabstimmung unseres Universums wird oft als Argument dafür herangezogen, dass das Universum von einem höheren Wesen entworfen wurde. Aber im Multiversum kann jedes Blasenuniversum nach der Inflation mit einem anderen Satz fundamentaler Konstanten enden. In manchen Universen gibt es tatsächlich kein Leben. In anderen ist die Schwerkraft so stark, dass die gesamte Region sofort zusammenbricht. In anderen gibt es praktisch keine Materie, und in wieder anderen gibt es menschenähnliche Kreaturen, die ein Buch wie dieses lesen. In einem nahezu unendlichen Raum der Möglichkeiten ergeben sich fast alle Möglichkeiten.

Viele Wissenschaftler glauben, dass eine Theorie wertlos und nicht besser als eine Religion ist, wenn sie nicht überprüft werden kann. Ich stimme dem nicht zu, da wir nicht wissen, was die zukünftige Forschung ergeben könnte. In der Wissenschaft gibt es viele Beispiele für theoretische Vorhersagen, die als unrealistisch galten, sich aber später als richtig herausstellten. Ernst Mach kritisierte das Konzept der Atome und konterte Ludwig Boltzmann mit der berühmten Frage: »Hast du eins gesehen?« Ein weiteres Beispiel ist die Stringtheorie. Sie versucht, Quantenmechanik und allgemeine Relativitätstheorie zu vereinen, aber sie muss erst noch eine Vorhersage treffen, die überprüft werden könnte. Bedeutet dies, dass sie nicht weiterverfolgt werden sollte? Einige Wissenschaftler denken so. Letztendlich kümmert sich das Universum nicht darum, was Sie denken, und die Wissenschaft kümmert sich nicht darum, was Sie glauben. Letztendlich ist das Streben nach Wissen die großartigste aller menschlichen Aktivitäten, und dieses Streben ist der einzige Weg, auf dem wir die Geheimnisse unseres Universums aufdecken werden.

In ferner Zukunft, wenn alle Sterne in unserem sichtbaren Universum gestorben sind, wenn alle Schwarzen Löcher verschwunden sind, ist der Wärmetod unseres Universums vollendet. Sogar Protonen könnten in subatomare Teilchen zerfallen sein. Es ist ein trauriger Gedanke, dass alles, was wir in diesem atemberaubenden Universum sehen, verschwunden sein wird und kein Leben mehr existieren kann. Aber das Multiversum bietet die Möglichkeit, dass neue Welten entstehen; ein riesiger Raum voller Universen, in dem neues Leben auf ewig immer wieder gedeiht. Die exponentielle Ausdehnung des Weltraums, welche die Galaxien immer weiter auseinanderdehnt, könnte sich immer schneller fortsetzen. Unser eigenes Universum könnte sich in einem falschen Vakuumzustand befinden und könnte in Zukunft eine neue Phase der Inflation durchlaufen. Wenn sich jedes atomare Raumvolumen um uns herum zu einem riesigen neuen Universum aufblähen könnte, stellen Sie sich dann nur einmal die nahezu unendliche Anzahl möglicher Universen vor, die aus unserem eigenen hervorgehen könnten. Unser Leben erstreckt sich im Multiversum nur über einen unendlich kurzen Augenblick, aber Leben so wie Sie und ich ist in der Vergangenheit viele Male entstanden und wird auch in Zukunft wieder und wieder entstehen.

EPILOG

Wir leben in einer einzigartigen Ära in der Geschichte der Menschheit. Durch den Blick auf eine Billion Galaxien, die jeweils Milliarden von Sternen enthalten, haben wir unsere eigene Bedeutungslosigkeit erkannt. Wir haben die Größe unseres sichtbaren Universums gemessen und sein Alter bestimmt. Wir wissen, wann unsere Sonne zu scheinen begann und wann sie sterben wird, und dass die Atome in unseren Körpern einen unglaublichen kosmischen Ursprung haben. Wir haben festgestellt, dass sich unser Universum ausdehnt; der Raum zwischen den Galaxien wächst, und seine Ausdehnungsgeschwindigkeit nimmt rapide zu. Wir haben die winzigen Unregelmäßigkeiten im sehr frühen Universum gemessen – die Anfangsbedingungen, aus denen alle Sterne und Galaxien, die wir sehen, im Laufe der kosmischen Zeit langsam entstanden sind.

Es ist eine bemerkenswerte Errungenschaft der menschlichen Spezies, dass wir die Geschichte unseres Universums bis weniger als eine Millionstel Sekunde nach seiner Entstehung gut verstehen. Im frühesten Moment, den uns die Physik erklären kann, waren unser gesamtes sichtbares Universum und alles darin, all seine Materie und Energie, in eine Region von der Größe eines Fußballs gepresst. Das klingt erstaunlich, und das ist es auch. Und wenn die Inflationstheorie tatsächlich korrekt ist, dann war auch dieser Fußball einst in ein Volumen gepresst, das kleiner war als die effektive Größe eines Protons, und unser sichtbares Universum ist möglicherweise nur ein kleiner Fleck im Ozean des Multiversums.

Stellen Sie sich vor, wie das Leben vor 10000 Jahren gewesen sein muss, angesichts der Einschränkungen, mit denen die frühen Menschen konfrontiert waren – ein allgegenwärtiger Überlebenskampf und kaum Freizeit, um über ihre Herkunft nachzudenken und zu sinnieren. Hätten Sie darüber nachgedacht, wie Sie hier gelandet sind? Was diese funkelnden Sterne sind? Wie Tag und Nacht entstanden? Was die Jahreszeiten verursacht? Natürlich hätten Sie das getan, aber wären Sie zu dem Schluss gekommen, dass etwas außerhalb Ihrer Kontrolle dafür verantwortlich war? Vielleicht hätten Sie sogar das Konzept einer Macht heraufbeschworen, die die Natur kontrolliert und Ihr Schicksal regiert. Ohne das Wissen, das wir Menschen heute besitzen, hätten Sie sich vielleicht auch ein »allmächtiges Wesen« ausgedacht, das praktischerweise für alles verantwortlich ist.

Seit der Aufklärung hat unser Verständnis der natürlichen Welt dramatisch zugenommen, vom makroskopischen Maßstab des gesamten sichtbaren Universums bis hin zur mikroskopischen inneren Welt der Atome. Hin und wieder kann ein einzelnes Individuum durch kühne Ideen die Art und Weise verändern, wie wir über das Universum denken. Aber die Wissenschaft basiert auf Generationen von Gedanken und Entdeckungen, auf Irrwegen und Fehlern, auf Glück und Zufällen. Wir hören zwar immer wieder die Namen einiger Wissenschaftler, aber tatsächlich ist die Wissenschaft auf den Fundamenten von Generationen von Experimenten, Gedanken, Theorien und Beobachtungen aufgebaut.

Wie sieht die Zukunft der Astrophysik und Kosmologie aus?

Trotz all unserer Fortschritte gibt es vieles, was wir nicht wissen, und es gibt große Entdeckungen, die noch gemacht werden sollten und müssen. Wir wissen nicht, woraus 95 Prozent unseres Universums bestehen! Die Natur der Dunklen Materie ist ein herausforderndes Problem, das es zu lösen gilt – egal, ob diese ein neues Teilchen oder eine Modifikation von Raumzeit und Schwerkraft ist. Wir haben viele Theorien darüber, was Dunkle Materie sein könnte. Nur neue Beobachtungen oder Laborexperimente können mehr Licht auf ihre illusorische Natur werfen. Und was die mysteriöse Dunkle Energie betrifft, so haben wir nicht einmal eine einzige überzeugende Theorie über ihre Natur.

Die jüngsten großen theoretischen Einblicke in unser Universum, die in den letzten beiden Kapiteln beschrieben werden, kamen in den frühen 1980er-Jahren. Das war vor vier Jahrzehnten. Seither gab es nur wenige Durchbrüche auf dem gesamten Gebiet der theoretischen Physik, ganz zu schweigen von der Kosmologie. Es gibt so vieles, was wir noch nicht verstehen. Die verbleibenden Fragen sind äußerst komplex, und es könnte noch viele Jahrhunderte dauern, bis sie beantwortet werden. Was ist Raum? Was ist Zeit? Was sind Partikel, und warum haben sie die Eigenschaften, die sie haben? Vielleicht kommt der nächste große Durchbruch beim Verständnis der letzten Puzzleteile, warum es einen Überschuss an Materie gegenüber Antimaterie gab. Und was ist mit einer großen, einheitlichen Theorie, welche die starken, schwachen und elektromagnetischen Kräfte miteinander verbindet? Einer Theorie der Quantengravitation? Und vielleicht am Ende eine mathematische Theorie von allem?!

Jahrzehntelang ignorierte das Nobelpreiskomitee die großen Entdeckungen der Kosmologie, Astrophysik und Astronomie. Die Astronomie ist die älteste aller Wissenschaften, aber erst ab den späten 1960er-Jahren wurden auf diesem Gebiet Preise verliehen. Aber die großen Entdeckungen schwinden, und ich vermute, dass bald weniger Preise vergeben werden, wenn die Regeln sich nicht ändern. Ich frage mich auch, ob der Nobelpreis im heutigen Forschungsumfeld überhaupt noch relevant ist.

Die meisten der verliehenen Nobelpreise waren sicherlich verdient. Die bisherige Bilanz offenbart jedoch viele Mängel und Vorurteile. Bis 1966 – das letzte Jahr, aus dem öffentlich zugängliche Aufzeichnungen vorliegen – wurden nur 92 Frauen für den Nobelpreis in Physik nominiert, verglichen mit 2745 Männern. Ich hoffe, Sie davon überzeugt zu haben, dass es trotz der Ungleichheit, die Frauen in den vergangenen Jahrhunderten auferlegt wurde, viel mehr Frauen gegeben hat, die den Nobelpreis verdient hätten. Die heutigen Nobelpreiskomitees sind sich dieser Probleme durchaus bewusst, aber die Veränderung schreitet nur langsam voran.

Heute gibt es mehr Wissenschaftler als je zuvor, und neue Entdeckungen werden oft nur durch die Zusammenarbeit von Hunderten oder sogar Tausenden von Wissenschaftlern ermöglicht. 1920 lag die durchschnittliche Anzahl von Autoren pro Forschungsarbeit bei knapp über eins. 2010 stieg diese Zahl auf fünf. Heute sehen wir regelmäßig Studien mit über 1000 Autoren aus Dutzenden von Ländern. Im Jahr 1900 erschienen täglich etwa drei neue wissenschaftliche Arbeiten aus dem gesamten Fachgebiet der Physik. Ein Mensch konnte zu jener Zeit tatsächlich die gesamte physikalische Forschung kennen. Im Jahr 2020 gab es jeden Tag 10000 neue Physikpublikationen, davon machen die Astrophysik und Kosmologie etwa ein Prozent aus. Das sind immer noch hundert Arbeiten pro Tag allein in meinen eigenen Forschungsgebieten – heute kann ein Mensch nicht einmal mehr sein eigenes breites Forschungsgebiet kennen, sondern nur einen kleinen Teilbereich davon.

Mit seiner Regel von maximal drei Wissenschaftlern und der Betonung auf bestätigte Entdeckungen passt der Nobelpreis nicht mehr in die heutige Forschungspraxis. Entdeckungen werden selten von wenigen Einzelpersonen gemacht, sondern von großen Kollaborationen. Die Bevorzugung bestätigter Entdeckungen ist ein weiteres Problem. Eine Theorie ist immer eine Theorie und wird nie zur Tatsache. Und wie wir gehört haben, wären trotz ihrer mathematischen Strenge oder Schönheit viele Theorien äußerst schwer zu verifizieren, etwa was vor dem Urknall geschah oder was danach kommt. Die Nobelpreise sind sicherlich ein großartiges Vermächtnis von Alfred Nobel, aber vielleicht ist es an der Zeit, die Regeln hinter den berühmtesten Wissenschaftspreisen der Welt zu überdenken.

APPENDIX

MISSVERSTÄNDNISSE ÜBER DEN URKNALL ODER: DIE UNERMÜDLICHE AMEISE

Der Urknall beschreibt die Entwicklung unseres Universums von dem Zeitpunkt an, an dem es begann, sich nahezu mit seiner heutigen Geschwindigkeit auszudehnen – eine Epoche, als unser Universum auf ein Volumen von der Größe eines Fußballs komprimiert war, die Kerne einfacher Elemente synthetisiert wurden und die kosmischen Photonen entstanden. Aber wie wir gehört haben, beschreibt dies weder das, was vorher gekommen sein könnte, noch das, was danach kommen könnte. Der Begriff des »Urknalls« ist unglücklich, da er die Vorstellung einer Explosion von einem Punkt im Weltraum heraufbeschwört. Der Grund dafür, dass sich entferntere Objekte scheinbar schneller von uns entfernen, liegt darin, dass zwischen uns mehr Raum ist und dieser Raum sich ausdehnt. Es ist eher wie das Spannen eines elastischen Seils. Nehmen Sie eines zur Hand und dehnen Sie es. Beachten Sie, wie schnell sich Ihre Finger im Vergleich zu einem Punkt in der Mitte auseinanderbewegen. Es ist doppelt so schnell, da zwischen Ihren Fingern doppelt so viel Platz ist. Aus diesem Grund wird die Hubble-Konstante als Geschwindigkeit pro Entfernungseinheit angegeben.

Stellen Sie sich nun eine Ameise vor, die langsam an unserem beliebig dehnbaren Gummiseil entlangkriecht. Nehmen wir an, die Ameise beginnt ihre Reise, indem sie mit einem Zentimeter pro Sekunde kriecht und versucht, das Ende eines einen Meter langen Seils zu erreichen. Aber während die Ameise läuft, wird das Seil mit einem Meter pro Sekunde gedehnt. Das heißt, nach einer Sekunde ist die Ameise einen Zentimeter gelaufen, aber das Seil ist jetzt zwei Meter lang. Kann die Ameise jemals das Ende des Seils erreichen? Nun, nicht in einem Ameisenleben, aber wenn die Ameise ewig weiterlaufen könnte, würde sie in etwa 10^{36} Jahren das Ende erreichen!

In diesem Beispiel wird das Seil mit der 100-fachen Geschwindigkeit der Ameise gedehnt. Wenn die Ameise also das Ende des Seils erreicht, ist das Seil 10^{43} Meter lang! Das ist die Strecke, welche die Ameise zurückgelegt hat. Dies ist nicht nur die Geschwindigkeit der Ameise multipliziert mit der Zeit, denn das würde eine fast 100-mal zu kleine Entfernung ergeben. Das liegt daran, dass die Ameise durch die Dehnung des Seils mitgerissen wird, und das ist auch der Schlüssel dafür, dass die Ameise immer das Ende des Seils erreicht, egal wie schnell das Seil gespannt wird.

Stellen Sie sich nun sich selbst als Beobachter am Endpunkt des Seils vor. Am Anfang des Seils befindet sich eine Galaxie, und die Ameise ist ein Lichtphoton, das auf Sie zukommt. Während sich das Universum ausdehnt, wird der Raum zwischen Ihnen und der Galaxie immer größer. Das Photon hat sich mit einer konstanten Geschwindigkeit bewegt, aber der Raum dehnt sich aus, während sich das Photon bewegt. So wie die Ameise weiter gereist ist als ihre Gehgeschwindigkeit multipliziert mit der Zeit, so ist das Photon weiter gereist als die Lichtgeschwindigkeit multipliziert mit dem Alter des Universums. Und das ist im Wesentlichen der Grund, warum das sichtbare Universum mit einem Radius von etwa 46 Milliarden Lichtjahren so viel größer ist als sein Alter multipliziert mit der Lichtgeschwindigkeit; 13,8 Milliarden Lichtjahre.

Diese Analogie hilft uns auch zu verstehen, warum das Licht ferner Galaxien »rotverschoben« wird. Photonen können als wandernde Wellenpakete betrachtet werden, und wenn sich der Raum ausdehnt, dehnt sich auch die Größe dieser Welle. Sie wird gestreckt; wenn also das Photon in den optischen Wellenlängen gestartet wäre, könnte es Sie als Infrarotwelle erreichen. Deshalb ist es hilfreich, Teleskope auf Berggipfeln zu bauen, wo entfernte Galaxien in Infrarotwellenlängen untersucht werden können, die von der Erdatmosphäre blockiert werden. Bei entfernten Galaxien können wir die Wellenlängenstreckung als Folge der Raumdehnung zwischen Galaxien erklären.

Die Dunkle Energie bewirkt, dass sich der Raum immer schneller ausdehnt. In diesem Fall ist die Geschwindigkeit, mit der das Gummiband gedehnt wird, nicht gleichmäßig, sondern nimmt mit der Zeit zu. Unsere arme Ameise wird also niemals das Ende des Bandes erreichen. Aus diesem Grund wird das Universum, das wir sehen können, mit der Zeit immer kleiner. Die Photonen der entferntesten Galaxien werden uns nicht erreichen. Und selbst wenn sie es tun, wird das Licht so lange und mit so geringer Energie in seinen Wellenlängen gestreckt, dass wir sie nicht erkennen können. In ungefähr einer Billion Jahren werden alle Galaxien jenseits unserer eigenen aus unserem Sichtfeld verschwunden sein.

Mit der gleichen Analogie können wir verstehen, warum es im Universum kein offensichtliches Zentrum gibt. Sie stehen still auf dem Gummiseil, und entlang dem Seil sind viele Galaxien aufgereiht. Wo auch immer Sie stehen, werden Sie Galaxien sehen, die sich in beide Richtungen von Ihnen entfernen. Deshalb gibt es beim Urknall kein Zentrum – egal in welcher Galaxie man sich befindet, der Weltraum dehnt sich in alle Richtungen aus. (Sie könnten sich übrigens genauso gut eine zweidimensional expandierende Gummifolie oder einen dreidimensionalen Gummiball vorstellen.)

Das Konzept verwirrt viele Menschen. Unser Universum hat kein Zentrum. Der Urknall war keine riesige Explosion an einem zentralen Punkt, von der aus Materie in einen bestehenden Raum geschleudert wurde. Er geschah nicht an einem Punkt; er geschah an jedem Punkt in einem bestehenden Stück Raum! Es ist der Raum selbst, der zwischen all der Materie im Universum erschaffen oder gedehnt wird[135]. Wo auch immer ein Beobachter im Universum stehen würde, er würde sehen, wie sich ferne Galaxien von ihm wegbewegten, weggetragen von der Ausdehnung des Raums. Er würde auch sehen, dass sich weiter entfernte Galaxien erwartungsgemäß schneller wegzubewegen scheinen: Etwas, das zehnmal so weit entfernt ist, hat zehnmal so viel Raum zwischen sich und uns, also scheint es sich zehnmal so schnell wegzubewegen. Eine andere Analogie wäre, die Expansion mit einem unendlich großen, mit Kirschen gefüllten Obstkuchen zu vergleichen, der sich ausdehnt, während er in einem unendlich großen Ofen kocht. Keine Kirsche kann als in der Mitte des Kuchens identifiziert werden; jede würde beobachten, wie sich alle anderen von ihr entfernen, und weiter entfernte Kirschen würden sich schneller entfernen.

Gibt es bei alldem einen physikalischen Rand, hinter dem es nichts gibt? Dies ist eine weitere häufig gestellte Frage, die schwieriger zu beantworten ist, da wir definieren müssen, was wir mit »Rand« und »Nichts« meinen. Die weiteste Entfernung, auf die wir heute im Universum blicken können, ist die Entfernung, die das Licht in 13,8 Milliarden Jahren zurückgelegt hat. Diese Entfernung beträgt etwa 46 Milliarden Lichtjahre. Wir haben keine Möglichkeit zu wissen, ob das Universum zehnmal größer oder unendlich groß ist. Unser

135 Der Raum selbst kann sich beliebig schnell ausdehnen, aber Sie können den bestehenden Raum nicht schneller als Licht durchqueren. Die Allgemeine Relativitätstheorie basiert auf dem Prinzip, dass keine Information und kein physikalisches Ding (wie ein Photon) sich schneller als die begrenzende Geschwindigkeit des Lichts fortbewegen kann.

Universum ist in der Tat alt und sehr groß. Und es könnte noch viel größer sein, sogar unendlich groß.

Ein weiteres konzeptionelles Problem ist die Tatsache, dass sich der Raum zwischen Galaxien ausdehnt, nicht aber der Raum innerhalb von Galaxien oder innerhalb unseres Sonnensystems. In unserer Analogie dehnen sich die Kirschen im Kuchen nicht aus, da es sich um fest verbundene Moleküle handelt – der Kuchen dehnt sich hauptsächlich aus, weil sich der Teig mit Luft füllt. Der Grund dafür, dass sich der Raum innerhalb von Galaxien nicht ausdehnt, liegt darin, dass die Schwerkraft aller Materie in unserer Galaxie die Ausdehnung überwunden hat, um die Galaxie zu bilden.

Während dies alles Sinn macht, wenn wir akzeptieren, dass es der »Raum« ist, der sich ausdehnt, ist es für mich sehr frustrierend, dass wir auf einer tiefen Ebene gar nicht verstehen, was Raum überhaupt ist. Wir wissen nicht, ob Zeit oder Raum vor dem Urknall existierten. Ich kann Ihnen nicht genau erklären, wie sich der Raum dehnt und was genau gedehnt wird. Ich könnte Ihnen sagen, wie sich die Oberfläche eines Ballons dehnt, wenn sich Gummimoleküle, die durch intermolekulare Kräfte zusammengehalten werden, abwickeln. Aber das hat nichts zu tun mit einem leeren Raum, den wir mathematisch und geometrisch charakterisieren, aber dennoch nicht mit irgendetwas Physischem vergleichen können, das uns vertraut ist.

RAUMZEIT

Wir sind es gewohnt, uns den Raum in allen Richtungen gleich vorzustellen, wie ein dreidimensionales Gitter. Dies ist die Geometrie, die Euklid von Alexandria im antiken Griechenland um das Jahr 300 v. Chr. in seinem berühmten Buch *Elemente* beschrieben hat. Die euklidische Geometrie beschreibt alles, was Sie jemals auf einem flachen Blatt Papier gezeichnet haben. Wenn der Raum durch die euklidische Geometrie beschrieben wird, dann nennen wir den Raum »flach«. Im flachen Raum addieren sich die Innenwinkel eines Dreiecks immer zu 180 Grad, und parallele Linien bleiben immer gleich weit voneinander entfernt. Aber wenn der Raum gekrümmt wäre, würden diese Regeln nicht gelten.

Stellen Sie sich als zweidimensionale Analogie zu einem gekrümmten Raum eine geduldige Ameise vor, die keine Ahnung hat, dass sie auf einem kugelförmigen Planeten lebt. Unsere Ameise denkt, dass ihre Welt flach ist, daher sind das Zentrum und das Äußere ihrer Welt irrelevant. Unsere Ameise denkt, wenn sie weiter in einer geraden Linie geht, wird sie sich immer weiter von ihrem Ausgangspunkt entfernen. Aber nachdem unsere Ameise einige Zeit geduldig um ihre kugelförmige Welt herumgewandert ist, stellt sie überrascht fest, dass sie zu ihrem Ausgangspunkt zurückgekehrt ist. Bis dahin hatte sie keine Ahnung, dass der Raum, in dem sie lebt, gekrümmt ist. Aber sie hätte dies mithilfe der

Geometrie bestimmen können, da Winkel und Abstände in einem gekrümmten Raum andere Eigenschaften haben als in einem flachen Raum.

Wenn in unserem kugelförmigen Planetenbeispiel des gekrümmten Raums zwei Ameisen anfingen, zusammen in einer geraden Linie zu gehen, würden ihre Wege sich schließlich kreuzen oder auseinandergehen, statt nebeneinander zu bleiben. Wenn eine clevere Ameise ein Dreieck mit geraden Linien auf die Oberfläche ihrer Welt zeichnete, würde sie die Winkel addieren und auf einen Wert größer als 180 Grad kommen. Die Summe dieser Winkel würde sich auf die Krümmung des Raums beziehen. Wenn wir ein Objekt fester Größe hätten, ein sogenanntes »Standardlineal«, und wir dieses Lineal in verschiedenen Entfernungen beobachten könnten, könnten wir diese Winkel und die Krümmung des Raums direkt messen. Es stellt sich heraus, dass wir tatsächlich mehrere Möglichkeiten haben, Winkel und Größen von sehr weit entfernten Strukturen in unserem Universum zu messen.

Einstein zeigte, dass Materie und Energie das Gewebe der Raumzeit krümmen. Diese gekrümmte Raumzeit wiederum diktiert dann, wie sich Materie und Energie durch sie hindurchbewegen. Zu jedem Zeitpunkt sagen die Materie und Energie im Universum der Raumzeit, wie sie sich krümmen soll, die gekrümmte Raumzeit sagt der Materie, wie sie sich bewegen soll, und dann tut sie es: Die Materie und die Energie bewegen sich ein kleines bisschen, und die Raumzeitkrümmung ändert sich. Und dann, in den nächsten Augenblicken der Zeit, sagen die gleichen Gleichungen der Allgemeinen Relativitätstheorie sowohl der Materie und der Energie als auch der Raumzeitkrümmung, wie sie sich in die Zukunft entwickeln.

Die Geometrie des Weltraums kümmert uns, denn wenn wir sie messen können, können wir auch den gesamten

Materie- und Energiegehalt unseres Universums bestimmen. Und es gibt eine eindeutige Vorhersage aus theoretischen Modellen, wie diese Geometrie sein sollte. Die Inflationstheorie sagt voraus, dass die Geometrie des Universums extrem nah an flach ist.

Wo Sie sich gerade befinden, ist der Raum sicherlich nicht flach. Die Schwerkraft der Erde krümmt den Raum lokal, sonst würden Sie davonschweben. Aber das Gravitationsfeld der Erde ist im Großen und Ganzen relativ schwach, daher ist die Krümmung eher klein. Sogar unsere Sonne verzerrt den Raum nur um einen Betrag, der die scheinbare Position der Hintergrundsterne verändert. Aber im größten Maßstab, dem des sichtbaren Universums, wenn wir Winkel und Entfernungen zu weit entfernten Objekten messen, wenn wir die Gesamtenergie des Universums addieren, stellen wir fest, dass die Geometrie tatsächlich flach ist.

Ben Moore
Mond

»Ben Moore, Astrophysiker mit einem Faible für Kosmologie, bringt Licht ins Dunkel. In seinem Buch führt er uns zurück zu den Anfängen unserer Beschäftigung mit dem Mond.«
ARD ttt

Der Mond ist ein rätselhafter kosmischer Nachbar, der uns seit jeher fasziniert: Wie ist er entstanden? Warum zeigt er uns nur eine Seite und wie bewegt er die Ozeane? Treibt sein helles Licht uns in den Wahnsinn? Und was bedeutete die erste Mondlandung vor 50 Jahren für den Menschen und die Forschung? Der renommierte Astrophysiker Ben Moore ist Mond-Experte und erforscht die helle Kugel am Nachthimmel schon seit vielen Jahren. In seiner Biografie zum Mond verbindet er die Kulturgeschichte des Mondes mit den wichtigsten Fakten und neusten wissenschaftlichen Erkenntnissen und legt dar, wie zentral dieser Himmelskörper für die Menschheit schon immer war und wie stark seine Auswirkungen auf unser alltägliches Leben sind.

Erzählendes Sachbuch
gebunden, 320 Seiten
Aus dem Englischen von Katharina Blansjaar
978-3-0369-5799-9

Barbara Schmutz
Brainstorming

300 Fragen ans Gehirn

»Ein empfehlenswertes Buch für alle, die mehr über das menschliche Gehirn wissen möchten. Denn es liefert einen wunderbaren Überblick darüber, wie spannend und vielfältig die Fragen sind, die Neurowissenschaftler zu ergründen versuchen.«
Spektrum

Was ist ein Geistesblitz? Wie kommt es zu falschen Erinnerungen? Sitzt das Bauchgefühl im Kopf? Was passiert beim Tagträumen? Können wir bewusst vergessen? Gibt es im Gehirn Raum für eine Seele? Gespräche mit 17 führenden internationalen Gehirnforscherinnen und Gehirnforschern zu Bewusstsein und künstlicher Intelligenz, Traum und Schlaf, Sucht und Drogen, Lernen und Gedächtnis oder zur Zusammenarbeit zwischen Gehirn und Darm.

Erzählendes Sachbuch
gebunden, 224 Seiten
978-3-0369-5832-3